W0090021

Falsche Erinnerungen

Sina Kühnel   Hans J. Markowitsch

Falsche Erinnerungen

Die Sünden des Gedächtnisses

Autoren
Dr. Sina Kühnel / Prof. Dr. Hans J. Markowitsch
Universität Bielefeld
Fakultät für Psychologie und Sportwissenschaft
Abteilung für Psychologie
Postfach 10 01 31
33501 Bielefeld

Wichtiger Hinweis für den Benutzer
Der Verlag und die Autoren haben alle Sorgfalt walten lassen, um vollständige und akkurate Informationen in diesem Buch zu publizieren. Der Verlag übernimmt weder Garantie noch die juristische Verantwortung oder irgendeine Haftung für die Nutzung dieser Informationen, für deren Wirtschaftlichkeit oder fehlerfreie Funktion für einen bestimmten Zweck. Der Verlag übernimmt keine Gewähr dafür, dass die beschriebenen Verfahren, Programme usw. frei von Schutzrechten Dritter sind. Die Wiedergabe von Gebrauchsnamen, Handelsnamen, Warenbezeichnungen usw. in diesem Buch berechtigt auch ohne besondere Kennzeichnung nicht zu der Annahme, dass solche Namen im Sinne der Warenzeichen- und Markenschutz-Gesetzgebung als frei zu betrachten wären und daher von jedermann benutzt werden dürften. Der Verlag hat sich bemüht, sämtliche Rechteinhaber von Abbildungen zu ermitteln. Sollte dem Verlag gegenüber dennoch der Nachweis der Rechtsinhaberschaft geführt werden, wird das branchenübliche Honorar gezahlt.

Bibliografische Information der Deutschen Nationalbibliothek
Die Deutsche Nationalbibliothek verzeichnet diese Publikation in der Deutschen Nationalbibliografie; detaillierte bibliografische Daten sind im Internet über http://dnb.d-nb.de abrufbar.

Springer ist ein Unternehmen von Springer Science+Business Media
springer.de

© Spektrum Akademischer Verlag Heidelberg 2009
Spektrum Akademischer Verlag ist ein Imprint von Springer

09 10 11 12 13   5 4 3 2 1

Das Werk einschließlich aller seiner Teile ist urheberrechtlich geschützt. Jede Verwertung außerhalb der engen Grenzen des Urheberrechtsgesetzes ist ohne Zustimmung des Verlages unzulässig und strafbar. Das gilt insbesondere für Vervielfältigungen, Übersetzungen, Mikroverfilmungen und die Einspeicherung und Verarbeitung in elektronischen Systemen.

Planung und Lektorat: Katharina Neuser-von Oettingen, Anja Groth
Herstellung: Sabine Bartels
Umschlaggestaltung: wsp design Werbeagentur GmbH,
Heidelberg unter Verwendung eines Motivs von Getty Images
Fotos/Zeichnungen: siehe Bildnachweise
Satz: Crest Premedia Solutions (P) Ltd., Pune, Maharashtra, India
Druck und Bindung: Krips b.v., Meppel

Printed in The Netherlands

ISBN 978-3-8274-1805-0

Inhaltsverzeichnis

1 | Falsche Erinnerungen – Wieso?

Jeder von uns erinnert sich scheinbar problemlos an unzählige verschiedene Erfahrungen. Wir nehmen ständig neue Informationen wahr und erinnern uns im Laufe eines einzigen Tages an unzählige zurückliegende Ereignisse oder früher gelerntes Wissen. Werden wir beispielsweise gefragt, wo wir unseren letzten Urlaub verbrachten und was wir da erlebt haben, können wir ohne Schwierigkeiten verschiedene Geschehnisse berichten.

Erinnerungen aus der eigenen Lebensgeschichte prägen jeden einzelnen Menschen und machen jeden von uns zu einem einmaligen Individuum. Es gibt keine zwei Menschen, die die gleichen Erinnerungen miteinander teilen, da jeder einen individuellen Blickwinkel auf ein Geschehen (und natürlich auch selbst bei eineiigen Zwillingen eine individuelle Lebensgeschichte) hat. Tagtäglich unternehmen wir auch im Geiste Zeitreisen in unsere eigene Vergangenheit. Wir schwelgen regelrecht in ihr, wenn wir Bekannten von besonders eindrucksvollen Episoden berichten. Ohne größere Anstrengung gehen wir in der Zeit zurück und rufen uns ganze Episoden zurück ins Gedächtnis. Dabei sind wir in der Lage, die Gefühle bei unserem ersten Kuss wieder zu empfinden oder den Duft von Omas Apfelkuchen förmlich zu riechen. Je länger allerdings ein Ereignis zurückliegt, desto häufiger geschieht es, dass sich Erinnerungen verändern (siehe auch Abb. 1.1).

Abb. 1.1 Eines von unzähligen Beispielen. Obwohl es sich im Leben beider Ehepartner um einen bestimmt wichtigen Augenblick handelt, können sich die Erinnerungen an den Hochzeitsantrag deutlich voneinander unterscheiden.

Betrachten wir den Titel dieses Buches, so kommt den meisten die Verbindung der zwei Worte „falsch" und „Erinnerung" wie ein Widerspruch in sich vor. Wie ist es möglich, dass Erinnerungen falsch sein können? Oder genauer gefragt, wie können unsere eigenen Erinnerungen falsch sein? Wir sehen Vergangenes, wenn wir uns daran erinnern oder davon berichten, bildlich vor uns und können viele Details lebhaft umschreiben. Die Vorstellung, dass sich hierbei Fehler einschleichen können, führt bei vielen vermutlich zu einem komischen Gefühl in der Magengegend.

Unsere Erinnerungen, vor allem die unserer persönlichen Biographie, sind die Grundlage für unsere Persönlichkeit, unser Identitätsgefühl und unser Verhalten. Jeder geht intuitiv davon aus, dass das, was er im Geiste sieht, wenn er sich an eine bestimmte Situation erinnert, der tatsächlich erlebten Wahrheit entspricht. Genau hier liegt leider ein gewaltiger Denkfehler. Unsere Erinnerungen sind nicht eine Kopie der erlebten Geschehnisse. Sie sind auch nicht endgültig in unser Gehirn eingraviert und liegen dort unveränderlich bis zu ihrem Wiedererinnern. Ganz im Gegenteil: **Erinnerungen verändern sich mit jedem neuen Tag.**

Jeden Tag erhalten wir neue Informationen, erleben neue Situationen, lernen neue Leute mit anderen Sichtweisen als unseren eigenen kennen. Wir unterhalten uns über Erfahrungen, die wir gemacht haben, und vergleichen in Gesprächen, wie andere ähnliche Erfahrungen erlebt haben. Normalerweise würde keiner auf die Idee kommen, dass es schon solche harmlosen Unterhaltungen sein können, die unsere Erinnerungen beeinflussen können. Selbst wenn es sich um Erlebnisse handeln sollte, über die wir mit keinem sprechen, genügt es schon, dass wir uns selber damit auseinandersetzen.

Ein sehr eindrucksvolles Beispiel dieses Phänomens, die Bombenangriffe auf Dresden im Februar 1945, wurde von dem Historiker Helmut Schnatz genauer untersucht (Schnatz, 2000). In Berichten schildern Überlebende, dass tieffliegende Bomber über der Stadt die Menschen auf den Straßen regelrecht gejagt haben sollen. Erregt werden die einzelnen Erinnerungen und die dabei ausgestandenen Ängste dieser traumatischen Zeit erzählt. Vergleiche von deutschen wie auch alliierten Quellen (beispielsweise Flugeinsatzbücher, aber auch die Tatsache, dass der durch die Bombardierung ausgelöste Feuersturm und damit einhergehend die fehlende Bodensicht ein derartiges Manöver verhindert hätte) aus dieser Zeit belegen allerdings eindeutig, dass es derartige Tieffliegerangriffe auf Deutsche in Dresden nicht gegeben hat (Schnatz, 2000). Die mit dieser Tatsache konfrontierten Personen reagieren verständlicherweise mit starker

Abwehr, sehen sie doch diese furchtbaren Angriffe immer noch vor ihrem inneren Auge. Auch handelt es sich hier nicht um die Aussage eines Einzelnen, sondern es sind viele verschiedene Berichte von diesem Ereignis veröffentlicht worden.

Es ist erschreckend und faszinierend zugleich, dass eine solch einschneidende Erfahrung falsch sein kann. Jetzt könnte man sich zurücklehnen und sich selbst mit dem Gedanken beruhigen, dass solche traumatischen Erlebnisse ja vielleicht auch einfach ein bisschen anders verarbeitet werden. Außerdem ist viel Zeit vergangen, und die Zeitzeugen von damals sind schließlich bereits im fortgeschritteneren Alter. Somit hat eine solche falsche Erinnerung mit einem gesunden Erwachsenen nur wenig zu tun. Leider ist es nicht so einfach. Jeder von uns kann falsche Erinnerungen bilden. Und jeder von uns tut genau dies auch unbewusst. Das Beispiel aus Dresden mag für viele unglaublich klingen, aber mit ein wenig Nachdenken kann vermutlich jeder ein eigenes Beispiel nennen. Überlegen wir doch einmal, wie oft unsere persönlichen Erinnerungen von denen unserer Familie oder Freunde abweichen. Da wird gemeinsam ein Urlaub verbracht, und schon ein Jahr später kommt es zu emotionalen Diskussionen, wo genau der Spaziergang am Strand entlanggeführt hat. Oft sind es Kleinigkeiten, an die wir uns anders erinnern als die mit anwesenden Freunde oder Familienmitglieder.

Die Fähigkeit, sich zu erinnern, ist beim Menschen intensiver und besser ausgeprägt als bei irgendeinem anderen Tier. Doch hat sich diese Fähigkeit nicht entwickelt, damit wir eine detaillierte Wiedergabe einer vor fünf Jahren erlebten Urlaubsreise produzieren können. Unsere Erinnerungen helfen uns vor allem, den Alltag und hierbei insbesondere neue, überraschende Situationen zu bewältigen. Sie befähigen uns zur Planung der nächsten Weihnachtsfeier noch mitten im Hochsommer. Wenn wir uns dabei an die letzten Feiern etwas verfälscht erinnern, muss das nicht schlimm sein und stört auch nicht bei der Planung. Man könnte sagen, es ist nicht wichtig für unser Überleben, dass wir uns fehlerfrei an jegliche vergangenen Ereignisse erinnern können.

Falsche Erinnerungen sind aber gerade deswegen ein äußerst spannendes Thema, weil sie sich nicht leicht fassen und erklären lassen. Weltweit sind Forscher damit beschäftigt, immer neue und weitere Aspekte dieses Phänomens zu untersuchen. Es gibt immer noch viele offene Fragen, und dieses Buch ist nicht dazu gedacht, alle Feinheiten zu erläutern. Dieses Buch wendet sich an interessierte Personen, auch ohne Vorwissen der Psychologie, Neurowissenschaften oder Biologie, die das Gebiet des menschlichen Gedächtnisses spannend finden. Falsche Erinnerungen sind ein fester Bestandteil innerhalb unseres Gedächtnisses, und warum und wieso dies der Fall ist, wird auf den folgenden Seiten ausführlich, verständlich und interessant geschildert.

2 | Gedächtnis und Erinnern

„Das Gedächtnis ist die Schatzkammer des Lebens."
Cicero, 106–43 vor Christi

Stellen wir uns folgende Situation vor: Nach einigen Jahren
gehen wir zum Klassentreffen unseres Abschlussjahrgangs.
Viele der Anwesenden haben wir in den letzten Jahren weder
gesehen noch gesprochen. Nur mit einigen Freunden haben wir
über die Jahre den Kontakt gehalten. Es kommt zu angeregten
Gesprächen darüber, was wir bisher gemacht haben, welchen
Weg wir eingeschlagen haben und wie es uns in den Jahren
ergangen ist. Natürlich wird in einer solchen Runde auch
viel über die zurückliegende Schulzeit geredet. Bestimmte
Ereignisse werden diskutiert, besondere Verhaltensweisen einiger Lehrer werden zum Besten gegeben. Häufig beginnen
die Sätze mit den Worten „Weißt Du noch ..." oder „Erinnerst
Du Dich ...". Wir frischen alte gemeinsame Erinnerungen
wieder auf, und doch passiert es oft, dass wir uns an andere
Begebenheiten erinnern, als es unsere Klassenkameraden tun.
Einige wissen noch genau, wie die Sitzordnung in den einzelnen Stufen war, andere berichten von Feiern, an die wir uns
kaum erinnern können. Es wird der Eindruck erweckt, dass
sich die Gedächtnisleistungen der Einzelnen voneinander
unterscheiden. Einige zeigen, dass sie ein besonders gutes
Gesichtergedächtnis haben, andere können sich auch noch an

den Namen einer ehemaligen Mitschülerin erinnern, die nur ein halbes Jahr in der Klasse war. Auch wenn wir die Jahre gemeinsam erlebt, viele Situationen als Gruppe erfahren haben, unterscheiden sich unsere Erinnerungen doch stellenweise gravierend voneinander.

Selbst wenn wir im Alltag häufig den Eindruck haben, unser Gedächtnis funktioniere wie ein Schrank mit vielen Schubladen, verdeutlicht dieses typische Beispiel, dass dies eine stark vereinfachte Sichtweise zu sein scheint. Wäre es so einfach, könnten wir jederzeit eine Schublade öffnen und die entsprechende Erinnerung an die frühere Mitschülerin oder die Klassenfahrt in die Berge herausholen und wiedergeben. Diese auch heute noch gängige Betrachtungsweise ähnelt der früherer, wie wir am vorangestellten Zitat von Marcus Cicero von vor über 2 000 Jahren sehen können. Eine umfassendere Charakterisierung unseres Gedächtnisses und seines Einflusses auf die Persönlichkeit stammt von Ewald Hering (1834–1918):

„Gedächtnis verbindet die zahllosen Einzelphänomene zu einem Ganzen, und wie unser Leib in unzählige Atome zerstieben müsste, wenn nicht die Attraktion der Materie ihn zusammenhielte, so zerfiele ohne die bindende Macht des Gedächtnisses unser Bewusstsein in so viele Splitter, als es Augenblicke zählt" (Hering, 1870).

Hering bezieht sich hier auf das Gedächtnis des Einzelnen. Ohne unsere Erinnerungen wären wir nicht, wer wir sind. Verlieren wir unser Gedächtnis, sei es über mehrere Lebensdekaden oder nur für den Zeitraum einiger Monate oder Jahre, verunsichert uns dies nicht nur, es verändert auch unsere Wahrnehmung von uns selber. Damit wir die Funktionsweise unseres Gedächtnisses besser verstehen lernen, wird auf den folgenden Seiten auf die Grundlagen eingegangen, wo es zu finden ist, wie es gebildet wird und wie es strukturiert ist.

Sitz des Gedächtnisses im Gehirn

Alles, was wir wissen, von einfachen Bewegungen über spezielles Faktenwissen bis hin zu unseren persönlichen Erinnerungen, wird in unserem Gehirn verarbeitet und gespeichert. Unser Gehirn wiegt ungefähr 1 300 Gramm und macht somit durchschnittlich gerade einmal zwei Prozent unserer gesamten Körpermasse aus. Es besteht aus einfachen Zellen, die in ihrer Gesamtheit für alle Vorgänge in unserem Körper und unserem Geist zuständig sind. Das Gehirn steuert unseren Wach-Schlaf-Rhythmus und informiert uns, wenn wir Hunger oder Durst haben. Ohne Gehirn sind wir nicht lebensfähig, es ist der einzige Teil unseres Körpers, der ohne Sauerstoff schon nach wenigen Minuten unwiederbringlich zu Schaden kommt. Früher glaubte man, dass das, was uns als Person ausmacht, unser Geist, in unserem Herzen zu finden sei. Heute wissen wir, dass ein transplantiertes Herz den Empfänger in seiner Persönlichkeit nicht verändert. Stellen wir uns aber vor, wie es in einigen Science-Fiction-Filmen gezeigt wird, dass das Gehirn eines Menschen in einen anderen eingepflanzt werden würde. Dadurch würde dann auch die Persönlichkeit des Spenders auf den Körper des Empfängers übertragen werden. Es ist unser Gehirn, das alle wichtigen Informationen enthält, die uns als einzigartiges Individuum ausmachen.

Beschäftigen wir uns also mit der Arbeitsweise unseres Gedächtnisses, müssen wir demnach zunächst das Gehirn als anatomische Grundlage betrachten. Unser Verständnis darüber, wie unser Gehirn aufgebaut ist und wie die jeweiligen Bereiche funktionieren, wächst mit jedem Tag und ist auch weiterhin einer der spannendsten Zweige innerhalb der Gedächtnisforschung. Die Entwicklung moderner Technologien, wie der funktionellen Bildgebung, ermöglichen uns fortgesetzt tiefere Einblicke in die Funktionsweise des Gehirns.

Auf den folgenden Seiten wird zuerst der kleinste Bauteil des Gehirns – die Nervenzelle – erläutert. Wie sie aufgebaut ist, wie sie funktioniert und natürlich auch, wie eine Ansammlung dieser Zellen es uns ermöglichen kann, Kaffee zu kochen oder Diskussionen über die politische Lage des Landes zu führen. Im Anschluss daran wird das Gehirn in seinen größeren anatomischen Strukturen betrachtet. Hierbei werden einige Fachbegriffe eingeführt, die leider notwendig für eine verständliche Erklärung sind – wie bei jedem Gebiet, mit dem wir uns neu beschäftigen. Es gibt spezielle Begriffe, die für eine Vermittlung der Sachverhalte benötigt werden, und ein Ziel des vorliegenden Buches ist, diese nachvollziehbar zu vermitteln.

Die Nervenzelle

Die kleinste Struktur des Gehirns ist die **Nervenzelle** oder das Neuron (siehe Abb. 2.1). Insgesamt befinden sich in unserem Gehirn ungefähr eine Billion (1 000 000 000 000) dieser Art von Zellen, die miteinander verbunden sind. Ihr Grundaufbau ist im Prinzip identisch. Es gibt wie bei jeder anderen Zelle in unserem Körper einen **Zellkörper**, der unter anderem den Zellkern mit unserer Erbinformation enthält. Von diesem Zellkörper gehen viele kleinere Ausstülpungen, die **Dendriten** (griechisch *dendrites* = vom Baum abgehend), ab. Über diese Dendriten steht eine Nervenzelle mit anderen Nervenzellen oder auch Sinneszellen in Kontakt. Überdies führt vom Zellkörper ein länglicher Fortsatz weg, das **Axon** (griechisch *áxon* = Achse), das die Weiterleitung eines Signals auch über eine größere Entfernung (bis über einen Meter) ermöglicht. Das Axon ist von weiteren Zellen umgeben, den **Gliazellen**, die das Axon nach außen hin isolieren. Dieser Aufbau ist vergleichbar mit der Gummiummantelung eines elektrischen Kabels und dient der besseren, schnelleren und rauschärmeren Weiterleitung eines Signals. Das Axon endet in einer Reihe weiterer Ausstülpungen, den **Synapsen**. Die Synapsen dienen der Verbindung der Nervenzelle entweder mit den Dendriten weiterer Nervenzellen oder auch mit Muskelfaserzellen.

Je nach ihrer Funktion weichen die Baupläne der verschiedenen Nervenzellen leicht voneinander ab. Die Wahrnehmung von

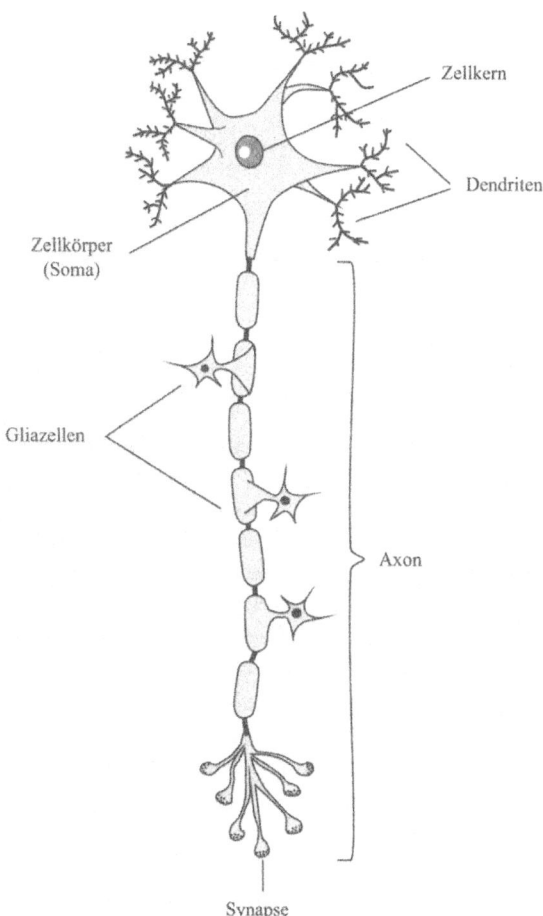

Abb. 2.1 Der Grundaufbau einer idealisierten Nervenzelle.

Reizen aus unserer Umwelt erfolgt über die Sinneszellen in Auge, Nase, Ohr, Mund und in der Haut (sensorische Nervenzellen). Die meisten Nervenzellen, die wir besitzen, verknüpfen jedoch Nervenzellen untereinander. Die Axone dieser Nervenzellen können hierbei sehr kurz sein (lokale Interneurone) oder auch

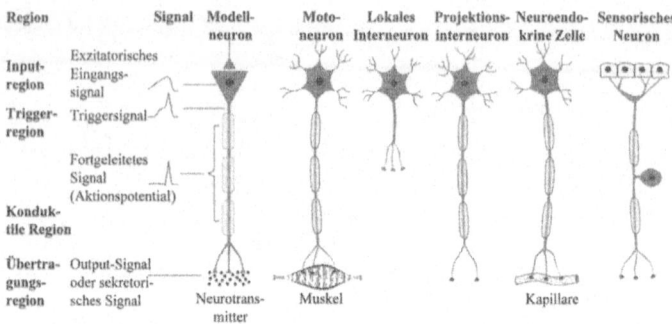

Abb. 2.2 Die verschiedenen Typen von Nervenzellen. Es ist leicht zu erkennen, dass sie im Grunde gleich aufgebaut sind.

sehr lang (Projektionsinterneurone), wie es beispielsweise im Rückenmark der Fall ist. Dieser zweite Typ der Interneurone ist unter anderem für die sehr schnellen Reflexe zuständig, wie beispielsweise den Kniesehnenreflex. Zwei weitere Typen von Nervenzellen geben Signale direkt an unsere Muskulatur oder an Drüsenzellen weiter (Motoneurone und neuroendokrine Zellen). Alle diese unterschiedlichen Formen von Nervenzellen, mit ihren verschiedenen Funktionen, haben jedoch den gleichen oben beschriebenen Grundaufbau (siehe Abb. 2.2).

Eine einzelne Nervenzelle kann mit bis zu über 100 000 weiteren Nervenzellen verknüpft sein. Dadurch entsteht ein äußerst kompliziertes Netzwerk, vor allem in unserem Gehirn. Eine Verknüpfung muss nicht wie oben beschrieben zwangsläufig zwischen Synapsen und Dendriten erfolgen (axo-dendritisch). Es gibt auch Verbindungen, bei denen die Synapsen einer Nervenzelle ein Signal direkt an den Zellkörper (axo-somatisch) oder auch an Synapsen (axo-axonal) anderer Nervenzellen weitergeben (siehe Abb. 2.3). Nervenzellen und ihre Verknüpfungen untereinander sind also nicht so einfach gestrickt wie eine Telefonleitung zwischen zwei Geräten, sondern bilden komplexe Netzwerke aus.

Wenn wir bedenken, dass eine einzige Nervenzelle mit über 100 000 anderen verbunden sein kann, ist es einleuchtend, dass

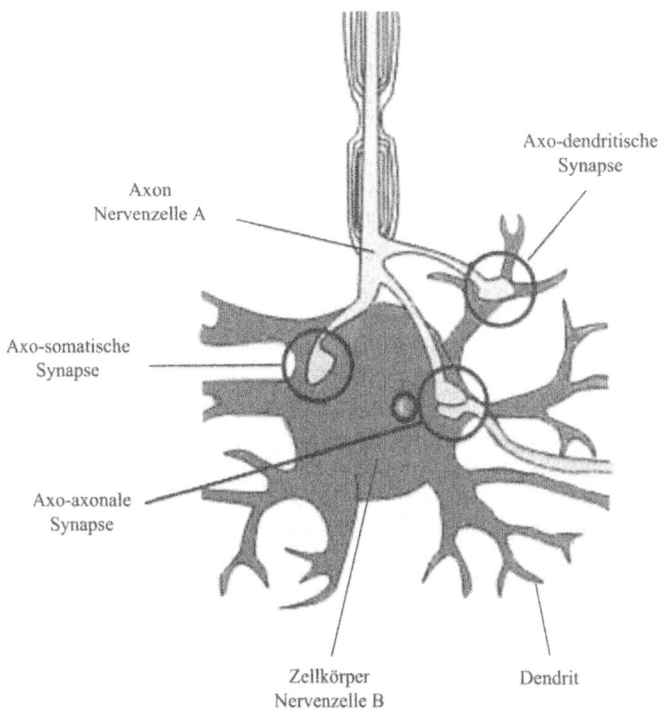

Abb. 2.3 Verknüpfung zweier Nervenzellen und mögliche Formen der Verschaltung.

beispielsweise an einem Dendritenarm gleich mehrere Synapsen verschiedener Nervenzellen anknüpfen. Ein Signal wird immer dann von einer Nervenzelle weitergegeben, wenn sie erregt wird (siehe Box 2.1 für eine genauere Beschreibung der Signalweiterleitung in Nervenzellen). Aber nicht alle ankommenden Nervenzellen sind erregend für die darauf folgende Zelle. So kann beispielsweise ein ankommendes Signal von Nervenzelle A eine erregende Auswirkung auf Nervenzelle C haben, während das Signal von Nervenzelle B eine hemmende Wirkung auf Nervenzelle C hat. Wir können uns diesen Vorgang wie eine demokratische Abstimmung vorstellen: Kommen gleichzeitig mehrere Signale bei einer Nervenzelle an, entscheidet die Mehrheit. Ist die Mehrzahl der ankommenden Signale von anderen Nervenzellen erregend, gibt die Nervenzelle das Signal weiter. Ist die Mehrzahl hemmend, endet das Signal an dieser Stelle.

Box 2.1: Wie eine Nervenzelle funktioniert

Wie der Motor eines Autos hat eine Nervenzelle nur zwei mögliche Zustände: entweder ist sie „an" und es laufen viele verschiedene Prozesse ab, damit sie ein Signal weitergibt, oder sie ist „aus" und befindet sich in einem Ruhezustand. Ebenfalls wie bei einem Automotor ist es für uns im Alltag nicht weiter von Bedeutung zu wissen, wie genau diese Prozesse ablaufen. Allerdings befindet sich der Motor Gehirn in unserem eigenen Kopf. Es ist somit doch spannend zu verstehen, was genau dort passiert, damit wir zum Beispiel in der Lage sind, Kaffee zu kochen.

Zuerst wird der Grundzustand beschrieben. Die Nervenzelle befindet sich in einem stabilen Ruhezustand. Dies bedeutet, dass sie außen positiv und innen negativ geladen ist. Dieser Unterschied führt zu einem messbaren Ruhepotential über die Zellmembran hinweg von ca. -70 mV (mV = Millivolt). Der Ladungsunterschied entsteht durch die unterschiedliche Konzentration von geladenen Ionen (winzigkleine elektrisch geladene Teilchen). Die bedeutendsten sind hierbei Kalium- und Natriumionen (siehe Tab. 2.1).

Eine Nervenzelle wird erst aus diesem Ruhezustand gerissen, wenn eine benachbarte Nervenzelle ein Signal an sie weiterleitet. Der Kontakt für diese Weiterleitung entsteht durch die Synapse der benachbarten Nervenzelle mit beispielsweise dem Dendritenast der anderen. Das ankommende Signal löst einen Nervenimpuls,

Tab. 2.1: Konzentration der relevanten Ionen innerhalb und außerhalb der Zellmembran in Ruhe in mmol/l. Zum Vergleich ist die Verteilung dieser Elemente in Meerwasser angegeben.

	Axon innen	Axon außen	Meerwasser
Na^+	12	150	10
K^+	150	4	460
Cl^-	4	120	540
A^-	150		

also die Weiterleitung des Signals, aus. Dieser entsteht durch die Verlagerung der Ionenkonzentration über die Zellmembran, wodurch sich der Ladungsunterschied verschiebt.

Es wird noch ein wenig komplizierter, bevor die Prozesse in der Nervenzelle, die das Signal empfängt, direkt betrachtet werden können. Es gibt zwei verschiedene Typen von Synapsen: elektrische und chemische. Elektrische Synapsen sind für eine besonders schnelle Übertragung von Signalen zuständig. Durch das Austreten geladener Ionen aus der Synapse wird die benachbarte Zelle erregt, und mit einer Geschwindigkeit von weniger als 0,1 ms (ms = Millisekunde) kann das Signal weitergegeben werden. Die meisten Kontakte zwischen Nervenzellen erfolgen allerdings über chemische Synapsen. Hierbei schüttet die erregte, ankommende Nervenzelle in ihren Synapsen sogenannte **Neurotransmitter** aus. Neurotransmitter sind kleine Moleküle, die in den Spalt zwischen der Synapse und der Nachbarzelle gelangen und hier dann ebenfalls eine Verschiebung der elektrischen Ladung innerhalb der bisher im Ruhezustand befindlichen Nervenzelle auslösen.

Doch was genau passiert nun eigentlich, wenn ein Signal von einer Nervenzelle auf eine andere überspringt? Und wie leitet eine Nervenzelle ein Signal durch ihr mitunter doch sehr langes Axon weiter zur nächsten Nervenzelle?

Ausgelöst durch einen elektrischen Impuls werden Natriumkanäle in der Membran der Nervenzelle geöffnet, die das Signal empfängt. Die positiv geladenen Natriumionen strömen nun ungehindert in die Zelle hinein und verursachen eine Verschiebung der Ladung. Ab einem bestimmten Punkt, dem **Schwellenwert**, der bei ungefähr -40 mV liegt, wird die Nervenzelle unweigerlich erregt. Ab hier gibt es kein Zurück mehr, das Signal ist auf die Nevenzelle übergesprungen. Dieser Vorgang wird auch als das Alles-oder-Nichts-Prinzip bezeichnet. Das negative Ruhepotential wird nun in einem winzigen Zeitraum von unter einer Millisekunde zu einem positiv geladenen **Aktionspotential** verschoben (**Depolarisation**) und das Signal weitergeleitet. Allerdings fällt ein Aktionspotential genauso schnell wieder in sich zusammen, wie es entstanden ist. Direkt nach der Ausbildung des Aktionspotentials beginnen weitere Vorgänge in der Zellmembran, die das Ruhepotential wieder herstellen (**Repolarisation**) (siehe Abb. 2.4). Kurz gesagt, laufen hier zwei unterschiedliche Prozesse ab. Zuerst schließen sich die Natriumkanäle

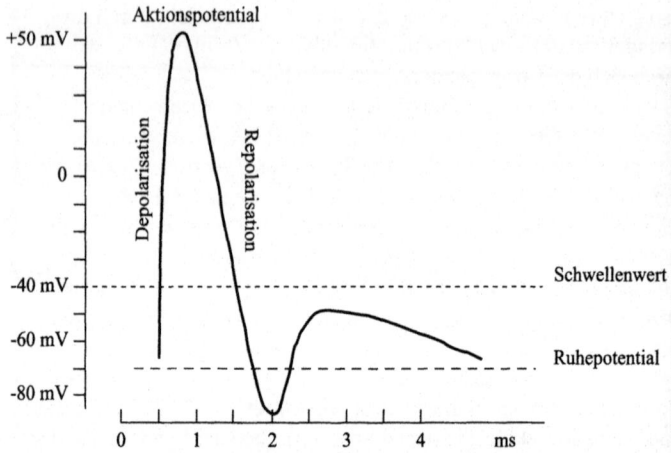

Abb. 2.4 Es wird der Ablauf eines Aktionspotentials gezeigt.

sehr schnell nach ihrer Öffnung und stoppen so den weiteren Zustrom von positiven Natriumionen in das Innere der Nervenzelle. Zum anderen werden durch die Depolarisation spannungsabhängige Kaliumkanäle in der Zellmembran geöffnet, die positive Kaliumionen nach außen strömen lassen. Dadurch wird das Innere der Nervenzelle innerhalb kürzester Zeit wieder negativ geladen. Die Verteilung der Natrium- und Kaliumionen wird im Anschluss an ein Aktionspotential durch die Natrium-Kalium-Pumpe, die sich ebenfalls in der Zellmembran befindet, wieder hergestellt. Die Natriumkanäle sind direkt nach ihrer Schließung für den kurzen Zeitraum von ungefähr 1 ms blockiert, so dass in dieser Zeit kein weiteres Aktionspotential ausgelöst werden kann.

Diese sehr schnell ablaufenden Prozesse führen also lokal an der Stelle, wo die Synapse auf einen Dendriten trifft, zur Ausbildung eines Aktionspotentials. Die Weiterleitung in der Nervenzelle, entlang ihres Axons, verläuft wie in einer Kettenreaktion durch die Ausbildung von nacheinander ausgelösten Aktionspotentialen. Am Ende erreicht das Signal die Synapsen der Nervenzelle, und die Prozesse an der Verknüpfungsstelle zu der nächsten Nervenzelle laufen wie beschrieben wieder ab.

Unser Gehirn

Die Summe der Nervenzellen bildet unser zentrales Nervensystem, das aus Gehirn und Rückenmark besteht. Das menschliche Gehirn unterscheidet sich in seinem grundlegenden strukturellen Aufbau nicht sehr von den Gehirnen der meisten anderen Tiere. Die Unterschiede, die es gibt, ermöglichen es uns, eine Tasse Kaffee zu kochen, an einem Computer zu sitzen, ein Buch zu lesen und unsere Zukunft zu planen. Hunde, Katzen oder auch Schimpansen tun dies nicht. Wir schon. Das bedeutet, dass unser Gehirn einen anderen Weg in seiner Entwicklung eingeschlagen haben muss. Ein Weg, der nicht nur auf das Überleben der aktuellen Situation beschränkt war, sondern es uns ermöglichte, weitere Fähigkeiten zu entwickeln, wie beispielsweise vorausschauendes Planen oder im Geiste in unsere eigene Vergangenheit zu reisen. Abbildung 2.5 zeigt, dass es tatsächlich vor allem eine Struktur gibt, die sich bei uns sehr viel stärker ausgebildet hat, als es bei anderen Tieren der Fall ist.

Tatsächlich ist es das **Großhirn**, das für uns Menschen eine besonders große Bedeutung hat. Es ist nicht nur die reine Größe, die sich verändert hat, sondern das menschliche Großhirn weist vor allem mehr und tiefere Furchen auf als das anderer Tiergruppen. Durch diese stärkere Auffaltung entwickelte sich eine größere Fläche der Großhirnrinde (dem außen liegenden Bereich des Großhirns). Dies ermöglichte, dass sich unser Großhirn stärker differenzieren und neue Funktionen entwickeln konnte. So finden sich hier beispielsweise die Hirngebiete, die für unsere individuelle Persönlichkeit relevant sind. Wenn wir uns entscheiden, ob wir die Hose im Sonderangebot kaufen oder lieber das Geld zur Bank bringen, arbeiten ebenfalls Bereiche im Großhirn auf Hochtouren. Kaninchen brauchen solche komplexen Entscheidungen nicht zu treffen, ihnen reicht ein wesentlich kleineres Großhirn zum Überleben. Entscheidend ist das Großhirn auch für unser Gedächtnis, sowohl bei dessen Bildung, als auch wenn wir uns wieder an etwas Vergangenes erinnern. Sowohl bewusstes

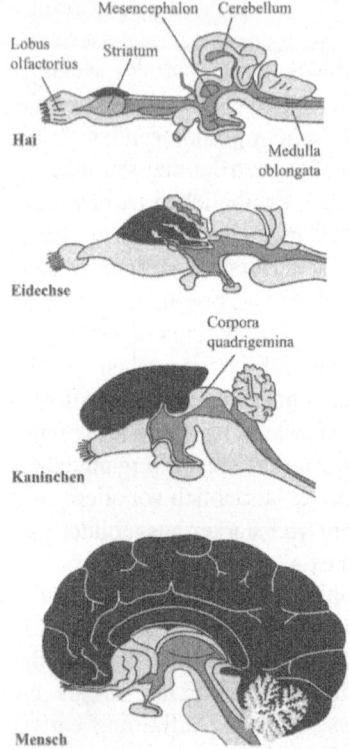

Abb. 2.5 Beginnend mit dem Gehirn eines Hais über das einer Eidechse und weiter eines Kaninchens bis hin zum Menschen wird dunkel die Vergrößerung der Hirnstruktur hervorgehoben, die bei uns am weitesten entwickelt ist – das Großhirn.

Erinnern wie auch das Reflektieren dieses Vorganges wären uns ohne das Großhirn nicht möglich.

Rein anatomisch kann das Großhirn (auch **cerebraler Cortex**) zuerst einmal in zwei Hälften unterteilt werden, die durch eine tiefe Einkerbung in der Mitte voneinander getrennt sind. Später wird auch noch gezeigt, dass diese Großhirnhälften unterschiedlich stark an verschiedenen Erinnerungsprozessen beteiligt sind. Jede Großhirnhälfte wird weiter in vier große Hirnlappen unterteilt: den **Hinterhauptslappen**, den **Schläfenlappen**, den **Scheitellappen** und den **Vorderlappen** (auch Stirnhirn genannt). Hinzu kommt noch im inneren

A

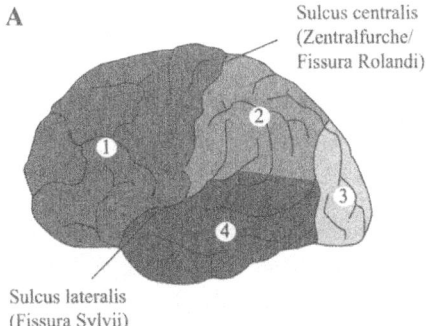

Sulcus centralis
(Zentralfurche/
Fissura Rolandi)

Sulcus lateralis
(Fissura Sylvii)

B

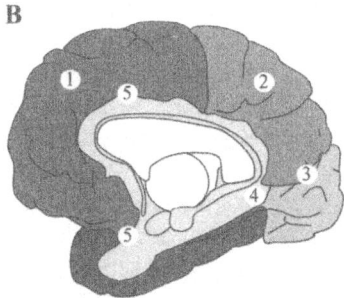

Abb. 2.6 Gezeigt werden die vier verschiedenen an der Hirnaußenseite sichtbaren Hirnlappen und ihre jeweilige Lage in unserem Gehirn (1: Vorderlappen; 2: Scheitellappen; 3: Hinterhauptslappen; 4: Schläfenlappen) sowie der innen liegende Limbische Lappen (Nummer 5) (verändert nach Abb. 4 aus Nieuwenhuys, Voogd & van Hujizen, 1991).

Bereich der **Limbische Lappen** (Markowitsch, 2000; Pritzel, Brand & Markowitsch, 2003) (Abb. 2.6).

In Abbildung 2.6 ist auch zu sehen, dass diese anatomische Einteilung nicht willkürlich stattfand. Sie orientiert sich an weiteren besonders tiefen Einkerbungen in der Großhirnrinde. Die einzelnen Lappen unterscheiden sich auch darin, welche Informationen hauptsächlich von ihnen verarbeitet werden.

Im **Hinterhauptslappen** werden vor allem die Informationen, die wir mit unseren Augen wahrnehmen, verarbeitet. In diesem Sinne sind wir tatsächlich richtige Augentiere, da wir ein Viertel unseres Großhirns nur für die Auswertung dessen benötigen, das wir sehen. Wir glauben eben nur, was wir auch sehen können. Interessanterweise nutzen wir auch diese Bereiche, wenn wir uns etwas bildlich vorstellen. Dieser Aspekt ist wesentlich für unsere Erinnerungen und somit von großer Bedeutung für deren Veränderbarkeit.

Im **Schläfenlappen** werden überwiegend die Informationen ausgewertet, die wir hören. Hierzu gehört unter anderem auch unser Verständnis von gesprochener Sprache. Bestimmte Bereiche des Schläfenlappens sind außerdem essentiell für die Gedächtnis- sowie für die Emotionsverarbeitung. Für das bewusste Lernen von neuen Informationen sind insbesondere der Hippocampus und die ihn umgebenden Strukturen (parahippocampaler, entorhinaler und perirhinaler Cortex) wichtig. Der Hippocampus wird zusammen mit dem enthorinalen und perirhinalen Cortex auch als hippocampale Formation bezeichnet. Wird dieser Bereich unseres Gehirns entfernt oder beschädigt, sind wir nicht mehr in der Lage, bewusst neue Erinnerungen zu bilden. Wir stecken dann förmlich in der Zeit fest. Die Verarbeitung von Emotionen wird von der Amygdala (griechisch *amygdalé* = Mandel, daher auch die deutsche Bezeichnung Mandelkern für diese Struktur) gesteuert. Besonders gut bekannt und untersucht wurde die große Rolle der Amygdala für die Ausbildung von Angst und dem Wiedererkennen von für uns gefährlichen Situationen. Eine Schädigung dieses Bereichs kann dazu führen, dass in Gefahrensituationen keine Furcht- oder Angstgefühle ausgebildet werden und es dadurch zu einer Fehlreaktion kommt.

Die Bereiche des **Scheitellappens** erhalten vor allem die gefühlten Wahrnehmungen. Hier werden Berührungen ausgewertet, wir können also daraufhin entscheiden, ob sich zum Beispiel ein Hosenstoff für uns angenehm anfühlt und wir die Hose kaufen werden oder ob er eher kratzig ist und wir weitersuchen müssen. Des Weiteren werden hier ebenfalls wie im Hinterhauptslappen Informationen unserer visuellen Wahrnehmung ausgewertet, beispielsweise räumliche Aufmerksamkeit und räumliches Denken.

Ein besonders wichtiger Teil unseres Großhirns ist der **Vorderlappen**. Dieser hat sich als letzter Bereich entwickelt und ist für unser Selbst, unser Bewusstsein entscheidend. Die oben angesprochene Struktur, die für unsere Persönlichkeit bedeutsam ist, liegt im vorderen Bereich unseres Gehirns. Hier werden Entscheidungen getroffen, Handlungen geplant und Situationen, abhängig von unserer Gefühlslage und unserer Motivation, beurteilt. Wie wir uns unseren Mitmenschen gegenüber verhalten, wird ebenfalls von hier gesteuert. Dementsprechend kann man sich gut vorstellen, dass Verletzungen in diesem Bereich schwerwiegende Folgen haben. Sie können sogar zu deutlichen Wesensveränderungen führen.

Der **Limbische Lappen** bildet – wie der Name bereits sagt – einen Saum (= lateinisch *limbus*) um den Balken, das größte die beiden Hirnhälften verbindende Fasersystem. Es besteht aus stammesgeschichtlich älteren Hirnrindenanteilen und wird vor allem mit Aufmerksamkeitssteuerung und emotionaler Färbung des Wahrgenommenen in Verbindung gebracht.

Doch auch wenn das Großhirn für uns Menschen einen wichtigen Stellenwert hat, so brauchen wir zum Leben und auch um neue Erinnerungen bilden zu können, weitere tiefer gelegene Hirnstrukturen (siehe Abb. 2.7).

Unterhalb des Großhirns befindet sich das **Zwischenhirn**, das sich aus zwei wesentlichen Unterstrukturen zusammensetzt: dem **Thalamus** und dem **Hypothalamus**.

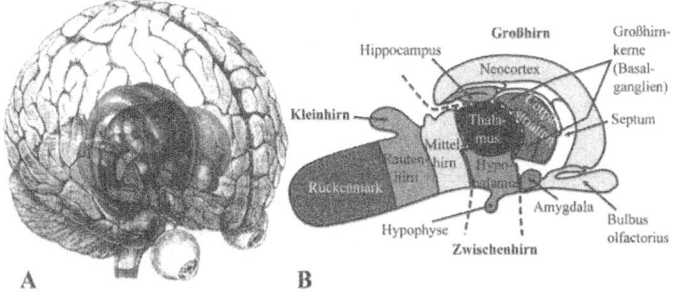

Abb. 2.7 A) zeigt eine schematische Darstellung der einzelnen Bereiche des Gehirns einschließlich wichtiger Unterstrukturen. In B) werden diese Strukturen in ihrem tatsächlichen Verhältnis innerhalb unseres Gehirns gezeigt.

Der Thalamus besteht aus zahlreichen Kernen (Ansammlungen von Nervenzellkörpern), die zum einen Informationen aus tiefer liegenden Strukturen erhalten, aber zum anderen auch Verbindungen in viele Bereiche des Großhirns haben. Über die Verbindungen zu den tieferen Strukturen erhält der Thalamus sowohl Informationen von unseren Sinnen (Sensorik), dem was wir sehen, hören, riechen, fühlen, schmecken, wie auch aus anderen Bereichen unseres Körpers (Motorik). Über die Verbindungen zum Großhirn gibt der Thalamus die aktuell wichtigen Informationen weiter. Im Großhirn können dadurch die Entscheidungen getroffen werden, wie wir uns in der Jetzt-Situation verhalten sollen. Der Thalamus kann also mit einem Sekretär oder Assistenten verglichen werden. Er erhält große Mengen an Informationen aus vielen verschiedenen Arbeitsbereichen und wählt nur diejenigen aus, die für die gerade stattfindende Konferenz wichtig sind. Der Thalamus wird daher auch als „Tor zum Bewusstsein" bezeichnet.

Die zweite Unterstruktur des Zwischenhirns, der Hypothalamus, besteht wie der Thalamus aus vielen verschiedenen Kernen. Von hier werden viele Prozesse im Körper gesteuert, die ganz automatisch ohne unser bewusstes Zutun geschehen. Hierzu zählen die Stabilisierung der Körpertemperatur, die Überwachung unserer Nahrungs- und Wasseraufnahme, der Schlaf-Wach-Rhythmus und unser Sexualverhalten. Viele dieser Vorgänge laufen über unseren Hormonhaushalt, der vom Hypothalamus und der angehängten Hypophyse reguliert wird. Des Weiteren ist der Hypothalamus in Prozesse eingebunden, die unsere Emotionen, aber auch unsere Motivationen betreffen.

Unterhalb des Zwischenhirns schließt sich das **Mittelhirn** an. Hier werden die Informationen aus den Sinnen miteinander in Verbindung gesetzt und weitergeleitet. Insbesondere werden hier die ersten wichtigen Auswertungen unseres Sehsinns produziert. Des Weiteren ist das Mittelhirn in die Steuerung unserer Bewegungen involviert.

Das **Rautenhirn** umfasst die Brücke (Pons) und das Kleinhirn. Die Brücke besteht vor allem aus weiterführenden Faserverbindungen, beinhaltet aber auch verschiedene Kerne, die Einfluss auf Schlaf und motorische Vorgänge haben. Das Kleinhirn ist besonders wichtig für automatisierte Bewegungsabläufe und Gleichgewichtsfunktionen.

Das **verlängerte Rückenmark** schließlich ist der entwicklungsgeschichtlich ursprünglichste Teil des Gehirns. Von hier werden grundlegende Vorgänge im Körper gesteuert, die für uns überlebenswichtig sind. Dazu zählen autonome (vegetative) Prozesse wie Atmung, Kreislauf, Herzschlag, Schlaf und motorische Abläufe wie Hust-, Schluck-, Nies- und Saugreflexe. Die wichtigste Unterstruktur im verlängerten Rückenmark ist die retikuläre Formation, deren Beschädigung zum vollständigen Koma führen kann. Die retikuläre Formation oder auch Formatio reticularis (lateinisch *formatio* = Formation, *reticularis* = netzartig) setzt sich aus zahlreichen einzelnen Kernen zusammen, die teilweise über weite Strecken miteinander verzweigt und verbunden sind.

Uns geht es in diesem Buch im Wesentlichen um unsere Erinnerungen und darum, was geschieht, wenn sie nicht richtig funktionieren. Daher werden jetzt noch die wichtigsten Strukturen betrachtet, die an der Bildung unserer Erinnerungen beteiligt sind. Es sind vor allem Strukturen des sogenannten limbischen Systems, das Hirnstrukturen umfasst, die an der Auswertung und Beurteilung unserer Emotionen beteiligt sind. Abhängig von ihrer Beteiligung bei der Bildung emotionaler Erinnerungen lassen sich zwei über Fasern verbundene Kreise unterscheiden: der **Papez'sche** und der **basolateral limbische Schaltkreis** (siehe Abb. 2.8).

Durch die Verknüpfung des Hippocampus mit dem Thalamus ist der Papez'sche Schaltkreis vor allem in die Bildung weniger emotionaler Erinnerungen involviert. Anders der basolateral limbische Schaltkreis, der alleine schon durch die Verbindung zur Amygdala Erinnerungen mit hohem emotionalen Gehalt verarbeitet. Das Besondere an diesen beiden Schaltkreisen

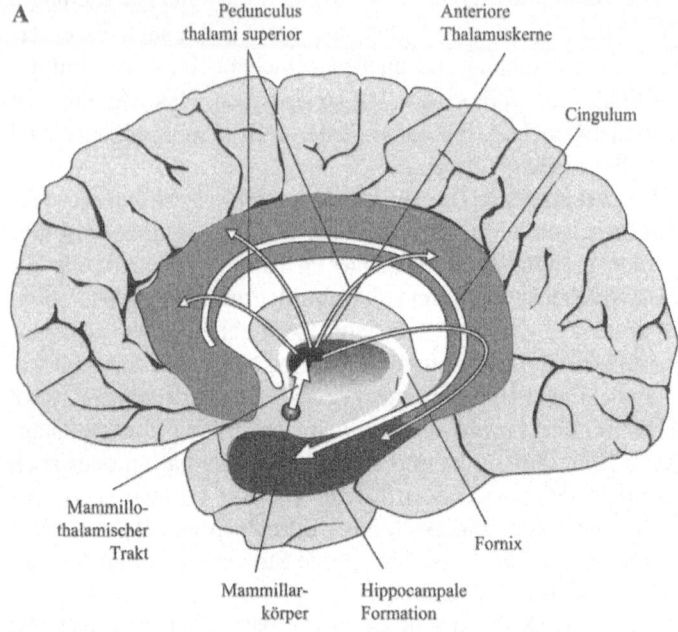

Abb. 2.8 Der Papez'sche Schaltkreis (A) verbindet hippocampale mit thalamischen Strukturen, während der basolateral limbische Schaltkreis (B) thalamische Strukturen mit der Amygdala verbindet.

ist, dass wenn nur eine dieser Schlüsselstrukturen geschädigt wird, die Bildung neuer Erinnerungen stark beeinträchtigt wird. So führt eine nicht funktionierende Amygdala dazu, dass die betroffene Person nicht mehr in der Lage ist, verschiedenen Informationen eine unterschiedliche Wertigkeit zu geben. Betrachtet diese Person einen Film, in dem eine Frau ermordet wird, erinnert sie sich später nicht nur an den Mord, sondern mit derselben Gewichtung auch daran, dass die Frau ein geblümtes Kleid getragen hat. Ohne eine emotionale Bewertung unserer Erfahrungen kommt es dazu, dass verschiedene Situationen verallgemeinert werden.

Zusammenfassend zeigt Abbildung 2.9 alle Strukturen des Gehirns, die für unser Gedächtnis von essentieller Bedeutung

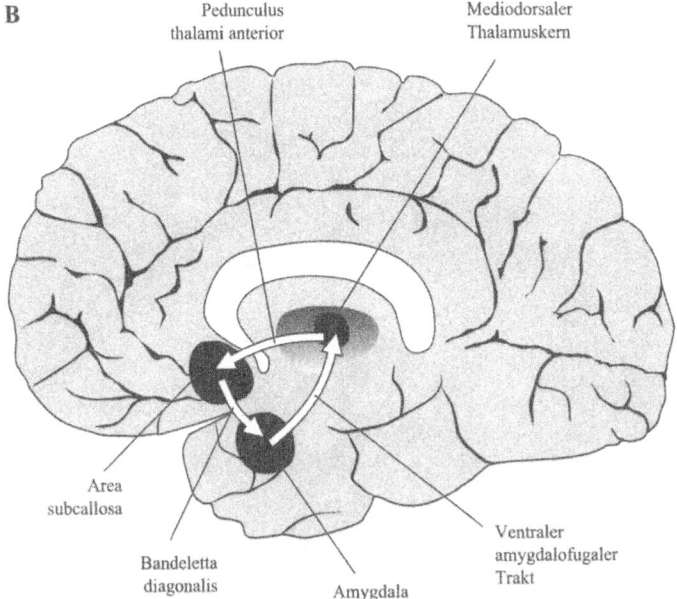

Abb. 2.8 Fortsetzung

sind. Aus diesem Grund werden sie auch als Flaschenhals-Strukturen bezeichnet, da eine Beschädigung zum Verlust der jeweiligen Funktion führt (Brand & Markowitsch, 2003).

Gedächtnis entlang der Zeitachse

Der Faktor Zeit ist wohl eine der komplexesten Komponenten unserer Umwelt. Die Welt, in der wir leben, ist in ständiger Bewegung. Im Hinblick auf die zeitlichen Prozesse, die der Bildung neuer Erinnerungen zugrunde liegen, kann grob zwischen drei aufeinanderfolgenden Informationsspeichern unterschieden werden: dem **Ultrakurzzeitgedächtnis**, dem **Kurzzeit-** und **Arbeitsgedächtnis** und dem **Langzeitgedächtnis**. Der erste

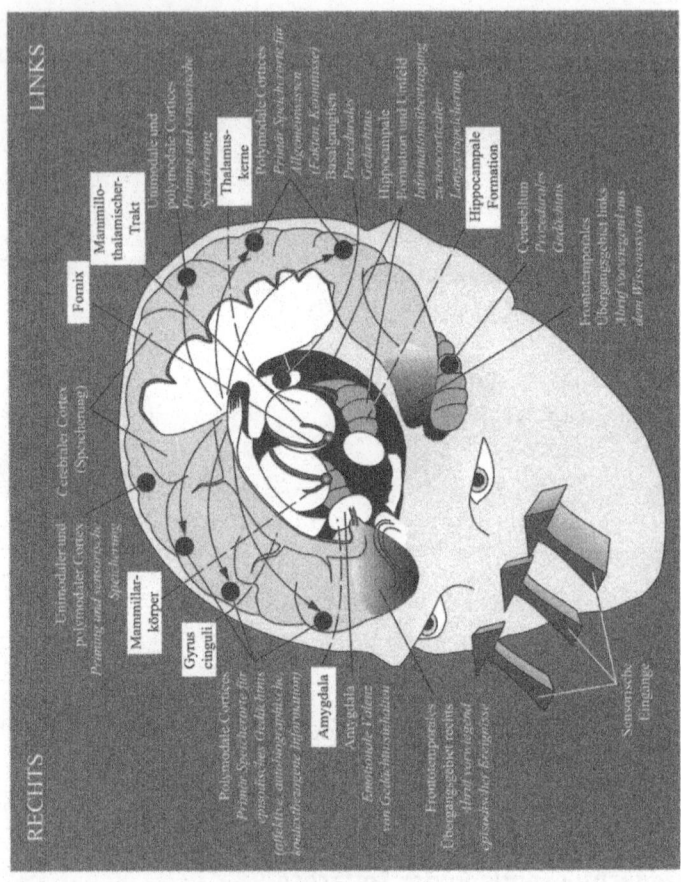

Abb. 2.9 Gezeigt werden die wichtigsten Gehirnstrukturen für unser Gedächtnis sowie ihre vorrangige Funktion.

Prozess, damit wir überhaupt eine neue Erinnerung bilden können, ist die Wahrnehmung von Reizen aus unserer Umwelt. Diese Informationen, die wir über unsere fünf Sinne – Sehen, Hören, Riechen, Fühlen, Schmecken – wahrnehmen, sind flüchtig. Schon nach einem Bruchteil von Sekunden verfallen sie und sind für uns unwiederbringlich verloren. Bei einem Waldspaziergang hören wir unterschiedliche Vögel singen und rufen, zeitgleich rascheln die Blätter unter unseren Füßen, der Wind rauscht durch die Bäume, und wir erzählen einer Freundin von unserem gestrigen Abend. Alle diese verschiedenen akustischen Signale nimmt unser Gehör wahr und leitet sie weiter zu unserem Gehirn.

Die verschiedenen Sinneswahrnehmungen gelangen zuerst in das **Ultrakurzzeitgedächtnis**. Dieser Gedächtnisspeicher ist immer noch der rätselhafteste von allen. Es ist heute bekannt, dass wahrgenommene Informationen in Abhängigkeit zu dem jeweiligen Sinn hier ganz kurzfristig gespeichert werden. Dieser Zwischenspeicher prägt sich, um beim Waldspaziergang zu bleiben, den Vogelgesang, die Amsel auf einem nahen Baum, den leicht modrigen Waldgeruch sowie viele weitere Wahrnehmungen für den Zeitraum von wenigen Millisekunden ein (G. R. Loftus, Duncan & Gehrig, 1992). Zur Verdeutlichung sei hier angemerkt, dass sich die Dauer des Ultrakurzzeitgedächtnisses mit der Zeitspanne vergleichen lässt, die die Zellen in der Netzhaut unserer Augen benötigen, um auf einfallende Lichtpartikel zu reagieren. Diese geringe Zeitspanne erklärt auch die Probleme, das Ultrakurzzeitgedächtnis eingehender wissenschaftlich zu untersuchen. Bedeutsam ist der Speicher deshalb, weil bereits hier für den aktuellen Zustand eine erste Auswahl der beachtenswerten Wahrnehmungen stattfindet. Bei unserem Spaziergang durch den Wald mag das raschelnde Laub unter unseren Füßen für den kurzen Augenblick wahrgenommen werden, aber es hat für den Spaziergang und die gesamte Situation keine weitere Bedeutung. Es wird bereits hier unbewusst Wichtiges von Unwichtigem getrennt. Informationen, die nicht weiterverarbeitet werden, zerfallen und sind damit unwiederbringlich verloren. Die uns umgebenden Umweltreize, und damit einhergehend unsere Wahrnehmungen derselben, sind demzufolge äußerst flüchtig.

Kurz und knapp

Die Informationen, die das Ultrakurzzeitgedächtnis herausfiltert, gelangen in den darauf folgenden Speicher: das Kurzzeitgedächtnis. An dieser Stelle ist es wichtig, dass auf die Verwendung des Begriffs Kurzzeitgedächtnis innerhalb der Wissenschaft und unseres Alltags eingegangen wird. Im alltäglichen Sprachgebrauch wird mit dem Kurzzeitgedächtnis eine Zeitspanne von einigen Stunden oder sogar ein bis zwei Tagen umschrieben. Hingegen wird der Begriff des Kurzzeitgedächtnisses in der Wissenschaft mit einer deutlich kürzeren Zeitspanne der Informationsspeicherung verbunden. Demnach wird dort Wissen über den Zeitraum von einigen Sekunden bis maximal ein paar Minuten für uns bereitgehalten. Nicht nur die Zeit ist hier ein einschränkender Faktor, sondern auch die Menge an Informationen, die zeitgleich im Kurzzeitgedächtnis gehalten werden kann, ist beschränkt. Zur genaueren Untersuchung wurden Wissenseinheiten, auch Chunks genannt, in verschieden großen Blöcken zusammengestellt. Ein Chunk beinhaltet beispielsweise ein Wort oder eine Zahl oder auch eine kleine Folge von Buchstaben oder Zahlen. George A. Miller veröffentlichte 1956 eine Zusammenschrift der bisherigen Ergebnisse auf dem Gebiet des kurzzeitigen Lernens. Er kam zu dem Schluss, dass wir insgesamt sechs Chunks im Kurzzeitgedächtnis halten können. Allerdings musste diese Mengenangabe aufgrund neuerer Untersuchungen weiter verkleinert werden (Cowan, 2001). Heute wird davon ausgegangen, dass nur vier Chunks zeitgleich im Kurzzeitgedächtnis bereitgehalten werden können.

Wenn das Kurzzeitgedächtnis doch arbeitet

Mitte der 1970er Jahre wurde von Alan Baddeley und Graham Hitch der Begriff des **Arbeitsgedächtnisses** (1974) eingeführt, auch Primärgedächtnis genannt (Tulving, 1995). Das Besondere des Arbeitsgedächtnisses ist, dass es nicht nur die Verarbeitung neuer Informationen berücksichtigt, sondern diese in einen Zusammenhang mit aufgerufenen älteren Wissenseinheiten stellt. Im Unterschied zum Kurzzeitgedächtnis, welches die jeweiligen Informationen eher passiv bereitstellt, werden im Arbeitsgedächtnis Informationen aktiv gehalten und verarbeitet. Damit stellt das Arbeitsgedächtnis eine Verbindung zwischen dem Kurzzeitgedächtnis und dem Langzeitgedächtnis dar.

Ursprünglich wurden drei Elemente für das Arbeitsgedächtnis beschrieben: die **phonologische Schleife**, der **visuell-räumliche Notizblock** und die **zentrale Exekutive** (siehe auch Abb. 2.10 A).

In der phonologischen Schleife (*phonological loop*) werden die sprachlichen und auditiven Informationen verarbeitet, während im visuell-räumlichen Notizblock (*visual-spatial-sketchpad*) die über den Sehsinn wahrgenommenen, auch räumlichen Informationen manipuliert werden. Das verbindende Glied zwischen diesen beiden untergeordneten Systemen ist die zentrale

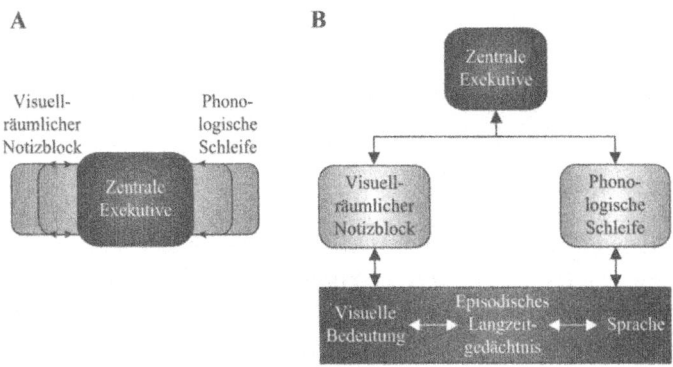

Abb. 2.10 Das Arbeitsgedächtnis nach Baddeley (2000). A) stellt die ursprünglichen Komponenten dar, in B) werden diese durch die vierte Komponente, den episodischen Zwischenspeicher, ergänzt. Der episodische Zwischenspeicher verwebt Informationen aus dem episodischen Langzeitgedächtnis mit der bildlichen Bedeutung und der sprachlichen Eigenschaft neuer Informationen.

Exekutive, welche übergeordnet ist und aufmerksamkeitsge-
steuert die beiden Systeme überwacht. Betrachten wir mit diesem
Wissen noch einmal die Situation des Waldspaziergangs und was
zu diesem Zeitpunkt in unserem Gehirn passieren könnte.

Das uns umgebende Szenario ist voller verschiedener Geräusche, abwechslungsreich und fordert alle unsere Sinne. Um
Ordnung in dieses Durcheinander an Informationen zu bringen,
könnte die zentrale Exekutive unsere Aufmerksamkeit auf einen
in der Nähe zwitschernden Vogel lenken. Der Gesang wird vorü-
bergehend in der phonologischen Schleife aufbewahrt. Zeitgleich
wird im visuell-räumlichen Notizblock verarbeitet, wo der Vogel
sitzt und wie er aussieht.

Erst vor einigen Jahren wurde noch ein weiteres System
für das Arbeitsgedächtnis formuliert (Baddeley, 2000). Der
episodische Zwischenpuffer verknüpft die Informationen
der phonologischen Schleife und des visuell-räumlichen
Notizblocks mit den episodischen Informationen aus dem
Langzeitgedächtnis (siehe auch Abb. 2.10 B). Dadurch wird
eine in sich nachvollziehbare Episode im Arbeitsgedächtnis
verarbeitet und manipuliert.

Aus dem vorangegangenen Abschnitt ist bereits bekannt,
dass im Kurzzeitgedächtnis vier Wissenseinheiten (Chunks)
zeitgleich bereitgehalten werden können.

Versuchen wir doch einmal, uns die folgende Buchstabenfolge
zu merken: bkaddrtüvfaz.

Das ist gar nicht so einfach. Das Wort ergibt für uns keinen
Sinn und liest sich nicht wirklich gut. Versuchen wir jetzt innerhalb der Buchstabenfolge uns bekannte Abkürzungen zu finden.
Es ergeben sich hierbei BKA, DDR, TÜV und FAZ. Aus dem
unleserlichen Buchstabensalat fallen mit einem Mal einfach
zu merkende Chunks heraus. Schauen wir jetzt noch einmal
auf die Buchstabenfolge – bkaddrtüvfaz –, sehen wir automatisch die aneinandergereihten Abkürzungen. Die hier zugrunde
liegenden Prozesse kann jeder nachprüfen. Überlegen wir
doch einmal, wie wir uns Telefonnummern merken. Nehmen
wir als Beispiel eine achtstellige Nummer: 31952910. Die

meisten Personen speichern eine solche Nummer in Dreier-
und Zweier-Blöcken ab. Wir teilen eine für uns schwer zu grei-
fende Zahlenreihe in einfache kleinere Untergruppen auf – und,
voilá, wurde die Telefonnummer gelernt. Die Information ist
im Arbeitsgedächtnis in seinen einzelnen Bestandteilen verarbeitet, zusammen mit früher gelernten Strategien abgeglichen
worden und kann jetzt als Einheit im Langzeitgedächtnis gespeichert werden. Diese Verknüpfung von Kurzzeitgedächtnis
mit dem Langzeitgedächtnis über die Weiche Arbeitsgedächtnis
funktioniert so gut, dass wir häufig sogar noch Rufnummern
abrufen können, die wir in unserer Kindheit gelernt haben
und die seit vielen Jahren aufgrund von Umzügen nicht mehr
existieren.

Was lange währt, wird endlich gut

Das bedeutendste System unseres Gedächtnisses ist ohne Frage
das Langzeitgedächtnis. Was an Informationen wahrgenommen,
durch das Kurzzeit- und das Arbeitsgedächtnis hindurchgelangt
ist, wird am Ende hier langfristig gespeichert. Das Langzeitgedächtnis ermöglicht es uns, früher gelernte Informationen
und Erfahrungen abzurufen. Dies beinhaltet das Wissen, wie
man Fahrrad fährt, einen Apfel erkennt, wie die Hauptstadt von
Spanien heißt und was wir letzten Sommer gemacht haben.
Das Besondere an diesem System ist, dass es – sowohl was die
zeitliche Kapazität als auch die Menge der Informationen betrifft – keine Grenzen zu haben scheint. Das bedeutet, dass wir
falsch liegen, wenn wir behaupten, unser Gedächtnis könne einfach keine weiteren Informationen aufnehmen. Es liegt nicht an
unserer Fähigkeit, Wissen abzuspeichern, wenn wir den letzten
Zahnarzttermin wieder einmal vergessen haben.

Wissenschaftlich betrachtet, wird das Langzeitgedächtnis in
zwei Teile eingeteilt: das Altgedächtnis, das auch retrogrades
(lateinisch *retro* = zurück, rückwärts) Gedächtnis genannt

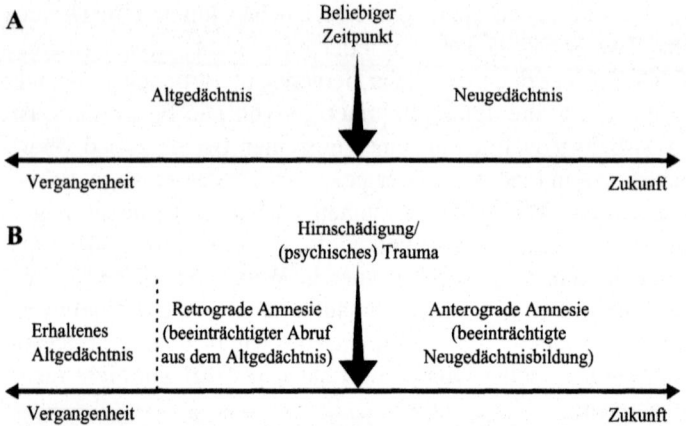

Abb. 2.11 Dargestellt werden zwei Zeitgraphen. In A) wird bei einem gesunden Menschen zu einem beliebigen Zeitpunkt die Erinnerung in Alt- und Neugedächtnis geteilt. Bei Patienten wird dieser Zeitpunkt meist durch einen Unfall o. Ä. gekennzeichnet, der eine Schädigung des Gehirns nach sich zog. B) stellt diesen Fall dar und verdeutlicht retrograde und anterograde Amnesie.

wird, und das Neugedächtnis, das auch als anterogrades (lateinisch *ante* = vor, vorwärts) Gedächtnis bezeichnet wird (Abb. 2.11 A).

Nehmen wir als beliebigen Zeitpunkt den Tag, an dem wir unseren Führerschein gemacht haben. Alle „autolosen" Erfahrungen, die wir davor gemacht haben, zählen zu unserem Altgedächtnis. Die vielen Augenblicke, die wir im Stau stehen durften, uns über andere Autofahrer beschwerten und mit dem Auto in den Urlaub gefahren sind, werden unserem Neugedächtnis zugeordnet. Fairerweise sollte an dieser Stelle bemerkt werden, dass diese Einteilung bei gesunden Menschen nur selten vollzogen wird. Es gibt einfach keine Veranlassung, eine konkrete Unterscheidung zwischen Alt- und Neugedächtnis hinsichtlich eines bestimmten Zeitpunktes zu treffen. Anders sieht dies allerdings bei Patienten aus, die Probleme haben, Informationen aus ihrem Langzeitgedächtnis abzurufen (siehe

Abb. 2.11 B). Oft ist es möglich, einen Zeitpunkt festzulegen, seit dem der Abruf gestört ist. So könnte ein Autounfall dazu führen, dass die betroffene Person nicht mehr in der Lage ist, sich an die Ereignisse, die vor dem Unfall passiert sind, zu erinnern. Es wird dann von einer **rückwirkenden** (**retrograden**) **Amnesie**, also einer Beeinträchtigung des Altgedächtnisses, gesprochen. Hierbei muss nicht das gesamte Altgedächtnis betroffen sein. Es besteht die Möglichkeit, dass die Zeit, aus der Informationen nicht mehr verfügbar sind, begrenzt ist und beispielsweise nur einige Stunden, wenige Tage oder Wochen vor dem Unfall betroffen sind. Dies ist oft abhängig von der Schwere der Gehirnverletzung. Eine in der Öffentlichkeit noch relativ unbekannte Form des Gedächtnisverlustes stellt die **vorwärtswirkende** (**anterograde**) **Amnesie** dar. Patienten, die hiervon betroffen sind, sind nicht mehr in der Lage, neue Informationen zu lernen. Sie stecken sozusagen in der Zeit fest. Das Paradebeispiel aus der Literatur ist der Patient HM. Nach einer Operation, bei der ein Teil seines Gehirns (in beiden Hirnhälften Teile des Schläfenlappens einschließlich beider Amygdalae sowie großer Bereiche der Hippocampi) entfernt wurde, zeigte er eine schwere Form der vorwärtswirkenden Amnesie. Er war nicht mehr in der Lage, neue Erinnerungen ab dem Zeitpunkt der Operation am 1. September 1953 zu bilden. Dies bedeutet unter anderem, dass HM Menschen, die nach der Operation in sein Leben kamen, jedes Mal aufs Neue kennenlernt.

Zum Schluss dieses Abschnitts werden noch einmal die einzelnen betrachteten Gedächtnisspeicher zusammengefasst (siehe Abb. 2.12). Nachdem die aus der Umwelt wahrgenommene Information durch das Ultrakurzzeitgedächtnis hindurchgelangt ist, wird sie im Kurzzeit- und Arbeitsgedächtnis vorverarbeitet und im Langzeitgedächtnis auf unbefristete Zeit abgespeichert.

Wichtig ist, dass während dieser Prozesse immer wieder Informationen verändert werden und verloren gehen. Informationen werden zwar von unseren Sinnen wahrgenom-

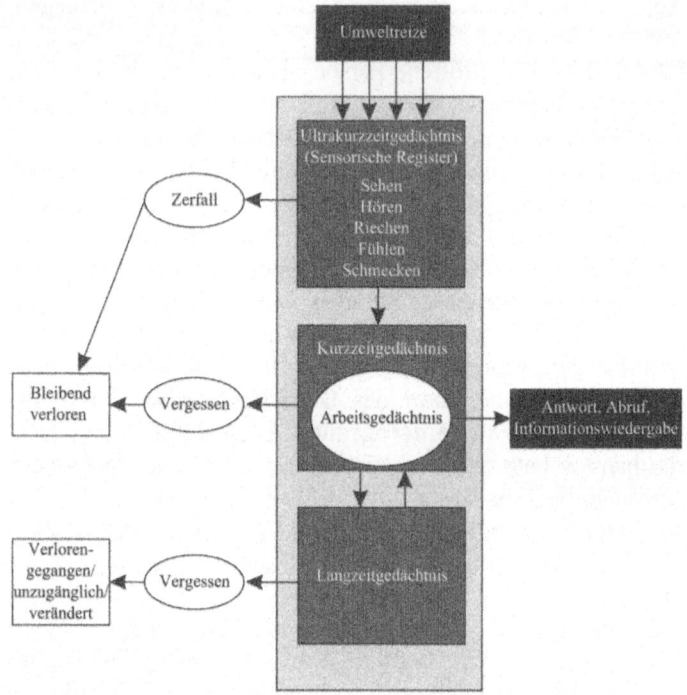

Abb. 2.12 Schematische Einteilung des Gedächtnisses nach den einzelnen zeitlichen Komponenten.

men, gelangen aber nicht über das Ultrakurzzeitgedächtnis hinaus, werden nicht weiter verarbeitet und zerfallen dadurch unwiederbringlich. Doch wie jeder aus eigener Erfahrung weiß, können wir uns auch an Dinge nicht erinnern, die wir einmal gelernt haben. Informationen können sich mit der Zeit verändern, der inhaltliche Zusammenhang verändert sich durch neu Gelerntes, und wir können sie dadurch nicht mehr abrufen. Dies geschieht vor allem, während Informationen im Kurzzeitgedächtnis gehalten und im Arbeitsgedächtnis zusammen mit schon vorhandenem Wissen abgeglichen werden. Aber auch Informationen, die bereits im Langzeitgedächtnis gespeichert wurden, können durchaus einer gewissen Veränderung unterworfen sein. Obwohl unser Langzeitgedächtnis im Grunde unbegrenzt Wissen speichern kann, passiert es leider immer wieder, dass wir uns an bestimmte Dinge nicht mehr erinnern, sie für uns nicht abrufbar sind.

Gedächtnisprozesse: die Bildung unseres Gedächtnisses

Eng verknüpft mit dem vorangegangenen Thema der zeitlichen Abhängigkeit unserer Erinnerungen sind die Prozesse, die unserer Gedächtnisbildung zugrunde liegen. Es werden hier vier Prozesse unterschieden, die prinzipiell sehr einfacher Natur sind. Wir nehmen über unsere Sinne Informationen auf, diese werden gespeichert, im Laufe der Zeit festigen sie sich und können dann – zumindest in der Theorie – jederzeit wieder abgerufen werden (siehe Abb. 2.13).

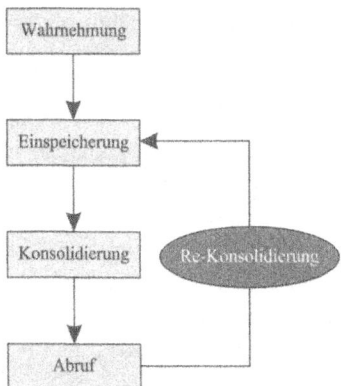

Abb. 2.13 Vereinfachte Darstellung der Prozesse zur Gedächtnisbildung.

Wären diese Vorgänge so einfach, wie es hier dargestellt wird, dann wäre dieser Abschnitt an dieser Stelle auch schon beendet. Die einzelnen Prozesse enthalten jedoch viele Feinheiten, und es gibt bei jedem einzelnen Prozess verschiedene Faktoren zu betrachten. Bei jedem dieser Schritte kann es zu Schwierigkeiten kommen, die für die Gesamtthematik dieses Buches – die falschen Erinnerungen – von besonderer Bedeutung sind. Bis zum heutigen Tag werden weiterführende Studien durchgeführt, um die jeweiligen einzelnen Prozesse genauer zu erforschen.

Die Wahrnehmung

Schon bei der Sinneswahrnehmung kommt es, wie bereits im Hinblick auf die zeitliche Abfolge der Erinnerungsbildung erläutert wurde, aufgrund der zeitlichen Flüchtigkeit zu einer Verkleinerung der tatsächlich verarbeiteten Informationen. Abgesehen von der Flüchtigkeit nehmen wir aber auch nicht immer alle verfügbaren Informationen auf, oder wir interpretieren sie falsch. Unsere Sinne liefern uns keine direkte Kopie unserer Umwelt. Die Schwierigkeiten beginnen bereits damit, dass wir nur einen Teil der vorhandenen Informationen wahrnehmen können. Ein Adler erkennt zum Beispiel auch noch aus einer Flughöhe von mehreren Kilometern, dass unter ihm ein Kaninchen läuft. Hunde haben einen besser ausgeprägten Geruchssinn als wir, und auch unser Gehör ist vielen anderen Tieren unterlegen. Und doch reichen die Dinge, die wir über unsere Sinne wahrnehmen können, für unseren Alltag völlig aus. Versetzen wir uns noch einmal in die vorab beschriebene Situation eines Waldspaziergangs. Wir hören die Vögel singen, das Rascheln des Laubs im Wind, unsere eigenen Schritte auf dem Boden, ein Flugzeug in der Ferne. Wir riechen die frische Waldluft, ein leicht modriger, dunkler Geruch. In unserem Mund befindet sich ein leckeres Karamell-Bonbon. Die Sonne wärmt unsere Haut, und wir ertasten die Struktur einer aufgehobenen Kastanie. Wir sehen die verschiedenen Bäume, Büsche und unzählige kleinere Pflanzen, Insekten schwirren durch die Luft, verschiedene Pflanzensamen schweben an uns vorbei, und ein Stück den Weg entlang sehen wir weitere Spaziergänger mit einem Hund.

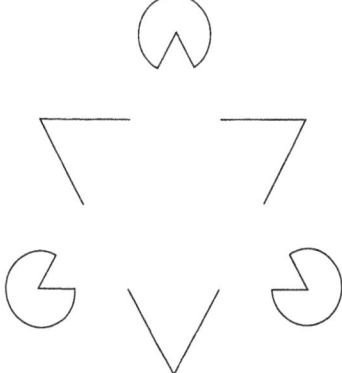

Abb. 2.14 Das Kanizsa-Dreieck zeigt, dass unsere Wahrnehmung nicht fehlerfrei abläuft und kein 1:1-Bild unserer Umwelt dargestellt wird.

Dass wir nicht alle diese verfügbaren Informationen verarbeiten, liegt auf der Hand. Gefiltert werden die wahrnehmbaren Informationen durch unsere Aufmerksamkeit, die wiederum größtenteils auf bereits gemachten Erfahrungen basiert. Das, worauf wir achten, was wir also aktiv wahrnehmen, wird mit großer Wahrscheinlichkeit auch weiter verarbeitet werden. Hier spielen sowohl bewusste als auch unbewusste Vorgänge eine Rolle. Ein Beispiel wird in Abbildung 2.14 gezeigt.

Wir sehen in dem Bild zwei große Dreiecke, obwohl bei genauerer Betrachtung erkennbar wird, dass drei offene Dreiecke und drei Kreise mit einem fehlenden Kuchenstück dargestellt sind. Die Vorgänge, die zu den zwei Dreiecken führen, laufen natürlich nicht auf der reinen Wahrnehmungsebene ab. Unsere Vorerfahrung und die daraus gewachsene Erwartung an unsere Umwelt und das, was wir in ihr sehen, beeinflusst unsere Wahrnehmung und deren Interpretation erheblich.

Wissen wird gespeichert

Bereits einige Male wurde davon gesprochen, dass Informationen verarbeitet und eingespeichert werden. Jetzt wird noch etwas genauer auf den Begriff der Einspeicherung (**Enkodierung**) eingegangen. Jedes Mal, wenn wir etwas Neues lernen – bewusst oder auch unbewusst –, wird diese neue Information einge-speichert (siehe Box 2.2 für die unterschiedlichen Lernformen).

Box 2.2: Wie lernen wir? ▬▬▬▬▬▬▬▬▬

Behaupten wir doch einfach einmal, dass es für uns praktisch un-möglich ist, nicht zu lernen. Wir lernen jeden Tag etwas Neues, nur ist es uns die meiste Zeit gar nicht bewusst, dass wir das tun. Die meisten Erkenntnisse zum Lernen stammen aus der Tierforschung und lassen sich nur bedingt auf uns Menschen übertragen. Der Vollständigkeit halber werden sie hier aber mit aufgeführt.

1. Gewöhnung (Habituation), Sensitivierung – Lernform, die auch schon bei einfachen Tieren wie Schnecken zu finden ist. Wird ein Reiz wiederholt ausgeführt, reagieren wir mit der Zeit immer weniger darauf, bis wir ihn ignorieren (Ticken einer Uhr). Durch eine Änderung der Reizdarbietung können wir wie-der sensibilisiert werden und nehmen den Reiz wieder wahr.
2. Signallernen (klassische Konditionierung) – Auch Pawlow'sche Konditierung, bei der ein unbedingter Reiz (Essensgeruch) eine bedingte Reaktion/Reflex (Speichelproduktion) auslöst. Der unbedingte Reiz wird mit einem bedingten (Gongschlag) gepaart, der bei Wiederholungen ausreicht, um den Reflex auszulösen.
3. Reiz-Reaktions-/Antwort-Lernen (instrumentelle Konditionie-rung) – Ein bestimmtes Verhalten wird mit einem bestimmten Reiz verknüpft. Beispiel: In einer Box sind zwei Hebel instal-liert, eine hineingesetzte Ratte erhält beim Herunterdrücken des einen Hebels Futter, beim Herunterdrücken des anderen nichts. Sie lernt schnell, denjenigen Hebel zu betätigen, der ihr Futter bringt.
4. „Chaining" (verknüpfendes Lernen) – Eine Folge von Reaktionen/Antworten auf einen Reiz, die sich nacheinander bedingen. Dies gilt auch für verbale Assoziationen beziehungs-weise logisches Denken.
5. Multiple Diskrimination – Wir lernen ähnliche Reize anhand ihrer spezifischen Attribute zu unterscheiden (beispielsweise die Fähigkeit, verschiedene Autotypen auseinanderzuhalten).
6. Konzeptlernen – Die Gemeinsamkeit zwischen verschiedenen Objekten oder Attributen wird gelernt (Beispiel: Alle Autos

haben vier Räder, sind aus Metall, haben ein Lenkrad.). Es wird ein Konzept gebildet.

7. Lernen von Prinzipien – Wissen erwerben, das beim Lösen von Problemen mit ähnlichen Attributen hilft (Beispiel: Ist etwas rund, wird es rollen.).

8. Problemlösen – Verknüpfung der vorangegangenen Lernformen. Dies ermöglicht logische Schlussfolgerungen aufgrund des erworbenen Wissens.

Die hier aufgeführten Lernformen (nach Gagné, 1965) lassen eine wichtige Form außer Acht: das Imitationslernen. Gerade Menschen in jungen Jahren lernen die meisten unserer Verhaltens- und Sprechweisen durch Imitation.

Es wurde bereits darauf eingegangen, dass die Informationen des fiktiven Waldspaziergangs nicht alle auf die gleiche Weise verarbeitet werden. Abhängig von unserer Aufmerksamkeit werden einige Informationen eher wahrgenommen und eingespeichert als andere. Eine Unterscheidung kann zwischen selektiver/fokussierter und geteilter Aufmerksamkeit getroffen werden. Im ersten Fall konzentrieren wir uns auf etwas Bestimmtes, wir schenken dieser einen Sache unsere ganze Aufmerksamkeit. Im Idealfall passiert das, wenn wir uns hinsetzen und lernen. Unser Fokus liegt auf dem Lernstoff. Solch konzentriertes Lernen ist sehr effektiv und führt dazu, dass wir die meisten Informationen einspeichern. Im Alltag ist unsere Aufmerksamkeit meist geteilt. Wenn wir durch den Wald gehen, können wir gleichzeitig die Vögel singen hören und den Anblick der Natur um uns herum genießen. Schwieriger wird es, wenn wir versuchen, gleichzeitig dem Vogelgesang und der Erzählung unserer Freundin zu lauschen, die gerade von ihrem gestrigen Tag berichtet. Es ist sehr schwierig, verschiedene Informationen über ein und denselben Sinn richtig wahrzunehmen und einzuspeichern. Eine zieht dabei meist den Kürzeren, entweder hören wir den Vögeln zu oder unserer Freundin. Versuchen wir beides mitzubekommen, schalten wir praktisch immer hin und her, so ähnlich wie wenn wir beim Fernsehen immer wieder zwischen zwei Programmen hin- und herschalten. Wir bekommen von beidem etwas mit, aber ohne wirkliche Tiefe.

Im Alltag ist unsere Aufmerksamkeit meist geteilt, wobei hier drei Untersysteme genannt werden sollten: die **Daueraufmerksamkeit**, die alles aus unserer Umwelt umschließt, die **selektive Aufmerksamkeit**, die aus dieser Informationsmasse die für uns wichtige Information herausfiltert und unwichtige Dinge unterdrückt, und die **Orientierungsreaktion**, die unsere Aufmerksamkeit immer wieder auf unsere direkte Umgebung lenkt. Ein besonders anschauliches Beispiel hierfür ist das sogenannte Cocktail-Party-Phänomen (Cherry, 1953). Wir stellen uns vor, wir befinden uns in einem Raum voller Leute. Aufmerksam unterhalten wir uns mit einem Bekannten und blenden dabei die uns umgebenden Gespräche und die Musik einfach aus. Wir nehmen hierbei gleichzeitig wahr, was um uns herum passiert (damit wir im Notfall angemessen auf mögliche Gefahrensituationen reagieren können), und fokussieren unsere Aufmerksamkeit auf unseren Gesprächspartner und unser Gespräch. Plötzlich hören wir in der Nähe unseren Namen. Unsere Aufmerksamkeit wechselt zumindest kurzfristig in das Gespräch hinüber (um herauszufinden, warum über uns gesprochen wird). Der eigene Name ist einer der besten Auslöser (Trigger), um unsere Aufmerksamkeit von einer Sache auf eine andere zu lenken. Stellen wir nach ein paar Worten fest, dass das benachbarte Gespräch nicht weiter für uns wichtig ist, konzentrieren wir uns wieder auf unser eigenes Gespräch. Einspeichern werden wir in einer solchen Situation nur das, was wir intensiv verfolgt haben. Der kleine „Ausrutscher" wird nicht weiter verarbeitet, da er in dieser Situation keine weitere Bedeutung für uns hat.

Dieser letzte Punkt behandelt die unterschiedliche Verarbeitungstiefe von Informationen. Wir können Dinge nur oberflächlich lernen, oder wir können uns intensiver mit ihnen auseinandersetzen und sie dadurch auch besser lernen. Die Ersten, die die Verarbeitungstiefe bei der Bildung von Erinnerungen detaillierter erforschten, waren Anfang der 1970er Jahre Fergus

Craik und Robert Lockhart (1972). Sie gingen davon aus, dass Wahrnehmungen unterschiedlich intensiv verarbeitet werden und dass dies auch erklärt, warum wir nicht alle Informationen aus unserer Umwelt gleich gut oder gleich schlecht lernen. Craik und Lockhart unterschieden zwischen einer seichten (*shallow processing*) und einer tiefen (*deep processing*) Verarbeitung. Bei der seichten Verarbeitungstiefe wird nur die Oberflächenstruktur einer Information gespeichert. So speichern wir zum Beispiel, dass ein Vogel irgendwo im Wald singt und dass unsere Freundin redet – mehr aber auch nicht. Wir nehmen auf dieser Stufe nur das Wesentliche der dargebotenen Information wahr. Eine tiefere Verarbeitung findet erst dann statt, wenn wir uns die entsprechende inhaltliche Bedeutung vergegenwärtigen, so zum Beispiel, wenn wir uns auf unsere Freundin konzentrieren und erfahren, dass sie gestern ihre Familie besucht und dabei die kleine Tochter ihres Bruders zum ersten Mal gesehen hat.

Es ist demnach sehr wichtig, ob uns die dargebotene Information interessiert oder wir uns bewusst dafür entscheiden, dass wir sie wissen wollen. Tun wir das, handelt es sich um bewusstes Lernen. Allerdings lässt sich hier einwenden, dass wir uns bei sehr vielem, an das wir uns später erinnern, nicht bewusst entschieden haben, es zu lernen. Es muss also noch einen zweiten Weg geben. Neben dem bewussten Lernen von Informationen nehmen wir vieles auch unbewusst auf und speichern es ein. Später können wir dieses unbewusst gelernte Wissen dann ebenfalls bewusst abrufen. Hierbei handelt es sich um unbewusstes, zufälliges Lernen. Um wieder zu unserem Beispiel des Spaziergangs zurückzugehen, hören wir unserer Freundin aufmerksam zu, und doch registrieren wir, dass in der Nähe ein Vogel singt. Warum? Vielleicht handelt es sich um eine Vogelart, die wir sehr mögen und deren Gesang wir daher leicht erkennen können.

Jede Information, die wir einspeichern, bildet eine Gedächtnisspur – ein **Engramm** – in unserem Gehirn. Der Begriff des Engramms wurde von Richard Semon geprägt (1904) und umschreibt eine eingespeicherte Wissenseinheit. Wie genau ein

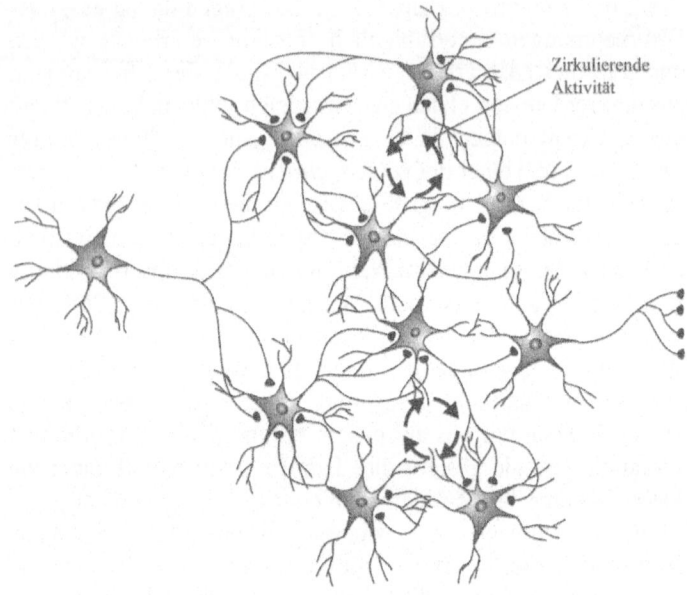

Abb. 2.15 Schematische Darstellung der Hebb'schen Lernregel für eine kleine Gruppe von Nervenzellen (nach Hebb, 1949).

Engramm aussieht, ist bisher nicht geklärt. Der Psychologe Karl S. Lashley widmete den größten Teil seiner Forschung der Suche nach Engrammen in unserem Gehirn und kam am Ende zu dem Schluss, dass es keine eindeutige Lokalisierung von Informationen in Form von Engrammen gibt (Lashley, 1950). Ein Modell, das der Engrammtheorie am nächsten kommt, ist die Hebb'sche Vorstellung der Übertragung von Wissen vom Kurzzeit- ins Langzeitgedächtnis (vergleiche Abb. 2.15).

Durch die wiederholte Weiterleitung von Signalen zwischen zwei Nervenzellen wird die Verbindung zwischen ihnen langfristig verändert und stabilisiert. Dies geschieht dadurch, dass sich die Synapsen der Nervenzelle A an der Kontaktstelle zur Nervenzelle B verstärken. Die daraus resultierende Veränderung stellt die neuronale Grundlage für Lernen dar und verdeutlicht die Anpassungsfähigkeit der Synapsen – die sogenannte synaptische Plastizität. Zu dieser zählt auch, dass der Kontakt zwischen zwei Nervenzellen langfristig geschwächt werden kann, wenn eine Information langfristig nicht abgerufen wird, also keine Signalweiterleitung stattfindet.

Aktives Schlafen

Viele sind immer noch der Meinung, dass in unserem Schlaf nicht viel passiert. Diese Zeit wird sogar oft als vergeudet empfunden, könnten wir doch im wachen Zustand so vieles noch erledigen. Dass Schlaf eine biologische Notwendigkeit ist, wissen wir. Jeder von uns weiß, dass schon eine einzige schlaflose Nacht zu Gereiztheit, Konzentrationsschwäche, Fahrigkeit und anderen unseren Alltag negativ beeinflussenden Problemen führen kann. Es ist allem Anschein nach vor allem unser Gehirn, das den Schlaf benötigt, um die Ereignisse des Tages zu ordnen.

Betrachten wir zuerst die einzelnen Phasen unseres Schlafs (siehe Abb. 2.16).

An Schlafphasen wird zunächst grob zwischen dem **REM**-(*rapid-eye-movement* = schnelle Augenbewegung) und dem **Tiefschlaf** unterschieden. Im REM-Schlaf träumen wir intensiv, unsere Augen bewegen sich (woher auch die Bezeichnung

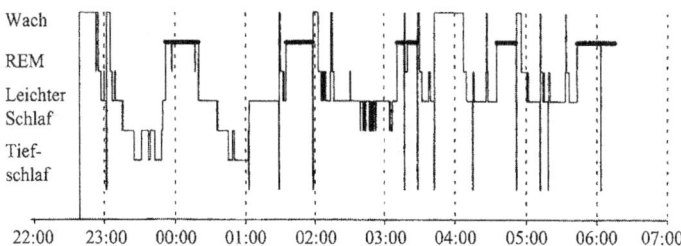

Abb. 2.16 Die Abfolge der einzelnen Schlafstadien im Laufe einer Nacht.

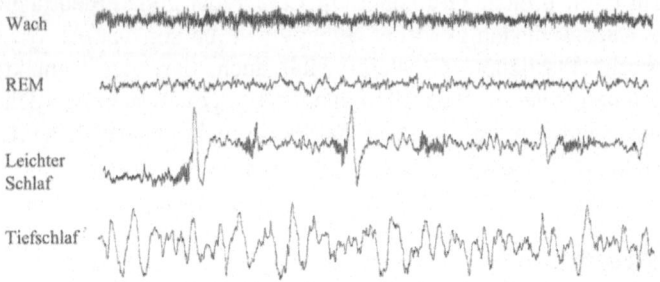

Wach

REM

Leichter
Schlaf

Tiefschlaf

Abb. 2.17 Gezeigt werden die gemessenen elektroencephalographischen (EEG-) Wellen während des Wachzustands, des REM-Schlafs sowie dem leichten (Schlafstadien 1 und 2) und dem tiefen Schlaf (Schlafstadien 3 und 4).

dieses Stadiums herrührt), wir bewegen uns, und wenn wir geweckt werden, sind wir schnell aufnahmebreit und reagieren zügig auf Fragen. Der Tiefschlaf wiederum wird in weitere vier Stadien unterteilt. Die ersten beiden Schlafstadien scheinen hierbei mehr als Übergang vom REM- zu einem tieferen Schlaf zu dienen, und es gibt bisher keine Erkenntnisse, die diesen Stadien eine besondere Bedeutung zuordnen. Deswegen werden diese beiden Stadien auch schlicht als leichter Schlaf bezeichnet. Die Schlafstadien 3 und 4 beschreiben die Phase, die wir im Alltag als Tiefschlaf bezeichnen. Aus dem Tiefschlaf wachen wir nur schlecht auf und sind anfangs desorientiert. Der Tiefschlaf zeichnet sich durch charakteristische Hirnströme aus, die sogenannten Delta-Wellen (siehe Abb. 2.17). Daher werden diese Stadien auch als *Slow-Wave-Sleep* (= langsamer Wellenschlaf) bezeichnet.

Schlaf scheint besonders wichtig für die Festigung (**Konsolidierung**) von Wissen zu sein. Natürlich vertiefen wir erworbene Fakten und neue Erfahrungen auch wenn wir wach sind, indem wir neue Bewegungen wiederholt tätigen oder mit anderen über etwas neu Gelerntes sprechen. Doch gerade im Schlaf wird unser Wissen sortiert, vertieft und mit früher Erworbenem verknüpft. Mit dem Ausspruch „eine Nacht darüber schlafen" ist dieser Prozess sogar bis in unseren Alltag eingedrungen. Wissenschaftliche Studien konnten zeigen, dass vor allem motorische Fähigkeiten durch einen regelmäßigen Schlaf verbessert werden (siehe auch Stickgold, 2005). Die Überprüfung, inwiefern auch theoretisches Wissen im Schlaf gefestigt wird, ist schwieriger, und bisher gibt es nur wenige Untersuchungen, die eine positive Übereinstimmung zeigen konnten (unter anderem Rasch et al., 2007). Fest steht, dass wir ohne Schlaf unkonzentrierter sind und uns vieles nicht mehr so einfach einfällt. Wir sind körperlich deutlich weniger belastbar, und es kann zu nachlässigen Bewegungen kommen. Fakt ist, dass wir schlafen müssen, da Schlafmangel gravierende Folgen für uns haben kann. Studien mit Ratten zeigten sogar, dass ein vollständiger Schlafentzug nach 11–32 Tagen zum Tod der Tiere führte (Everson, Bergmann & Rechtschaffen, 1989; Rechtschaffen & Bergmann, 2002).

Abruf

Zum erfolgreichen Lernen gehört natürlich auch, dass wir die Informationen zu einem späteren Zeitpunkt wieder abrufen können. Unser Gehirn ist in der Lage, Unmengen an Daten zu speichern, aber was bringt uns all dieses Wissen, wenn wir es nicht oder in einer bestimmten Situation nicht gewollt abrufen können? Wir alle kennen das Phänomen, dass uns ein Name oder ein Wort förmlich auf der Zunge liegt, wir die gesuchte Information aber nicht greifen können. Manchmal hilft es, wenn wir den Abruf durch bestimmte Strategien ankurbeln, beispielsweise im Geiste durch das Alphabet wandern und anhand des Anfangsbuchstabens versuchen, das gesuchte Wort zu finden. Informationen lassen sich leichter abrufen, wenn wir eine gewisse Hilfestellung, einen Trigger, erhalten. Dementsprechend unterscheiden wir zwischen drei verschiedenen Formen des Abrufs von Erinnerungen:

- **Freier Abruf**: Ohne Hilfe sollen wir eine Antwort auf die Frage „Wie heißt die Hauptstadt von Frankreich?" geben.
- **Abruf mit Hinweisreiz**: Wir erhalten als Hilfe, um die Frage zu beantworten, den Hinweis, dass die Hauptstadt von Frankreich mit einem P anfängt.
- **Wiedererkennen**: Wie bei einem Multiple-Choice-Fragebogen wählen wir die Antwort aus einer Vorlage/Liste aus – Rom, Paris, Helsinki oder Amsterdam.

Ein wichtiger Unterschied wird getroffen hinsichtlich der Genauigkeit, mit der wir uns an Vergangenes erinnern können. Wir können uns beispielsweise daran erinnern, dass wir mit unserer Klasse auf Skifahrt waren, aber wir können weder den Namen des Ortes noch das genaue Jahr nennen. Wir wissen zwar ganz sicher, dass die Reise tatsächlich stattfand, und können einzelne Episoden wiedergeben, aber viele Details fehlen. Eine solche Erinnerung basiert auf einem Gefühl der Familiarität. Zum Glück ist es aber auch häufig der Fall, dass wir uns detailliert an ein Erlebnis erinnern können. Wir haben dann eine komplexe, oft mit Emotionen behaftete Erinnerung an die Situation ausgebildet und rufen diese dann auch so wieder ab. Endel Tulving, der wohl einflussreichste Psychologe unserer Zeit, formulierte für diese Unterscheidung das *Remember-Know-Paradigma* (2005). *Remember* steht für den bewussten Abruf der gesamten erlebten Episode, die wir detailliert und ausführlich wiedergeben können, sie beruht auf tatsächlichem Wissen. Dagegen beschreibt der Begriff *Know* das alleinige Wissen, dass ein Ereignis stattgefunden hat, ohne dass wir in der Lage sind, Genaueres dazu sagen zu können. Dies ist gleichgestellt mit dem Familiaritätsgefühl. Beide Erinnerungsformen lassen sich mit der weiter oben beschriebenen Verarbeitungstiefe in Verbindung setzen. Wird eine Information tief verarbeitet, werden wir diese später auch bewusst und detailliert wiedergegeben können. Eine seichte Verarbeitung wiederum führt dazu, dass uns etwas zwar bekannt vorkommt und wir uns irgendwie daran erinnern können, aber die inhaltliche Tiefe fehlt.

Auf einen weiteren Punkt muss noch eingegangen werden, und zwar was neben dem eigentlichen Abruf von Informationen noch passiert, wenn wir uns an etwas erinnern. Bei jedem Abruf wird die jeweilige Information in einem neuen Zusammenhang erinnert. Wir können uns an den Waldspaziergang erinnern, wenn wir gerade mit derselben Freundin beim Kaffeetrinken in einem Café sitzen. Oder wir erinnern uns daran, wenn wir mit jemand anderem spazieren gehen. In beiden Fällen werden die alten Informationen mit neuen, aktuellen Informationen verknüpft und anschließend wieder neu eingespeichert. Es findet eine sogenannte **Re-Konsolidierung** oder wiederholte Einspeicherung statt. Sie führt einerseits zu einer weiteren Festigung der alten Information, andererseits wird die alte Information durch die aktuelle Situation aber auch verändert. Es ist sinnvoll, dass unser Wissen sich immer wieder erneuert, da wir nur so in der Lage sind, auch auf Neues und Ungewohntes zu reagieren. Doch ist gerade dieser Prozess wichtig für die Bildung von falschen Erinnerungen, da hierbei Informationen bis zur Unkenntlichkeit geändert werden können, ohne dass es uns bewusst ist.

Gedächtniseinteilung im Bezug auf Inhalt

Bisher wurde die Einteilung unseres Gedächtnisses im Hinblick auf die ihm zugrunde liegenden Prozesse und der zeitlichen Komponente vorgestellt. Jetzt wird eingehender der Inhalt dessen, das gelernt und abgespeichert wird, betrachtet. Das Langzeitgedächtnis des Menschen lässt sich in fünf verschiedene Systeme einteilen, von denen zwei eher unbewusst (**anoetisch**) ablaufen und drei weitere uns bewusste (**noetische**) Inhalte umfassen (Tulving, 1995; Markowitsch & Welzer, 2005). Wie im vorangegangenen Abschnitt bereits erläutert wurde, entstehen unbewusste Wissenseinheiten oft durch eine flachere Verarbeitung von Informationen. Häufig wiederholtes Wissen

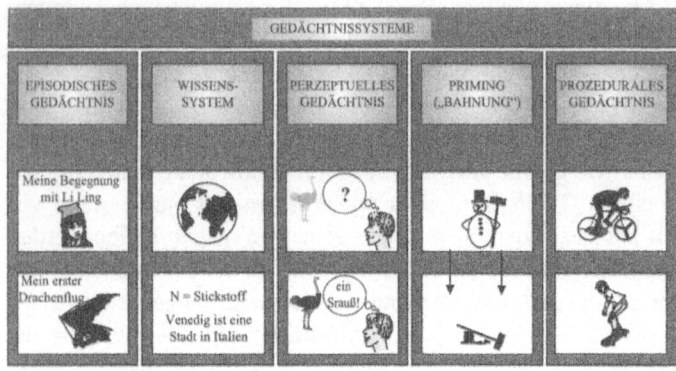

Abb. 2.18 Die fünf Langzeitgedächtnissysteme (nach Pritzel, Brand & Markowitsch, 2003).

führt hingegen ebenfalls zu einem unbewusst ablaufenden Abruf. Denken wir darüber nach, wenn wir einen Fuß vor den anderen setzen? Eher nicht, die Bewegung ist für uns grundlegend, und wir müssen über sie nicht nachdenken, um sie korrekt auszuführen. Andere Informationen können wir aber fast nur bewusst abrufen, beispielsweise Allgemeinwissen wie solches, dass Berlin die Hauptstadt Deutschlands ist. In Abbildung 2.18 sind die fünf Langzeitgedächtnissysteme anhand kleiner Beispiele aufgeführt.

Bewegung und geistige Fertigkeiten

Für gesunde Menschen ist Bewegung so normal wie das Atmen, wir denken nicht wirklich darüber nach, welche Muskeln wir bewegen müssen, um zu gehen oder eine Tasse hochzunehmen. Beobachten wir kleine Kinder, dann sehen wir, wie schwierig es eigentlich ist, diese komplexen Bewegungsabläufe zu lernen und unsere Glieder richtig miteinander zu koordinieren. Das Erlernen motorischer Bewegungsabläufe ist vermutlich die fundamentals-

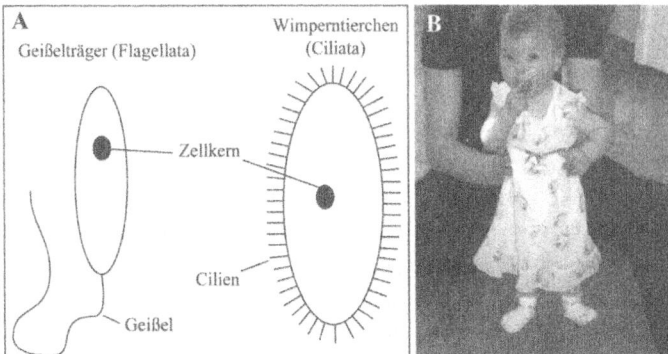

Abb. 2.19 Bewegung ist für fast alle Tiere elementar. In A) werden schematisch zwei verschiedene Einzeller gezeigt, die sich unter anderem bereits aktiv von einer Lichtquelle wegbewegen können, während B) die komplexen Lernprozesse kleiner Kinder für später so selbstverständliche Bewegungen wie das Gehen veranschaulicht.

te Lernform. Selbst kleinste Lebensformen wie einige Einzeller können sich mit Hilfe von Geißeln oder Wimpern aktiv durch das Wasser bewegen (siehe Abb. 2.19). Auch wenn wir diesen Tieren keine wirkliche Lernfähigkeit zuschreiben, so zeigen sie doch, dass sie sich aktiv von einer Lichtquelle wegbewegen können oder bei der Nahrungssuche auf ihren Wimpern am Grund entlangwandern können.

Das **prozedurale Gedächtnis** umfasst zum einen alle Bewegungsabläufe, die wir so oft wiederholt haben, dass sie automatisch ablaufen. Das Paradebeispiel ist das Autofahren. Überlegen wir mal eben, was genau wir machen, wenn wir beim Fahren den Gang wechseln? Die Standardantwort auf diese Frage ist, dass wir natürlich zuerst die Kupplung treten müssen. Das ist auch richtig, aber zuvor müssen wir mit dem rechten Fuß vom Gas gehen. Dieser Vorgang ist aber so automatisiert und läuft fehlerfrei ab, dass wir ihn einfach vergessen. Dagegen passiert es schon einmal, dass wir die Kupplung nicht richtig durchgetreten haben, und das unschöne Motorengeräusch bestraft unsere Fahrlässigkeit sofort.

Oft ist es bei solch stark automatisierten Bewegungsabläufen so, dass wir gerade dann eher Fehler machen, wenn wir uns auf sie konzentrieren. Jemand, der viel am Computer sitzt, wird mit der Zeit ein eigenes Zehn-Finger-Tippsystem entwickeln. Das funktioniert so lange gut, bis wir uns aus irgendeinem Grund wieder darauf konzentrieren, welcher Finger eigentlich welche Taste tippt. Prompt stellen sich Fehler ein, wir schreiben langsamer und sind kurzfristig verunsichert. Zum anderen zählen zum prozeduralen Gedächtnis auch geistige Fertigkeiten, wie Lesen, Rechnen oder Schreiben, die ebenfalls durch Wiederholungen trainiert werden und dann unbewusst ablaufen. Ein gutes Beispiel hierfür ist das Spiegelschriftlesen. Zu Beginn können wir nur langsam und bewusst die einzelnen Buchstaben zu Silben und Wörtern zusammensetzen. Doch mit der Zeit und Übung werden wir immer besser, bis wir über den Prozess nicht mehr nachdenken und das Wort gespiegelt einfach lesen können. Auch hierbei lässt sich der eigentliche Vorgang nicht wirklich beschreiben. Alle Bewegungen und Fertigkeiten, von ganz einfachen bis hin zu sehr komplizierten, können mit der Zeit automatisiert werden und machen in ihrer Summe das prozedurale Gedächtnissystem aus.

Die Wiederholung macht's

Eine weitere Form des unbewussten Gedächtnisses stellt das sogenannte **Priming**, auch Bahnung genannt, dar. Priming umschreibt die Fähigkeit, dass wir Dinge schneller und besser wiedererkennen können, wenn wir sie zuvor unbewusst wahrgenommen haben. Am ehesten wird dieser Vorgang verständlich, wenn wir Werbesendungen betrachten. Gerade in den letzten Jahren hat die Werbeindustrie wieder häufiger auf das Bahnungsprinzip zurückgegriffen. Das Ganze funktioniert folgendermaßen: Zuerst sehen wir einen längeren Werbefilm, in dem ein Auto durch die Wildnis fährt. Es folgen Werbungen für andere Produkte, dann sehen wir wieder in einem kurzen Spot das Auto, wie es durch eine belebte Stadt fährt. Erst bei einem dritten Werbefilm taucht der Name der Automarke sowie des Autotyps auf. Durch diese Wiederholungen wird eine tiefere unbewusste Verarbeitung der dargebotenen Informationen erreicht, die wiederum eine schnellere Wiedererkennung des Reizes verursacht. Im Falle des Werbefilms soll dies dazu führen, dass wir dieses Auto anderen vorziehen. Diese Art der Vermarktung ist auch sehr erfolgreich, vertrauen wir doch unbewusst eher Markenartikeln und bevorzugen diese beim Einkaufen vor unbekannten (Freundt, 2006).

Vertrautes erkennen

Es gibt wie bei vielen Dingen auch bei unserem Gedächtnis eine Zwischenform zwischen unbewusst wahrgenommenen und verarbeiteten Informationen und bewusstem Gedächtnis. Wir nehmen immer mehr wahr als uns bewusst ist, und vieles von dem erleichtert es uns später, etwas Neues oder etwas undeutlich Wahrgenommenes richtig zuzuordnen. Das **perzeptuelle Gedächtnis** wurde erst vor einigen Jahren als ein weiteres Gedächtnissystem eingeführt und ist daher bis heute noch nicht sehr detailliert untersucht worden. Es wird bereits zu den bewussten Gedächtnissystemen gezählt. Einige Beispiele zu seiner Verdeutlichung: Wir schalten das Radio mitten in einem Lied ein und erkennen schon nach wenigen Worten den Sänger. Bei einem Spaziergang sehen wir in der Ferne ein Tier und wissen, obwohl wir nur einen schemenhaften Umriss sehen, dass es sich um ein Reh handelt. Auch hier veranschaulichen Kleinkinder die Entwicklung des perzeptuellen Gedächtnisses auf wunderbare Weise. Ein Kind hat gelernt, dass ein Vogel, der auf dem Wasser schwimmt, Ente genannt wird. Sieht dieses Kind dann später einen Schwan, wird es freudig auch diesen „Ente" nennen. Das perzeptuelle Gedächtnis basiert demnach auf unseren Erfahrungen, durch die wir Perzepte ausbilden.

Wir bilden ein Perzept für Enten oder auch für die Stimme von Elvis Presley. Allerdings ist es wichtig, dass wir auf der Ebene des perzeptuellen Gedächtnisses noch nicht in der Lage sind, diese Zuordnung oder Wiedererkennung tatsächlich in Worte zu fassen. Wir sind uns zwar bewusst, dass wir das Objekt, die Stimme, das Tier kennen, die Benennung erfolgt aber erst unter Zugriff auf das nächste Gedächtnissystem. Dadurch wirkt das perzeptuelle Gedächtnis wie eine Verbindungsstation zwischen dem unbewussten Gedächtnis und den bewussten Wissenssystemen.

Weltwissen

Das Wahrzeichen Berlins ist das Brandenburger Tor, Athen ist die Hauptstadt Griechenlands, und $e = mc^2$ lautet die berühmte Formel Albert Einsteins. Dies sind Beispiele für trockenes Faktenwissen, über das wir in nicht fassbaren Mengen in unserem Gedächtnis verfügen. Unser Schulwissen, Allgemeinwissen, Fakten – kurz: alles, woran wir uns ohne einen spezifischen episodischen Zusammenhang erinnern können, wird hierzu gezählt. Wir bezeichnen dieses Faktenwissen auch als **semantisches Gedächtnis**, weil es sehr eng mit unserer sprachlichen Entwicklung verknüpft ist. Wir lernen die meisten Dinge über unsere Sprache. Indem wir über etwas reden, es erklären, wird es anderen, aber auch uns selbst meist deutlicher und verständlicher. Wenn wir unsere Gedanken aufschreiben, werden sie uns bewusster. Das semantische Gedächtnis benötigt für die beim Menschen ausgeprägte Größe eine Sprache, um sich zu entwickeln.

Doch neues Wissen wird nicht einfach so gelernt. Das meiste, was wir lernen, wird in ein schon vorhandenes Wissensnetz eingebettet. Dies erleichtert uns zum einen das Lernen, zum anderen können wir später die Informationen auch leichter wieder

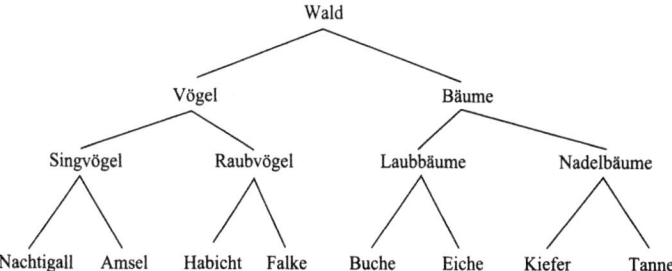

Abb. 2.20 Ein stark vereinfachtes Beispiel für ein Wissensnetz, das durch den Begriff „Wald" miteinander verknüpft ist.

abrufen. Unsere semantischen Netzwerke können äußerst komplex werden und lassen sich nur ausschnittsweise erfassen und darstellen (siehe Abb. 2.20).

Im Laufe unseres Lebens bilden wir sehr große semantische Netze aus, die untereinander oft verbunden sind. Diese Netze beschränken sich nicht nur auf die semantischen Gedächtnisinhalte, sondern sie verbinden diese auch mit dem fünften Gedächtnissystem, dem **episodischen Gedächtnis**. Dies führt zu teilweise sehr seltsam anmutenden Gesprächen, da es immer wieder Eckinformationen gibt, die uns im Laufe eines Gespräches von einer Thematik zur nächsten führen. Dadurch kann es schon einmal passieren, dass eine Unterhaltung über die Funktionsweise eines Automotors über Motorsport hin zur Übertragung des letzten Rennens und zu den Ereignissen an diesem Tag führt. Die Vorstellung der semantischen Netze stammt aus der Entwicklung von Computerprogrammen, die die Funktionsweise unseres Gehirns und damit unseres Gedächtnisses imitieren sollen. Große Plattformen im Internet, wie beispielsweise Wikipedia, funktionieren nach einem sehr ähnlichen Prinzip: Ein Suchwort führt uns zum nächsten und nächsten, bis wir bei einem völlig anderen Thema ankommen.

Unsere Biographie

Das höchste und entwicklungsgeschichtlich jüngste Gedächtnissystem ist das **episodische Gedächtnis**. Immer, wenn wir
uns an selbsterlebte Episoden erinnern, greifen wir auf dieses
System zurück. Es handelt sich hierbei um informationsreiche,
meist stark untereinander verknüpfte Erinnerungen. Es sind
Gespräche über Vergangenes, die von einer Geschichte zur
nächsten und weiter zur übernächsten führen. Die episodischen
Erinnerungen sind sehr eng mit unseren Gefühlen verbunden,
sowohl bei ihrer Einspeicherung als auch bei ihrem Abruf.
Erinnern wir uns an Ereignisse von früher, sind wir sogar in der
Lage, die Gefühle von damals zum heutigen Zeitpunkt nach-
zuempfinden. Das **episodisch-autobiographische Gedächtnis**
ist nur dem Menschen eigen. Es entsteht aus einer Verbindung
zwischen **subjektiver Zeit**, **autonoetischem Bewusstsein** und
dem **sich erfahrenden Selbst**. Das Ganze hört sich hier viel
komplizierter an, als es ist.

In einem früheren Abschnitt wurde bereits auf das Phänomen
Zeit eingegangen. Der Ausspruch „Zeit ist relativ" ist uns allen
bekannt. Zeit an sich, die objektive Zeit, können wir an jeder
Uhr und auf jedem Kalender ablesen. Sie scheint unveränderlich
zu sein (auf spezifische Fragen der Physik wollen wir hier nicht
eingehen). Wir erleben Zeit aber nicht objektiv. Im Allgemeinen
wird mit subjektiver Zeit die Verzerrung der Zeitwahrnehmung
umschrieben, wie wir sie in den Minuten vor einer Prüfung
(länger) oder an einem schönen Abend mit Freunden (kürzer)
erfahren. Auch kennen wir das Phänomen, dass ein Jahr für
ein Kind eine halbe Ewigkeit sein kann, während es für uns
Erwachsene sehr schnell vergeht. Hier wird **subjektive Zeit**
als die zeitliche Wahrnehmung eines Menschen in einer
Situation mit Bezug auf die Dauer und die Aufeinanderfolge
von Ereignissen verstanden (Richelle, 1996). Tulving geht noch
einen Schritt weiter und beschreibt mit subjektiver Zeit die
individuelle Zeitlinie sowohl in die Vergangenheit als auch in
die Zukunft hinein betrachtet (Tulving, 2002). Unsere persön-

liche Zeitlinie ermöglicht es uns, dass wir im Geiste sowohl in die Vergangenheit als auch in die Zukunft reisen können. Das Erinnern an vergangene Ereignisse mag etwas sein, das wir auch noch in eingeschränktem Maße einigen Tieren zutrauen können (beispielsweise Lernen aus Erfahrung). Die mentale Reise in die Zukunft, dass wir uns nicht nur die kommenden Stunden, sondern auch unser Leben in fünf oder zehn Jahren vorstellen und planen können, ist mit hoher Wahrscheinlichkeit eine Fähigkeit, die dem Menschen vorbehalten ist. Die subjektive Zeit befähigt uns, uns selber auf mentale Zeitreisen zu schicken, und zwar nach Belieben in die eigene Vergangenheit oder auch in die vorgestellte eigene Zukunft (Markowitsch, 2007).

Das **autonoetische Bewusstsein** bezieht sich auf die weiter oben eingeführte Unterteilung von Gedächtnisinhalten nach noetischen (bewussten) und anoetischen (unbewussten) Anteilen. Das autonoetische Bewusstsein umschreibt die Fähigkeit, sich anhand der subjektiven Zeit seiner eigenen Lebensspanne bewusst zu sein (Wheeler, Stuss & Tulving, 1997; Markowitsch, 2003a). So gelingt es uns zum Beispiel, uns die Situation unserer Fahrprüfung in Erinnerung zu rufen. Wie angespannt wir waren, wie sich unser Fahrlehrer und der Prüfer verhalten haben und unsere Erleichterung und unser Stolz, als wir es zum Schluss geschafft und den ersehnten Führerschein bekommen haben. Es wird heute davon ausgegangen, dass auch diese Fähigkeit allein dem Menschen vorbehalten ist.

Das **sich erfahrende Selbst** ist die dritte wichtige Voraussetzung für das episodisch-autobiographische Gedächtnis. Wir sind in der Lage, unsere eigene Person in der Vergangenheit und in der Zukunft sozusagen von außen zu betrachten und zu analysieren. Nur durch die Ausbildung von persönlichen Erinnerungen sind wir in der Lage, eine individuelle Persönlichkeit zu entwickeln. Es ist unsere Vergangenheit, die uns formt und die uns von anderen Menschen unterscheidet. Dadurch sind beispielsweise selbst eineiige Zwillinge, die ja genetisch betrachtet Klone sind, in ihrer Persönlichkeit verschieden und entwickeln unterschiedliche Vorlieben und Lebensträume. Das sich

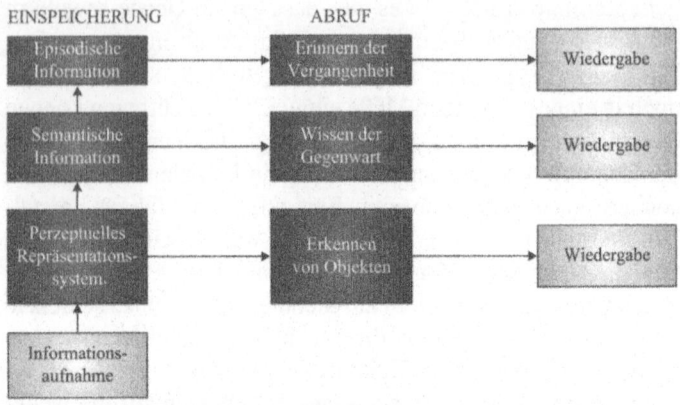

Abb. 2.21 Darstellung des SPI-Modells nach Tulving (1995). Informationen eines Ereignisses werden hierarchisch zuerst in grober und dann in immer feinerer Auflösung eingespeichert. Der Abruf aus den einzelnen Systemen kann hierbei losgelöst von den anderen erfolgen.

erfahrende Selbst verbindet die einzelnen Erfahrungen unseres Lebens über die subjektive Zeit hinweg zu unserer individuellen Lebensgeschichte (Markowitsch, 2005).

Hierarchische Verarbeitung

Die einzelnen Gedächtnisspeicher haben sich in unserer Entwicklung nacheinander gebildet, mit dem episodisch-autobiographischen Gedächtnis als bisherigem Höhepunkt. Unsere noetischen Gedächtnissysteme – perzeptuell, semantisch und episodisch-autobiographisch – bauen bei der Einspeicherung eines neuen Ereignisses aufeinander auf. Verdeutlicht wird dieser hierarchische Aufbau anhand des SPI-Modells, das von Endel Tulving entwickelt wurde (1995). SPI steht hierbei für eine **s**erielle Einspeicherung, eine **p**arallele Abspeicherung und einen unabhängigen (= *independent*) Abruf einer erlebten Situation (siehe Abb. 2.21).

In diesem Modell werden die Prozesse, die der Gedächtnisbildung zugrunde liegen, mit den uns bewussten Inhalten
verknüpft. Es zeigt sehr schön, dass ein und dasselbe Erlebnis
in den drei verschiedenen Gedächtnissystemen verarbeitet
wird und dabei die Informationsdichte immer weiter zu-
nimmt. Ein gutes Beispiel ist hierfür ein Lied. Auf der Ebene
des perzeptuellen Repräsentationssystems verarbeiten wir
die Melodie und Rhythmik des Liedes und die Stimme des
Sängers. Darauf folgt, dass wir den Namen des Sängers erfahren – Jimmy Somerville mit „Bronski Beat" –, den Titel
des Liedes, aus welchem Jahr das Lied stammt und wovon der
Text handelt. Der für uns aber oft wichtigste Teil einer erlebten
Situation beinhaltet die episodische Information. Während
wir das Lied hören, fahren wir gerade mit einem Auto entlang
der französischen Riviera. Wir sind innerlich entspannt und
gelöst, genießen den Ausblick aufs Meer und freuen uns auf
die drei Wochen Ferien, die vor uns liegen. Dieser ganz persönliche Cocktail an Eindrücken, Gefühlen und unseren eigenen
früheren Erfahrungen mischt sich zu einer neuen Erinnerung
zusammen, die später abgerufen werden kann.

Nicht alle Informationen, die wir wahrnehmen, laufen zwangsläufig durch alle diese drei Ebenen hindurch. Es gibt vieles, das
wir nur auf der reinen Perzeptebene verstehen. Auch können
wir wissen, dass Rom die Hauptstadt Italiens ist und Nairobi die
Kenias, aber episodische Erinnerungen haben wir nur an Rom,
wo wir einmal einen Urlaub verbracht haben. Das Wissen über
Kenia und Nairobi ist rein semantischer Natur.

Dynamische Erinnerungen

In diesem letzten Abschnitt zum Thema normales Gedächtnis
werden die Punkte der letzten Seiten ein wenig zusammengefasst und uns noch einmal vor Augen geführt, wie das Gehirn
es schafft, diese verschiedenen Aspekte unseres Gedächtnisses
zu verbinden. Es ist erstaunlich, wenn wir bedenken, dass

alles, was in unserem Gehirn abläuft, auf prinzipiell einfache Verbindungen zwischen Nervenzellen zurückzuführen ist. Doch dieses schlichte Prinzip erlaubt es uns, lang vergangene Erfahrungen wieder zu erleben, jeden Tag Neues zu lernen, neue Kenntnisse zu erwerben und sogar uns die Zukunft vorzustellen und zu planen. Dafür musste unser Gehirn im Laufe seiner Entwicklung eine gewisse Flexibilität erwerben. Wir sind nicht einmalig darin, dass wir uns an neue Situationen und Begebenheiten anpassen können. Selbst eine Spinne kann den Verlust von einem oder auch mehreren Beinen überleben und trotzdem weiterhin Beute machen und weiterleben. Dafür benötigen Spinnen kein komplexes, hochentwickeltes Gehirn, ihnen reicht eine Ansammlung von einigen tausenden Nervenzellen. Aber Spinnen leben auch kürzer, und sie planen nicht die nächsten 50 Jahre ihres Lebens. Nur der Mensch hat es geschafft, sich an die verschiedensten Lebensräume unseres Planeten anzupassen und ist inzwischen sogar dabei, sich den Weltraum als weitere Perspektive zu erschließen. Für diese Anpassungsfähigkeit benötigen wir ein hohes Maß an Vorstellungskraft, Flexibilität und den Willen, schwierige Situationen meistern zu wollen. All das wäre mit einem Gehirn, das irgendwann fertig mit seiner Entwicklung ist, nicht möglich. So wie sich unser Körper neuen Anforderungen anpassen kann, gelingt dies auch unserem Gehirn. Es kann sich auf neue Gegebenheiten einstellen, was für uns wiederum bedeutet, dass wir uns auch an neue Situationen gewöhnen können. Wir erwerben täglich neue Informationen, verändern unser Gedächtnis dadurch ständig, und unser Gehirn als Basis unseres Gedächtnisses kann damit wunderbar umgehen.

Daher wird in diesem Abschnitt auf vier Aspekte etwas genauer eingegangen. Zuerst wird der immer noch sehr verbreitete Vergleich zwischen der Arbeitsweise unseres Gehirns und der Arbeitsweise eines Computers betrachtet. Hier interessiert vor allem die Frage, ob ein Computer genauso dynamisch sein kann wie unser Gehirn beziehungsweise unsere Erinnerungen es sind. Daran schließt sich automatisch die Überlegung an,

wie unser Gehirn die Dynamik unseres Gedächtnisses bewältigen kann, wenn es doch nur aus Nervenzellen gleicher
Bauart besteht. Durch die dynamische Weiterentwicklung
verändern sich unsere Erinnerungen auch im Hinblick auf unsere Lebensspanne. Daher werden zum Ende dieses Kapitels
noch dieser Aspekt sowie der Einfluss von Emotionen auf
Erinnerungen diskutiert.

Gehirn und Computer – Wie ähnlich sind sie?

Wie genau unser Gehirn funktioniert, fasziniert die Menschen
seit jeher. Dabei orientierten sich die Vorstellungen immer an
den jeweils aktuellen technischen Errungenschaften. So sprach
Sigmund Freud von einem „psychischen Apparat" und Konrad
Lorenz, einer der bekanntesten Verhaltensforscher, verglich
das Instinktverhalten mit einem Dampfkesselmodell. Die aus
dem amerikanischen Raum kommenden Behavioristen verglichen das Gehirn schließlich mit einer selbständig arbei-
tenden Telefonschaltzentrale. Es war daher sehr naheliegend,
nachdem die ersten Computer auf den Markt kamen, einen
Vergleich zwischen dieser Maschine und dem Gehirn anzustel-
len. Beide verarbeiten Informationen und speichern diese für
einen späteren Abruf. Es gibt sowohl in einem Computer als
auch in unserem Gehirn einen Arbeitsspeicher, der für aktuelle
Arbeitsprozesse zuständig ist. Aus diesen Ähnlichkeiten haben
sich verschiedene Computer-Gehirn-Analogien entwickelt.
Eine der bekannteren Analogien ist die der Modularität, die
unter anderem auf Arbeiten von Jerry A. Fodor zurückgeht
(1983). Basierend auf dem aus einzelnen Modulen aufgebauten
Computer formulierte Fodor die Annahme, dass es auch in unserem Gehirn einzelne Module gibt. Jedes Modul sollte unabhängig von anderen Gehirnbereichen arbeiten, wenig oder gar
nicht mit anderen interagieren und nicht unserer bewussten
Kontrolle unterstehen. Fodor lag mit seiner Annahme nah an den
Vorstellungen über das Gehirn, die bereits von dem Psychiater

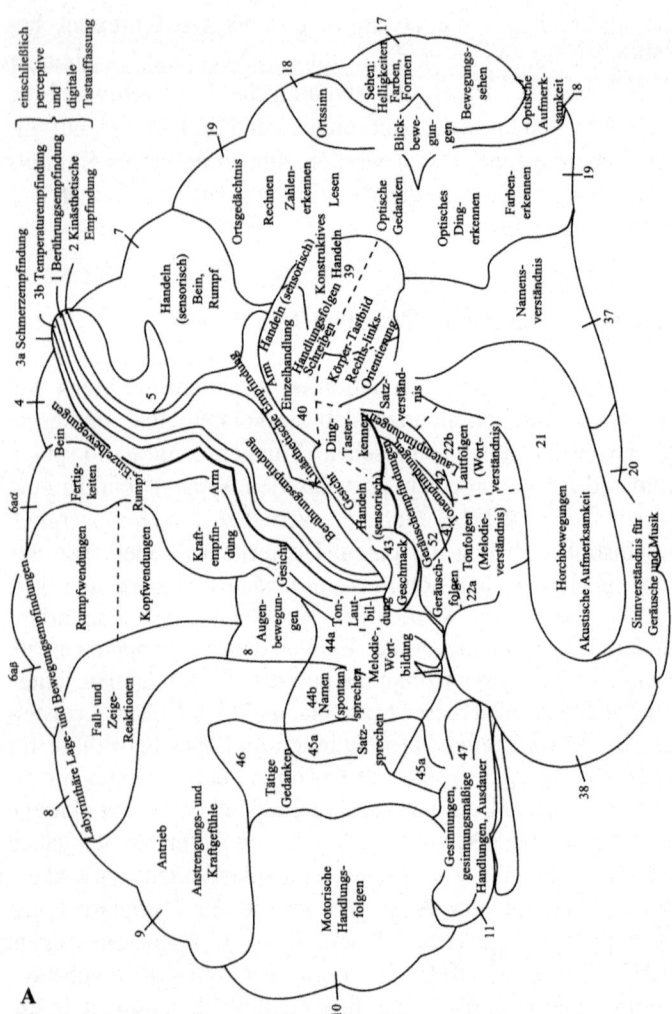

Abb. 2.22 Angenommene Hirnfunktionen und ihre Zuordnung zu bestimmten Hirnarealen nach Funden an hirnverletzten Kriegsveteranen, beschrieben von Karl Kleist (1934), angelehnt an die cytoarchitektonische Hirnkarte nach Brodman (1909). A) zeigt die Draufsicht der linken Hirnhälfte und B) die Sicht auf das Gehirn nach einem Längsschnitt.

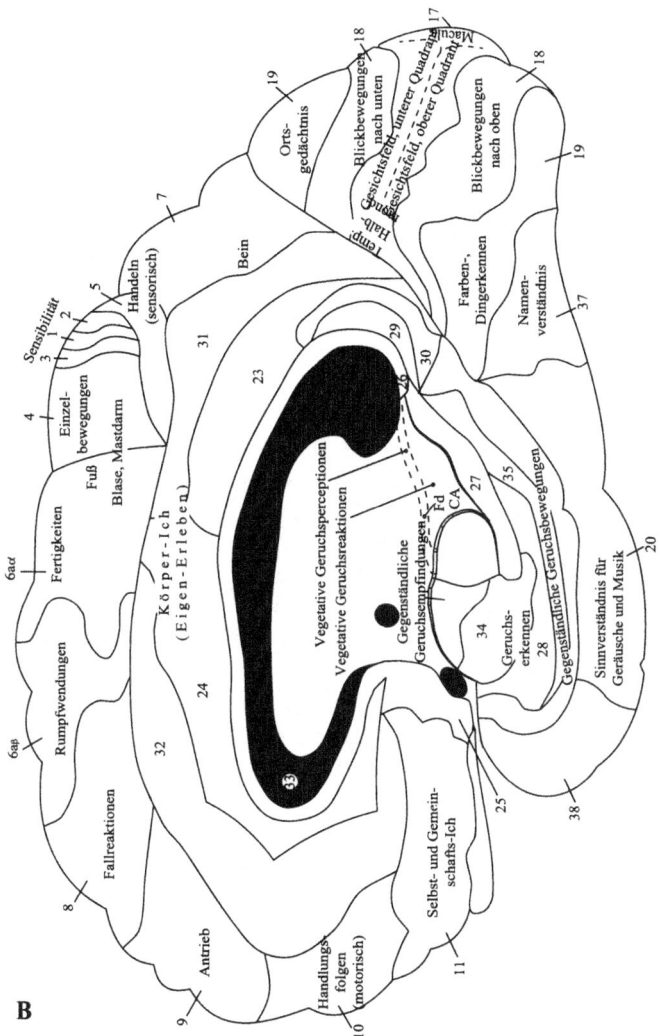

B

Abb. 2.22 Fortsetzung.

Korbinian Brodmann (1868–1918), dem Namensgeber der auch heute noch verwendeten Brodmann-Areale, vertreten wurden. Brodmann veröffentlichte zu Beginn des letzten Jahrhunderts eine Hirnkarte, die die funktionelle Aufteilung unseres Gehirns zeigt (siehe Abb. 2.22).

Auch heute werden die sogenannten Brodmann-Areale für eine einheitliche Zuordnung gefundener Aktivierungen genutzt, um die Ergebnisse verschiedener Studien miteinander vergleichen zu können. Die Abbildung erweckt allerdings den Eindruck, dass alle Funktionen in unserem Gehirn einer festen strukturellen Zuordnung unterliegen. Und dennoch gibt es gravierende Unterschiede zwischen einem Computer und unserem Gehirn in Arbeitsweise und Aufbau. Einer der wichtigsten Punkte ist die Art der Informationsverarbeitung. Ein klassischer Computer verarbeitet diese seriell. Dies führt dazu, dass ein Computer uns im Schach besiegen und schneller als wir alle möglichen Zahlenkombinationen eines sechsstelligen Codes durchlaufen kann. Probleme, deren Lösung rein auf einer Abfolge einzelner Schritte basieren, werden von einem Computer sehr viel zügiger gelöst als von uns. Dafür scheitern die meisten Computer immer noch daran, einen Hund von einer Katze zu unterscheiden. Im Gegensatz zu einem Computer verarbeitet das Gehirn Informationen parallel. Das erlaubt uns, die verschiedenen Aspekte eines Objektes oder Lebewesens gleichzeitig zu analysieren und mit früherem Wissen zu vergleichen und zuzuordnen. Wir haben kein Problem zu erkennen, dass eine hohe, schlanke, rote Tasse mit weißen Punkten denselben Zweck erfüllt wie eine bauchige, blaue. Für einen Computer ist eine solche Zuordnung sehr viel schwieriger, da er erst jeden einzelnen Aspekt der zwei Tassen miteinander abgleichen muss. Das neuronale Netz des Gehirns wird inzwischen in der Informatik als Modell für lernfähige parallel verarbeitende Computer genutzt, denen auch bereits Fähigkeiten wie Gesichter erkennen einprogrammiert werden können. Trotzdem geht auch diesen Computern bisher die Fähigkeit ab, über die Funktion von Tassen nachzudenken und diese in Sprache zu kommunizieren.

Des Weiteren gibt es einen gewaltigen Unterschied, was den Energieverbrauch und auch die Speicherkapazität dieser beiden Systeme angeht. Unser Gehirn macht nur zwei Prozent unseres Körpergewichts aus und verbraucht gut 20 Prozent unserer Gesamtenergie. Und dennoch benötigt das Gehirn für seine Arbeit nur eine Leistung von ungefähr 15 bis 20 Watt, dies entspricht einer kleinen Glühbirne! Damit stellt unser Gehirn ein wahres Energiesparwunder dar. Ein Computer würde mit so wenig Energie noch nicht einmal starten und das System hochfahren können. Zumindest bisher hat unser Gehirn auch immer noch eine sehr viel größere Speicherkapazität als ein einfacher Computer. Dies wird heutzutage etwas relativiert durch die Vernetzung vieler Computer miteinander, wodurch mit dem Internet ein riesiger Wissensspeicher entstanden ist, der täglich weiter wächst. Allerdings speichert unser Gehirn ja nicht nur das für uns bewusst abrufbare Faktenwissen, sondern auch eine nicht fassbare Menge an Bewegungswissen, Informationen zur Wiedererkennung und vor allem unsere Autobiographie. Daher lassen sich die beiden Systeme in diesem Punkt noch schlechter miteinander vergleichen als im Hinblick auf die zuvor genannten Aspekte.

Insgesamt war und ist der Vergleich zwischen Computer und Gehirn sehr förderlich für beide Forschungsrichtungen. So wird heute beispielsweise verstärkt an Computern gearbeitet, die die Funktionsweise des Gehirns nachahmen. Durch den Nachbau von Nervenzellen mit ihrer prinzipiellen Arbeitsweise und ihrer Verschaltung untereinander sollte es uns wiederum gelingen, sowohl die Funktionen eines gesunden Gehirns besser zu verstehen als auch Funktionsausfälle aufgrund von Krankheiten oder Verletzungen.

Unser Gehirn organisiert sich selbst

Der Prozess, der ständig im Hintergrund in unserem Kopf abläuft, wird **Selbstorganisation** genannt. Der Begriff der Selbstorganisation wird in verschiedenen Forschungsbereichen verwendet und soll daher hier kurz definiert werden. Es handelt sich hierbei um den Prozess, wenn sich innerhalb eines offenen Systems ohne Einfluss von außen ein neues, stabiles und effizientes Muster oder auch eine Veränderung eines bereits vorhandenen Musters entwickelt. Die Entstehung des Musters beruht auf nicht geradlinig ablaufenden Wechselbeziehungen zwischen den einzelnen Bestandteilen des Systems (Kelso, 1995). Natürliche Beispiele für selbstorganisierende Systeme sind die Bildung von Wassertropfen, Eiskristallen oder auch soziale Gruppen, die ohne Einwirkung von außen eine interne Struktur ausbilden.

Für unser Gehirn bedeutet dies, dass es keine übergeordnete Region gibt, die die anderen Bereiche überwacht und ihnen Funktionen zuordnet. Es gibt sozusagen kein Management in unserem Gehirn, sondern nur viele fleißige Arbeiter. Durch einfache Rückkopplungsvorgänge werden Funktionen kontrolliert und Ausfälle bis zu einem gewissen Grad wieder behoben. Besonders anschaulich lässt sich dies an den Gehirnarealen zeigen, die für unsere Motorik und Sensorik zuständig sind.

Abbildung 2.23 gibt einen groben Überblick über die Funktionszuordnung der Motorik im Gehirn. So lässt sich auf der Hirnkarte erkennen, dass es für die rechte Körperhälfte einen Bereich in der linken Hirnhälfte gibt, der die Bewegung unserer Glieder steuert sowie ein direkt daneben liegendes Areal, das die gefühlten Wahrnehmungen verarbeitet. Ebenso gibt es in der rechten Hirnhälfte Areale, die diese Funktionen für die linke Körperhälfte übernehmen. Zuerst fällt schon hier auf, dass unser Körper nicht proportional zu der tatsächlichen Fläche im Gehirn repräsentiert wird. So sind beispielsweise unser Gesicht und unsere Hände in sehr großen Hirnbereichen lokalisiert, während

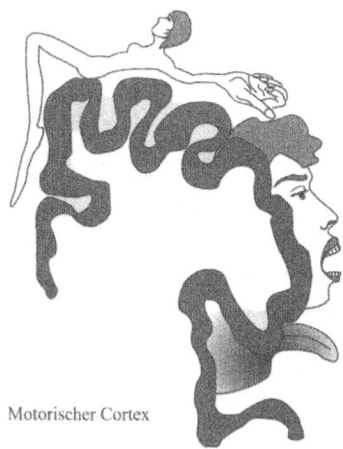

Abb. 2.23 Motorischer Homunculus („Menschlein'). Der Schnitt liegt horizontal, und wir schauen sozusagen von hinten auf den Kopf.

Motorischer Cortex

der Rücken nur einen verhältnismäßig kleinen Bereich einnimmt. Zurückzuführen ist das auf die notwendige Feinmotorik und der damit einhergehenden sensibleren Wahrnehmung dieser Körperregionen. Doch diese Zuordnung ist nicht statisch fixiert. Wird beispielsweise einem erwachsenen Affen der Mittelfinger amputiert, so wird der Bereich im Gehirn, der bisher für die Verarbeitung der Wahrnehmungen dieses Fingers zuständig war, langsam, aber sicher für die Verarbeitung der sensorischen Informationen von Zeige- und Ringfinger verwendet (Fox, 1984). Interessante Veränderungen lassen sich auch bei professionellen Musikern finden. Regelmäßiges Üben führt bei ihnen zu einer Veränderung der Repräsentation der Bewegungen im Gehirn (u. a. Münte, Altenmüller & Jäncke, 2002). Die betreffenden Gehirnbereiche werden durch die Wiederholungen größer, was sich in besseren und flüssigeren Bewegungsabläufen zeigt. Insofern bleibt unser Gehirn unser ganzes Leben lang flexibel und passt sich neuen Anforderungen an. Dieser Vorgang wird auch als Plastizität oder Formbarkeit unseres Gehirns bezeichnet (Moucha & Kilgard, 2006).

Gedächtnis im Laufe unseres Lebens

Unser Gehirn bleibt also unser ganzes Leben lang formbar. Das ist für uns sehr beruhigend, da es auch bedeutet, dass unser Gedächtnis immer weiter wachsen kann und wir durch neue Informationen immer wieder zu neuen Gedanken und Rückschlüssen kommen können. Es sind unsere Erinnerungen und unsere Erfahrungen, die uns formen und zu dem machen, was wir sind. Verlieren wir unsere Erinnerungen, unsere persönliche Biographie, und seien es auch nur einige Jahre, führt dies auch zu einer Veränderung unserer Persönlichkeit. Stellen wir uns vor, wir wären von unserem Partner hintergangen worden. Würden wir uns in einer neuen Beziehung anders verhalten, wenn wir diese Erfahrung nie gemacht hätten?

Jede neue Erinnerung lässt unsere Persönlichkeit reifen und verändert uns mit jedem neuen Tag, mit jedem neuen Erlebnis, das wir machen. Auch ändert sich unsere Fähigkeit, diese Erinnerungen wieder abzurufen, im Laufe unseres Lebens. Wir können grob zwischen fünf Lebensphasen unterscheiden: unsere frühe Kindheit bis ungefähr zum dritten Lebensjahr, die Kindheit, die Teenagerzeit, die mittleren Jahrzehnte und das Alter.

An unsere ganz frühe Kindheit können wir uns heute als Erwachsene leider nicht mehr erinnern. Diese Erinnerungslücke an die ersten drei Jahre unseres Lebens wird daher auch als **frühkindliche Amnesie** bezeichnet. Dabei ist es genau diese Zeit in unserem Leben, in der wir vieles zum ersten Mal erleben und lernen. Studien konnten auch zeigen, dass Kinder in diesem Alter sich an Ereignisse, die einige Tage oder sogar Wochen zurückliegen, erinnern können (Bauer & Saeger Wewerka, 1995). Dennoch sind uns als Erwachsene diese Erinnerungen fremd. Zum größten Teil liegt dies wohl daran, dass sich unser Gehirn in diesen frühen Jahren noch erheblich weiterentwickelt und umstrukturiert. Bei unserer Geburt sind unsere Nervenzellen bereits sehr stark untereinander vernetzt. Bis zum Ende des dritten Lebensjahres steigt die Dichte der Vernetzung an. Danach dünnt sich das Netz wieder aus (Pruning-Effekt), um dann für unser restliches Leben relativ stabil zu bleiben. Es bleiben somit diejenigen komplexen Verbindungen übrig, die wir regelmäßig nutzen. Unsere erlebnisreichste Zeit liegt in der zweiten und dritten Lebensdekade. Sie umschließt unsere Schulzeit, unsere Studien- beziehungsweise Ausbildungszeit sowie oftmals die Familiengründung. Die Geschichten aus diesen Jahren erzählen wir lebendig und mitreißend. Diese an Erinnerungen reiche Zeit wird auch als *reminiscence bump* – Erinnerungshöcker – bezeichnet (Rubin, Rahhal & Poon, 1998). Die Jahrzehnte danach, wenn wir arbeiten gehen und in einem gewissen Rhythmus unser Leben leben, zeichnen sich meist nur durch einzelne wichtige Episoden aus. Das Leben verläuft in diesen Jahren meist ruhiger, und es sind die großen Ereignisse, an die wir uns später gut erinnern können, wie beispielsweise Hochzeiten, die Geburt des eigenen Kindes, Todesfälle, Umzug von einer Stadt in eine andere und ähnlich einschneidende Erlebnisse. Im hohen Alter kommt es dann vor, dass wir uns mit einem Mal an Sachen erinnern können, die Jahrzehnte lang buchstäblich wie verschüttet waren (siehe Abb. 2.24).

Unser Gehirn und damit einhergehend auch unser Gedächtnis verändern sich demnach ständig im Laufe unseres Lebens. Es gibt hier zwei Regeln oder besser gesagt Gesetzmäßigkeiten, die diese Veränderungen ansatzweise erklären: die **Ekphorie** und das **Ribot'sche Gesetz**.

Der Begriff der **Ekphorie** wurde erstmals von Richard Semon (1859–1918) mit Gedächtnisleistungen in Verbindung gebracht. Aber erst durch die Wiedereinführung durch Endel Tulving erhielt das Phänomen der Ekphorie in der Gedächtnisforschung neue Beachtung (Tulving, 1982, 1983). Tulving definiert die Ekphorie als ein Wechselspiel zwischen einem Abrufreiz und der dadurch ausgelösten Aktivierung von Gedächtnisinhalten und Erinnerungen. Am Schluss des Ekphorieprozesses steht die erfolgreich abgerufene Erinnerung. Die Wechselbeziehung zwischen der aktuellen Situation, aus der der Abrufreiz stammt, und der abgespeicherten Erinnerung kann aber auch erfolglos verlaufen. Dies passiert, wenn beispielsweise der eigene aktu-

Sehr geehrter Herr Professor Markowitsch,
der SPIEGEL Artikel „Corporal ohne Vergangenheit" hat mich auf Sie
aufmerksam gemacht.

Ich bin eine ehemalige Wirtschaftsjournalistin und nun in meinen alten Tagen damit
beschäftigt, persönliche zeitgeschichtliche Erfahrungen in politische Bildungsarbeit
einzubringen. Um meine Erinnerungen zu kontrollieren und zu dokumentieren, ver-
bringe ich meine Tage in Archiven und Bibliotheken. In dieser rückwärtsblickenden
Lebenssituation ist mir folgendes passiert:

Ich stand, allein im Zimmer, neben meinem Schreibtisch und sah an einem
strahlend blauen Sommertag ins Grüne hinaus; durch die geöffnete Balkontür
drang das unablässige BrummBrumm der Stadtautobahn an mein Ohr. Und plötzlich waren Sommertag und Autobahngeräusche weg, – ich empfand gedämpfte
Innenraumatmosphäre, sah mich unter gedämpfter Innenraumbeleuchtung neben
einem langen, rundum mit amerikanischen Offizieren besetzten Clubraumtisch stehen, hörte den Offizier an der Kopfseite mich ansprechen. Danach sah ich mich eben
diesem Offizier vor dem Clubhaus in sternklarer Sommernacht gegenüber stehen,
hörte mich etwas fragen, ihn antworten.
Beide Szenen haben sich – wie von meinem Gedächtnis ohne irgendwelchen bewußten
Anschub reproduziert – vor 56 Jahren zugetragen. (Als ich Flüchtlingsmädchen
glücklich war, eine Arbeit, bei der es etwas zu essen gab, ergattert zu haben.)
Als ich mich wieder neben meinem Schreibtisch bei Autobahn-Brummbrumm
in den Sommertag hinaussehend wahrnahm, hatte ich den Eindruck, so etwas
wie eine Zeitreise absolviert zu haben. Mich von meiner Verblüffung über diese
Erinnerungseruption erholend, ging mir auf, daß ich die Momente wieder erlebt
hatte, in denen meine Reaktion für meinen ganzen weiteren Lebenslauf, den ich
dabei bin, für die Zeitgeschichtsforschung zu dokumentieren, die Weiche gestellt
hatte.

Sie werden sicher verstehen, daß mich dieses Erinnerungerleben beschäftigt. Ich
wäre dankbar, wenn Sie mich wissen lassen würden, unter welchem Stichwort
ich in der Fachliteratur solch eine Überlagerung, ja Auslöschung, des akuten
Wahrnehmungsvermögens durch Erinnerungsmomente erklärt finden kann.

Für Ihre Mühe danke ich Ihnen im Voraus.
Hochachtungsvoll

Abb. 2.24 Brief einer Wirtschaftsjournalistin an Herrn Markowitsch.

elle Zustand von dem zum Zeitpunkt der Erinnerungsbildung
erheblich abweicht.

Dies erklärt, warum wir heute als Erwachsene unfähig sind,
Erlebnisse aus unserer frühen Kindheit abzurufen, warum es neben der obigen Erklärung zur frühkindlichen Amnesie kommt.

Wir haben uns in der Zeit dazwischen zu gravierend verändert, als dass wir uns die damalige Situation wirklich wieder vorstellen könnten. Wir wissen nicht wirklich, wie sich Kleinkinder mit zwei Jahren die Welt vorstellen und was sie tatsächlich wahrnehmen und verstehen. Des Weiteren zeigt sich der Einfluss der ekphorischen Inhalte unserer Erinnerungen bei emotional besetzten Erlebnissen. Wir speichern Erlebnisse, vor allem die, die unsere Person direkt betreffen, zusammen mit der jeweiligen Gefühlslage, in der wir uns zu der Situation befinden, ab. Das führt dazu, dass wir eher an traurige Erfahrungen denken, wenn wir uns sowieso schon in einer niedergeschlagenen Stimmung befinden. Dafür denken wir an erfreuliche Erfahrungen, wenn wir uns ausgeglichen fühlen und eher in einer fröhlichen Stimmung sind. Stimmt die Gemütslage der Abrufsituation mit damals erlebten Erfahrungen überein, fällt uns der Abruf der Erinnerung leichter (Markowitsch et al., 2003) als wenn wir uns in einer traurigen Stimmung befinden und versuchen, eine Information abzurufen, die in einem fröhlichen Zusammenhang abgespeichert wurde.

Das **Ribot'sche Gesetz** wurde – wie der Name schon sagt – von dem französischen Nervenarzt Théodule Ribot (1839– 1916) vor über 100 Jahren eingeführt. Er bezieht sich dabei auf das Phänomen, dass Patienten, die unter einer rückwirkenden Amnesie leiden, meistens die zeitlich jüngeren Erinnerungen verloren haben, sich aber an ältere Ereignisse noch immer erinnern können (Ribot, 1881). Auch bei älteren Personen lässt sich dieses Phänomen beobachten. Sie berichten immer und immer wieder von Vorfällen, die sich in ihrer Kindheit und ihren 20er bis 30er Jahren zugetragen haben. Jüngere Erlebnisse werden dagegen sehr viel seltener erzählt. Zum einen wirkt hier ein klassischer Wiederholungseffekt. Eine Geschichte, die wir über die Jahre oder sogar Jahrzehnte immer wieder erzählen, wird dabei auch immer weiter in unserem Gedächtnis gefestigt. Geschehnisse der letzten Zeit können noch gar nicht so oft wiedererzählt worden sein. Zum anderen sind Erinnerungen aus unseren jüngeren Jahren oft detaillierter und lebhafter gelernt worden. Spätere Erlebnisse sind oft nichts wirklich Neues mehr. Wir haben schon viel erlebt und gleichen die neuen mit den alten Erfahrungen ab. Die neueren Erlebnisse dagegen werden meist oberflächlicher gelernt. Kurz zusammengefasst lässt sich das Ribot'sche Gesetz mit dem englischen Ausspruch „*first in, last out*" ausdrücken, der sich sinngemäß mit „zuerst gelernt, zuletzt vergessen" übersetzen lässt.

Emotionale Färbung von Erinnerungen

Es wurde bereits darauf hingewiesen, dass unsere Emotionen einen direkten Einfluss auf unsere Erinnerungen haben (beispielsweise die Bedeutsamkeit des limbischen Systems für die Gedächtnisbildung im ersten Abschnitt dieses Kapitels). So bleibt uns unser erster Kuss deshalb so deutlich in Erinnerung, weil die begleitenden Gefühle die Einspeicherung vieler kleiner Details dieses wichtigen Moments fördern. Studien, in denen Testpersonen Bilder gezeigt wurden, die jeweils entweder mit einer neutralen oder einer emotionalen Geschichte verbunden waren (Cahill & McGaugh, 1995), bestätigten dies. Die Probanden, die die emotional besetzte Geschichte hörten, konnten sich später besser an die Bilder erinnern als diejenigen, die eine neutrale Geschichte zu den Bildern hörten. Die jeweilige Emotion bewirkt, ob ein Erlebnis grau und traurig oder bunt und fröhlich eingespeichert wird. So wird beispielsweise eine Beerdigung, selbst wenn sie bei bestem Wetter stattfand, in unserer Erinnerung nie in so strahlenden Farben wiedergegeben werden, wie wenn wir an diesem Tag einem fröhlichen Fest beigewohnt hätten. Gerade negativ besetzte Erinnerungen sind oft sehr beständig.

Es ist von der evolutionsbiologischen Seite betrachtet auch äußerst sinnvoll, dass wir Situationen, die uns in Furcht versetzen, langfristig gut erinnern. Nur so können wir in einer vergleichbaren Situation schneller und angemessener reagieren, was für unser persönliches Überleben sehr förderlich sein kann. Wenn wir zum Beispiel einmal ein außer Kontrolle geratenes Feuer erlebt haben, werden wir in Zukunft schon bei kleinen Anzeichen, wie Rauchgeruch, viel sensibler und aufmerksamer reagieren als jemand, dem diese Vorerfahrung fehlt. Die bekanntesten Studien zu der Beständigkeit und schnellen Verarbeitung von Gefahrensituationen wurden von Joseph E. LeDoux durchgeführt (siehe Abb. 2.25).

Allerdings kann sich die emotionale Färbung einer Erinnerung durch wiederholten Abruf und damit einhergehende neuer Einspeicherung auch verändern (Buchanan, 2007). Diese Veränderbarkeit von Erinnerungen wird vor allem in Psychotherapien genutzt. So ist es durchaus möglich,

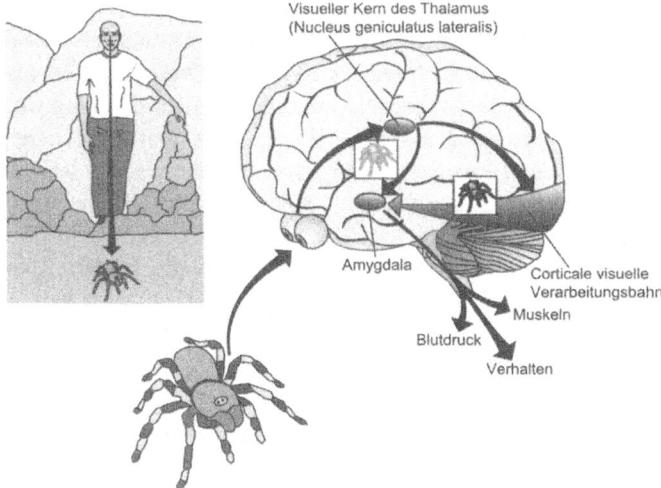

Abb. 2.25 Die Reaktion auf den Anblick eines potentiell gefährlichen Objekts (Spinne). Eine schnelle Furchtreaktion läuft schnell und unbewusst ab, sie führt direkt dazu, dass unser Körper bereit zur Flucht ist. Eine zweite langsamere Reaktion bezieht höher entwickelte Hirnstrukturen mit ein, was zu einer bewussten Verarbeitung der Situation und damit entweder zu einer Weiterführung der Fluchtreaktion oder dem Abbruch derselben führt (verändert nach LeDoux, 1994).

beispielsweise durch Gespräche und das Erlernen von Verhaltensänderungen, Ängste vor bestimmten Tieren oder Situationen abzuschwächen.

Alle hier in diesem Abschnitt genannten Punkte – die Gehirn-Computer-Analogie, die Fähigkeit zur Selbstorganisation, Erinnerungen über unsere Lebensspanne und die Emotionalität unserer Erinnerungen – verdeutlichen den hohen Grad an Anpassungsfähigkeit und Dynamik unseres Gehirns. Unser Gedächtnis entwickelt sich mit jedem Tag weiter, durch jede neue Erfahrung, die wir machen, wirken diese auf frühere Erinnerungen ein. Umgekehrt beeinflussen ältere Erinnerungen auch die Interpretation und die Einspeicherung neuerer Wahrnehmungen und Informationen. Es findet ein komplexes Wechselspiel zwischen Alt und Neu statt, und das meist, ohne dass wir uns dessen wirklich bewusst sind. Wir erinnern uns einfach wieder an Vergangenes und bemerken dabei nicht, dass wir die alte Erinnerung verändern und mit der neuen Situation vielleicht sogar verknüpfen. Doch, wie bei vielem, ist es auch hier so, dass diese Vorgänge evolutionsbiologisch durchaus sinnvoll sind. Wir würden zu viel Energie und Zeit verbrauchen, wenn wir diese Prozesse ständig bewusst überwachen würden, und könnten nicht mehr schnell genug auf neue Gegebenheiten reagieren. Zum Leben und Überleben benötigen wir diese Informationen nicht, was vermutlich auch die Erklärung ist, dass sie uns nicht bewusst werden.

3 | Falsche Erinnerungen

„Es gibt im Allgemeinen keine Garantie
für die Richtigkeit unseres Gedächtnisses;
und doch überlassen wir uns weit häufiger dem Anspruch,
dass wir seinen Informationen Glauben schenken können,
als es objektiv gerechtfertigt wäre."

Freud, 1901, Seite 193

Diese Aussage von Freud bereits zu Beginn des letzten Jahrhunderts zeigt deutlich, dass er, wie auch andere Wissenschaftler seiner Zeit, sehr wohl ein Bewusstsein für die Tücken unseres Gedächtnisses hatte. Die uns selber so wahrhaftig erscheinenden Erinnerungen können durchaus trügerisch sein. Unsere Erinnerungen vermitteln uns selbst das Gefühl feststehender Wahrheiten, jedoch sind sie alles andere als statisch. Sie verändern sich im Laufe der Zeit. Diese stetigen Veränderungen können durchaus zu einer vielfachen Abwandlung der tatsächlich erlebten Geschehnisse führen, ohne dass wir uns dabei dieser Abweichungen bewusst sind. Anders als wir es gerne hätten und glauben möchten, funktioniert unser Gedächtnis nicht genauso wie die Festplatte eines Computers. Es entwickelt sich hingegen aus einer Fülle von Informationen aus unserer Umwelt, und jede neue Wahrnehmung wirkt auf bereits eingespeichertes Wissen ein. Alltagspsychologisch lässt sich eine Erinnerung mit der Zubereitung eines Kuchens vergleichen. Wir können die Anfangszutaten nehmen und daraus einen schlichten Kuchen zubereiten. Im Laufe der Zeit verändern wir aber das Rezept und passen es unserem eigenen Geschmack an, nehmen etwas mehr Zucker, fügen neue Zutaten dazu. Nach einigen Jahren entsteht so eine Abwandlung des ursprünglichen Kuchens, ohne dass wir irgendwann tatsächlich die Entscheidung dazu getroffen hätten.

Das Phänomen der falschen Erinnerungen, das im privaten Bereich immer wieder zu Unmut und Missstimmungen führt, fasziniert die Wissenschaftler schon seit vielen Jahrzehnten. Sir Frederic C. Bartlett (1886–1969) kann als Gründervater der Forschung zu falschen Erinnerungen angesehen werden. In der Zeit zwischen dem Ersten und dem Zweiten Weltkrieg war Bartlett einer der einflussreichsten Forscher in der Experimentellen Psychologie. Er war nicht nur der erste Professor für Psychologie an der Universität von Cambridge, er ist auch einer der am häufigsten zitierten Persönlichkeiten in der Fachliteratur der modernen Gedächtnisforschung. Nach den frühen Forschungen des deutschen Philosophen Hermann Ebbinghaus, der das Gedächtnis unter rigoros kontrollierten Bedingungen untersuchte, war es Bartlett, der eine zweite Richtung der Gedächtnisforschung einschlug. Er lenkte den Schwerpunkt auf die Gesamtleistung unseres Erinnerungsvermögens. Im Gegensatz zu den Versuchen von Ebbinghaus, bei denen man sich lange Folgen von sinnentleerten Silben einprägen musste, suchte Bartlett nach einer Möglichkeit, die Komplexität des menschlichen Gedächtnisses auszuloten.

In seinem bekanntesten Versuch hörte eine Gruppe von Studenten ein altes indianisches Volksmärchen mit dem Titel *Der Krieg der Geister* (Bartlett, 1932, siehe auch Box 3.1). Später bekamen die Studenten die Aufgabe, das Märchen in ihren eigenen Worten wiederzugeben. Bartlett konnte mit dieser einfachen Methode sehr schön zeigen, dass unsere Erinnerungen – teilweise erheblich – von den wahrgenommenen Originalinformationen abweichen können. Die Studenten modifizierten das Volksmärchen deutlich. Sie veränderten vor allem diejenigen Informationen, die ihrer eigenen Weltanschauung widersprachen, oder ließen sie einfach weg. So war beispielsweise die in dem Märchen dargestellte Vorstellung der indianischen Geisterwelt den Studenten nicht geläufig. Bei einigen Studenten gingen diese Veränderungen sogar so weit, dass sie sich im Nachhinein weder an den Titel des Märchens noch an den wesentlichen Punkt, dass einer der Indianer ein Geist war, erinnern konnten.

Box 3.1: Originaltext des indianischen Märchens und eine exemplarische Wiedergabe eines Studenten (übersetzt von den Autoren nach Bartlett, 1932)

The War of the Ghosts – Der Krieg der Geister

Eines Nachts gingen zwei Männer aus Egulac zum Fluss hinunter, um Seehunde zu jagen, und während sie dort waren, wurde es neblig und still. Dann hörten sie Kriegsgeschrei, und sie dachten: „Vielleicht ist das eine Kriegsgesellschaft." Sie flüchteten zum Strand und versteckten sich hinter einem Baumstamm. Nun kamen Kanus herauf, und sie hörten das Geräusch von Paddeln und sahen ein Kanu direkt auf sie zusteuern. Es waren fünf Männer im Kanu, und sie sagten: „Was denkt Ihr Euch? Wir wollen Euch mitnehmen. Wir fahren den Fluss hinauf, um den Menschen Krieg zu bringen." Einer der jungen Männer sagte: „Ich habe keine Pfeile." „Pfeile sind im Kanu", sagten sie. „Ich werde nicht mitkommen. Vielleicht werde ich getötet. Meine Verwandten wissen nicht, wo ich hingegangen bin. Aber du", sagte er und wandte sich an den anderen, „könntest mit ihnen gehen." Also ging einer der beiden jungen Männer mit, aber der andere kehrte nach Hause zurück.
Und die Krieger fuhren den Fluss hinauf zu einer Stadt auf der anderen Seite von Kalama. Die Menschen kamen hinunter ans Wasser, und sie begannen zu kämpfen, und viele wurden getötet. Doch bald hörte der junge Mann einen der Krieger sagen: „Schnell, lasst uns nach Hause fahren: Dieser Indianer wurde verletzt." Jetzt dachte er: „Oh, es sind Geister." Er fühlte sich nicht krank, doch sie sagten, er sei getroffen. So fuhren die Kanus zurück nach

Egulac, und der junge Mann ging am Strand entlang nach Hause und machte ein Feuer. Und er erzählte es allen und sagte: „Seht, ich begleitete die Geister, und wir gingen in einen Kampf. Viele unserer Getreuen wurden getötet, und viele von denen, die uns angriffen, wurden getötet. Sie sagten, ich sei getroffen, aber ich fühlte mich nicht krank." Er erzählte alles, und dann wurde es still. Als die Sonne aufging, fiel er auf den Boden. Etwas Schwarzes quoll ihm aus dem Mund. Sein Gesicht verzog sich. Die Menschen sprangen auf und schrien. Er war tot.

Beispielantwort eines Studenten

„Ich habe keine Ahnung, wie der Titel der Geschichte war. Da waren zwei Männer in einem Boot, die auf eine Insel zusegelten. Als sie sich der Insel näherten, eilten einige Eingeborene auf sie zu, erzählten ihnen, dass auf der Insel eine kriegerische Auseinandersetzung stattfand, und baten sie, ihnen zu helfen. Der eine sagte zum anderen: ‚Es ist besser, wenn du mitgehst. Ich kann nicht so gut weg, weil einige Verwandte mich erwarten, und sie werden nicht wissen, was aus mir geworden ist. Aber auf dich wartet niemand.' Also begleitete der eine die Eingeborenen, der andere kehrte jedoch zurück. Hier gibt es einen Teil, an den ich mich nicht mehr erinnere. Was ich nicht mehr genau weiß, ist, wie der Mann in den Kampf hineingeraten ist. Jedenfalls wurde er mitten im Kampf verletzt. Die Eingeborenen beschworen ihn, zurückzukehren, doch er versicherte ihnen, er sei nicht verwundet. Ich glaube, sein Kampf beeindruckte die Eingeborenen, die ihn dafür bewunderten. Der verwundete Mann fiel schließlich in Ohnmacht. Er wurde von den Eingeborenen aus der Kampfzone hinausgetragen. Dann, glaube ich, beschreiben die Eingeborenen, was geschehen ist, und sie glaubten anscheinend, einen Geist aus seinem Mund kommen zu sehen. In Wirklichkeit war es eine Art Materialisierung seines Atems. Ich weiß, dass dieser Satz so nicht in der Geschichte steht, aber das ist meine Vorstellung dazu. Im Morgengrauen des nächsten Tages starb der junge Mann schließlich."

Bartlett zeigte anhand dieses Versuchs und einer Reihe weiterer, dass unser Gedächtnis nicht nur von den tatsächlich erlebten Informationen geprägt wird. Es gibt weitere Faktoren, vorangegangene Erlebnisse, entwickelte Vorstellungen und Weltanschauungen, die einen starken Einfluss auf die jeweiligen erinnerten Erfahrungen haben.

Bartletts Untersuchungen zeigten aber auch noch zwei weitere sehr wichtige Ergebnisse für die Gedächtnisforschung auf. Die Erinnerungen der Studenten an das Volksmärchen variierten umso stärker, je größer der Zeitabstand zwischen der Lernphase und dem Abruf wurde. Ihre Erinnerung an den tatsächlichen Ablauf des Märchens wurde sozusagen immer weiter aufgeweicht. Das Gleiche passiert, wenn wir wiederholt über ein Erlebnis berichten. Einige Informationen fallen weg, während andere neu hinzukommen. Des Weiteren wurde bei dieser Untersuchung deutlich, dass sich die abgewandelten Erinnerungen mit dem Verstreichen einer größeren Zeitspanne bei den Studenten immer weiter festigten. Sie formten sich aufgrund ihrer eigenen Vorstellungen eine veränderte Variante des tatsächlich gehörten Volksmärchens.

Das, was hier durch Bartlett gezeigt wurde, geschieht häufig bei der Bildung von Gerüchten. Wir hören oft das, was wir hören wollen. Letzteres ist abhängig von dem, was wir wissen. Es passiert leider allzu oft, dass nur die Informationen, die mit unserem Vorwissen und unserer Einstellung einhergehen, verarbeitet und wiedergegeben werden.

Nun war Bartlett nicht der Erste in der Geschichte der Gedächtnisforschung, der feststellte, dass unser Gedächtnis uns öfter im Stich lässt, als uns lieb ist, und dass unsere Erinnerungen uns sehr wohl trügen können. Was Bartlett heraushob, war die Tatsache, dass es ihm gelang, diese Kehrseite unseres Gedächtnisses anhand eines einfachen Experiments wissenschaftlich nachzuweisen.

Auch wenn es kritische Stimmen zu Bartletts Versuchen gab und gibt, die sagen, dass eine komplexe Geschichte nicht geeignet ist, um klare Aussagen hinsichtlich menschlicher Gedächtnisleistungen zu treffen, so haben seine Ergebnisse doch einen großen Einfluss auf die moderne Gedächtnisforschung. Die drei Kernergebnisse – Erinnerungen werden früheren Erfahrungen angepasst, verstärkt durch eine längere Zeitspanne zwischen dem Ereignis und der Wiedergabe, und die veränderte Erinnerung festigt sich mit der Zeit – veränderten die Vorstellung vom menschlichen Gedächtnis erheblich.

Im Folgenden werden die verschiedenen Formen von falschen Erinnerungen betrachtet. Wichtig ist hierbei vor allem der Unterschied zwischen einer bewussten Verfälschung eines Erlebnisses, sprich einer absichtlichen Lüge, und dem ungewollten Abruf einer falschen Erinnerung, der die Intention zu lügen fehlt. Im Laufe dieses Kapitels werden wir wiederholt auf diese Unterscheidung zurückkommen.

Schwächen unseres Gedächtnisses

Wer kennt nicht die ärgerlichen Situationen, in denen wir uns an etwas einfach nicht mehr erinnern können? Mal ist es der Autoschlüssel, den wir nicht finden, ein anderes Mal fällt uns in einem Gespräch ein bestimmter Begriff oder Name nicht ein. Tagtäglich erleben wir derartige Momente, in denen das Gedächtnis uns im Stich zu lassen scheint.

Es ist richtig, dass unser Gedächtnis so seine Schwächen und Tücken hat, aber hierbei handelt es sich nicht immer um falsche Erinnerungen. Eine Abgrenzung ist sehr wichtig, kann aber nur gelingen, wenn wir zuerst diese bekannten Gedächtnisschwächen genauer betrachten. An diesem Punkt stellen sich viele Fragen: Welche Formen von Erinnerungsfehlern gibt es? Handelt es sich hierbei tatsächlich um Schwächen des Gedächtnisses? Oder liegt vielleicht doch ein tieferer Sinn dahinter, dass wir uns nicht an jede Kleinigkeit, an jedes Detail einer beliebigen Erfahrung erinnern können?

Es gibt viele Variablen, die unsere Gedächtnisprozesse beeinflussen, sie sind für jeden einzelnen Menschen unterschiedlich. Tausende Menschen besuchen ein Konzert und erleben in den folgenden Stunden eigentlich eine identische Vorstellung. Gleichwohl wird es hinterher ebenso tausende verschiedene

Beschreibungen dieses einen Erlebnisses geben. Jeder Einzelne wird sich an andere Momente erinnern, die für ihn von besonderer Bedeutung waren, während für andere diese Momente dem Vergessen anheimgefallen sind. Aber warum ist das eigentlich so? Wäre es nicht viel besser, wenn wir uns immer an alles erinnern könnten?

Vergessenes Wissen

> „Die Erinnerungen verschönern das Leben, aber das Vergessen allein macht es erträglich."
>
> Honoré de Balzac (1799–1850)

Das Vergessen von Informationen ist eine allgegenwärtige, meist unbewusste Tatsache wie das Erlernen von neuem Wissen. Es ist oft lästig, wenn uns der Name eines Bekannten, den wir zufällig treffen, nicht einfällt, oder wir wieder einmal einen Arzttermin vergessen haben. Wir ärgern uns zwar darüber und schimpfen über unser schlechtes Gedächtnis, aber wir fragen uns eher selten, wie es zu diesem ständigen Vergessen kommt.

Einer der frühen Gedächtnisforscher, Hermann Ebbinghaus, untersuchte die Lern- und dabei gleichzeitig auch die Vergessenskurve von Wissen in einem Selbstversuch bereits gegen Ende des 19. Jahrhunderts. Mühsam lernte er lange Listen von sinnentleerten Silben. Ebbinghaus testete sein Gedächtnis anschließend selber im Abstand von mehreren Zeiträumen, beginnend mit wenigen Minuten bis hin zu mehreren Tagen. Hierbei stellte er fest, dass er schon nach einigen Minuten gut 40 Prozent des Gelernten vergessen hatte (siehe Abb. 3.1).

Beim Betrachten der Abbildung fällt jedoch noch ein weiterer wichtiger Punkt auf. Nach dem ersten raschen Verfall von Wissen bleiben die restlichen Informationen in den darauffolgenden Tagen relativ stabil. Dieser einfache Versuch von Ebbinghaus zeigt daher deutlich einige Besonderheiten des Gedächtnisses. Zum einen bestätigt er, dass neu Gelerntes schlecht behalten wird, wenn es für uns keinen Sinn beinhaltet. Dies ist im Übrigen

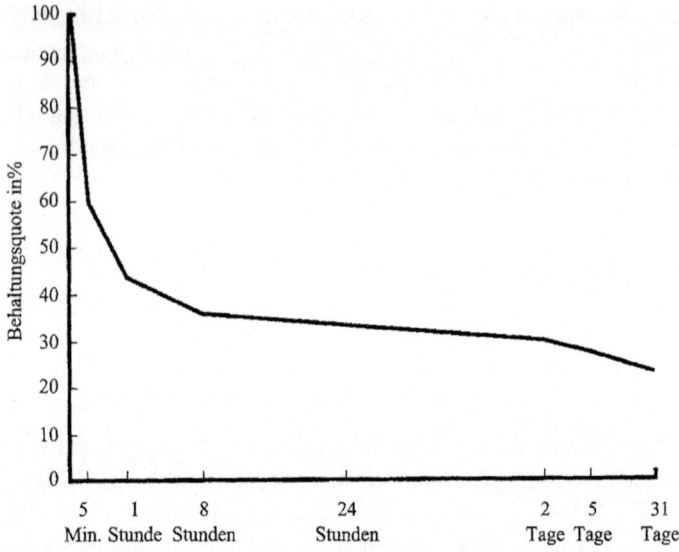

Abb. 3.1 Die Kurve zeigt die Rate an, mit der Ebbinghaus die Silben vergessen hat. Er lernte insgesamt 169 Listen mit jeweils 13 sinnentleerten Silben (Daten der Studie von Ebbinghaus, 1885, aus Baddeley, 1999).

auch einer der Hauptkritikpunkte dieses Versuchs. Es fällt uns deutlich schwerer, den Inhalt eines Textes zu behalten, wenn wir uns für das Thema nicht interessieren. Schon nach kürzester Zeit werden die zuvor bewusst wahrgenommenen Informationen wieder vergessen. Zum anderen zeigt die in der Kurve ablesbare Stagnation des weiteren Verfalls, dass der regelmäßige Abruf von Gelerntem dieses stabilisiert. Ebbinghaus hat dadurch, dass er zu verschiedenen Zeitpunkten die Silben, die er behalten hat, wiederholt abrief, diese stärker im Gedächtnis verankert und sie somit vor dem endgültigen Vergessen bewahrt.

Dieses Prinzip ist eigentlich jedem bekannt. Hören wir beispielsweise wiederholt ein Lied im Radio, erhöht dies die Wahrscheinlichkeit, dass wir es zu einem späteren Zeitpunkt wieder abrufen können – selbst dann, wenn wir die Sprache, in der das Lied gesungen wurde, nicht kennen.

Dass dieses Phänomen nicht nur für relativ kurze Zeiträume von einigen Tagen gültig ist, bestätigen weitere Studien. Die hier vorgestellte Vergessenskurve ist danach sogar auch für den Verfall von Wissen über Jahre hinweg nachweisbar (u. a. Bahrick, Bahrick & Wittlinger, 1975).

Dass wir vergessen, ist bekannt. Es stellt sich aber doch die Frage, warum dem so ist. Es gibt hier vor allem zwei Ansätze, die im Folgenden vorgestellt werden sollen.

Die so genannte **Zerfalls-Hypothese** besagt, dass Erinnerungen mit der Zeit verblassen, bis sie schließlich endgültig und unwiederbringlich verschwinden. Stellen wir uns ein mit Tinte beschriebenes Stück Papier vor, das über lange Zeit in der Sonne liegen bleibt. Die Schrift wird von Tag zu Tag immer blasser, bis nur noch schemenhaft erkennbar ist, dass jemals etwas auf diesem Papier geschrieben wurde (siehe Abb. 3.2 A). Nach dieser Annahme hängt es also nur von der vergangenen Zeit ab, wie gut wir uns an etwas erinnern können.

Die zweite Hypothese, die **Interferenz-Hypothese**, geht davon aus, dass sich altes und neues Wissen gegenseitig negativ durch Interferenzen (Überlagerungen) beeinflusst. Hierbei gibt es zwei Möglichkeiten. Entweder stört eine bereits gelernte Information den Erwerb von neuem Wissen (**proaktive Interferenzen**), oder die erworbene neue Information stört den Abruf von älterem Wissen (**retroaktive Interferenzen**) (siehe Abb. 3.2 B). Am verständlichsten wird der Unterschied bei der Betrachtung von Routinehandlungen. Wir fahren seit Jahren immer denselben Weg zur Arbeit. Wegen einer Baustelle wird ein Teil der Strecke gesperrt, und wir müssen jetzt einen neuen Weg fahren. Die erste Zeit wird es immer wieder zu Unsicherheiten und Fehlern kommen, da die alteingesessene Information und das Wissen, dass wir jetzt eine andere Strecke fahren müssen, immer wieder miteinander proaktiv interferieren. Andersherum kann es bei einer retroaktiven Interferenz sein, dass uns der Name der Straße, die wir früher immer zur Arbeit entlanggefahren sind, nicht mehr einfällt. Wir wissen die Namen der neuen Strecke, aber der Abruf der alten wird durch das neue Wissen gestört.

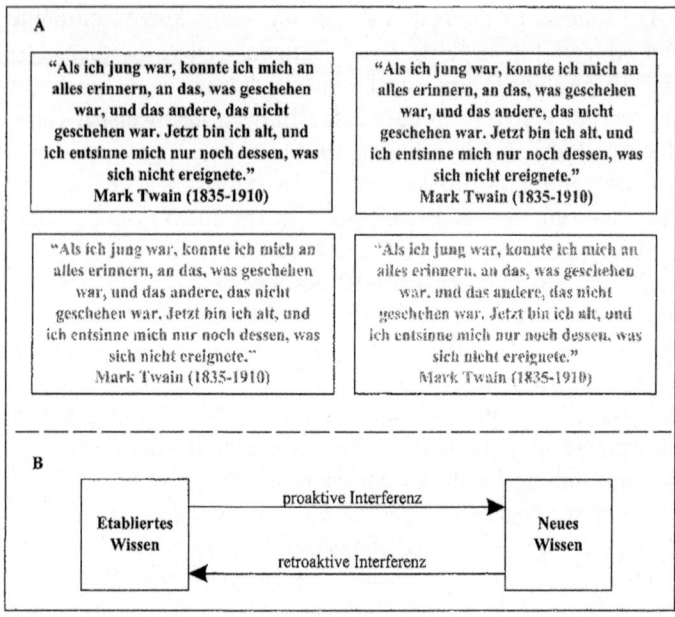

Abb. 3.2 Warum vergessen wir? Verblassen unsere Erinnerungen im Laufe der Zeit wie Schrift auf einem Blatt Papier (A), oder kommt es dadurch, dass wir täglich Neues lernen, zu Störungen (B)?

Es ist schwer, diese beiden genannten Hypothesen getrennt voneinander zu überprüfen. Die Vergessenskurve von Ebbinghaus legt die Vermutung nahe, dass unsere Erinnerungen tatsächlich langsam verschwinden und nur diejenigen übrig bleiben, die durch Training (also ständige Wiederholungen) immer wieder aufgefrischt werden.

In einer weiteren Studie wurde daher überprüft, ob es wirklich die Zeit ist oder ob es doch vielleicht eher die Interferenzen sind, die für das Vergessen hauptsächlich verantwortlich sind (Baddeley & Hitch, 1977). Es wurden hierbei Rugby-Spieler nach den Namen ihrer Teamkollegen aus der letzten Saison befragt. Die Spieler wechselten im Laufe dieser Zeit häufig das Team und hatten dadurch immer wieder neue Teamkollegen.

Es gab Spieler, die zwar vergleichbar lange in einem Team spielten, aber aufgrund einer Verletzung oder Ähnlichem einige Spiele verpasst hatten. Alle Spieler sollten die Namen der Teammitglieder ihres letzten Spiels nennen, dann die Namen aus dem vorletzten Spiel, dann die aus dem vorvorletzten und so weiter. Es zeigte sich, dass der entscheidende Faktor für den Abruf die Anzahl der dazwischenliegenden Spiele war und nicht die Zeit, die vergangen war. Je mehr Spiele in anderen Teams stattgefunden hatten, desto weniger Namen konnte der Spieler von früheren Teamkollegen wiedergeben. Nach dieser Studie sind es also vor allem die Interferenzen, die zu unserem Vergessen, oder besser gesagt zu unserer Unfähigkeit, eine bestimmte Erinnerung abzurufen, beitragen.

Welche Art von Interferenzen, die proaktiven oder die retroaktiven, einen stärkeren Einfluss auf unser Vergessen haben, wird noch heute mit verschiedenen Methoden untersucht. Vermutlich haben beide Formen einen großen Anteil daran. Ein umfangreicher Teil der Untersuchungen konzentriert sich auf den Einfluss von neuem Wissen auf das damit einhergehende Vergessen von altem – also die retroaktive Interferenz. Ein oft zitiertes Beispiel hierbei ist eine Form des so genannten Listenlernens. Es werden hierbei verschiedene Wortpaare präsentiert, die miteinander interferieren. So wird beispielsweise zuerst in einer Liste unter anderem das Wortpaar Auto – Straße gelernt und später in einer zweiten Liste das Paar Auto – Bahn. Ein folgender Abruf zeigt, dass vor allem die Paare der zuletzt gelernten Listen erinnert werden. Dies bedeutet, dass die neuere Information die zuvor gelernte unterdrückt und deren Abruf verhindert. Diese Untersuchungen bestätigen, dass es vor allem die retroaktiven Interferenzen sind, die uns Teile unserer Erinnerungen vergessen lassen.

Immer wieder gibt es aber auch Fälle, in denen altes Wissen uns so sehr beeinflusst, dass neueres Wissen zumindest für einen bestimmten Zeitraum vergessen wird. Nehmen wir folgendes Beispiel: Wir fahren mit einem Freund eine bestimmte Strecke mit dem Auto. Bis vor einem Jahr sind wir immer eine etwas andere Strecke gefahren, aber da dort nun gebaut wird und es viele Umleitungen gibt, haben wir uns den neuen Begebenheiten angepasst. Wir unterhalten uns angeregt mit unserem Freund, und mit einem Mal stellen wir fest, dass wir direkt in dem Straßenabschnitt mit all den Umleitungen und Baustellen gelandet sind. War es unsere Geistesabwesenheit, die dazu führte, dass wir die alte Strecke fuhren? Ist es unsere Unaufmerksamkeit, die zu proaktiven Interferenzen führt?

Erinnern wir uns an die Ergebnisse der Studie von Ebbinghaus. Weitere Untersuchungen zeigten, dass je mehr derartige sinnlose Silbenlisten gelernt werden, desto geringer wird die Wahrscheinlichkeit, dass die zuletzt gelernte Liste richtig erinnert wird (Underwood, 1957). Die zuvor gelernten Silben wirken auf die späteren negativ ein und verhindern deren Abruf.

Es scheint demnach, dass tatsächlich beide Formen von Interferenzen auf unser Gedächtnis einwirken. Am Ende ist es jedoch nur wichtig, dass immer wieder Dinge vergessen werden und dies ein Ergebnis des gegenseitigen Einflusses von altem und neuem Wissen ist.

Zementiertes Erinnern

> „Nichts fixiert eine Sache so intensiv ins Gedächtnis wie der Wunsch, es zu vergessen."
>
> Michel de Montaigne (1533–1592)

Wäre es nicht wunderbar, wenn wir nichts vergessen würden? Auf den ersten Blick mag dieser Gedanke verführerisch erscheinen. Jeder könnte jederzeit jegliche Information, die irgendwann einmal wahrgenommen und gelernt wurde, wieder abrufen. Allerdings wird bei dieser paradiesischen Vorstellung ein sehr wichtiger Punkt übersehen. Vergessen ist eine sehr wichtige und sinnvolle Entwicklung beziehungsweise Funktion unseres Gedächtnisses. Deutlich wird dies besonders anhand verschiedener Beschreibungen von Menschen, die scheinbar mühelos alles in ihrem Gedächtnis behalten konnten. Einer der bekanntesten Fälle ist der Fall S., der von Alexander R. Luria in den 1960er Jahren beschrieben wurde (siehe Box 3.2). S. konnte sich über Jahrzehnte hinweg Informationen merken und diese problemlos wiedergeben.

Box 3.2: Der Fall S. beschrieben von Luria (1968) ▬▬▬▬▬▬

Der Mann S. schien mit seinen Gedächtnisleistungen alle gängigen Vorstellungen von Gedächtnis zu widerlegen. Luria, ein in seiner Zeit angesehener sowjetischer Psychologe, begann mit Vorbehalten, S. zu untersuchen. Er gab ihm Listen mit Wörtern, Zahlen oder auch nur Buchstaben zum Lesen oder las sie ihm selber vor. Im Anschluss konnte S. jede dieser Listen fehlerfrei wiedergeben. Er hatte dabei keinerlei Schwierigkeiten, gleichgültig, ob er am Anfang oder am Ende einer Liste begann oder das folgende Wort auf ein genanntes nennen sollte. Selbst bei Listen mit sinnentleerten Silben hatte er keine Probleme, sich diese in ihrer Reihenfolge zu merken. Das Gedächtnis von S. schien sich wie ein Computer zu verhalten, der das Gelesene oder Gehörte aufzeichnete und beliebig auf Kommando wiedergeben konnte. Selbst der Zeitraum zwischen der Lernphase und dem Abruf hatte keinen Einfluss auf seine korrekte Wiedergabe. 15 oder 16 Jahre später konnte S. problemlos bestimmte Listen wieder abrufen. In verschiedenen Gesprächen stellte Luria fest, dass S. zu der relativ kleinen Gruppe der Synästhetiker gehörte. Synästhetik umschreibt die Fähigkeit, Wahrnehmungen verschiedener Sinne miteinander zu verknüpfen. Bestimmte Töne werden zum Beispiel mit bestimmten Farben gleichgesetzt. Den einzelnen Wochentagen sind spezifische Farben zugeordnet. Ähnlich war es für S. Jeder Ton, den er hörte, war verknüpft mit charakteristischen Farben, Lichtverhältnissen und sogar mit Geschmack und Berührung. Er gehörte damit selbst innerhalb der Gruppe der Synästhetiker zu einem kleinen Prozent von Menschen, die eine derart komplexe Empfindlichkeit bei ihren Wahrnehmungen aufweisen. Selbst wenn S. eine Liste von Wörtern las, rief jedes einzelne Wort ein bestimmtes Bild vor seinem geistigem Auge hervor. Um eine Ordnung in diese Reihe von Bildern zu bringen, fügte er sie im Geiste entlang einer Straße ein, die er entlang ging. S. nutzte dieselben Strategien, die heutige Gedächtniskünstler sich in mühevoller Arbeit aneignen, um ansatzweise ähnliche Leistungen wie S. zu vollbringen. Doch seine einzigartigen Gedächtnisfähigkeiten hatten auch ihre negativen Seiten. Dadurch, dass jedes Wort – gelesen oder gesprochen – mit einem Bild verknüpft war, das wiederum in einer ganzen Reihe von Bildern eingebettet war, konnte S. kaum lesen oder effektiv neues lernen. Beim Lesen konnte es passieren, dass dabei eine Situation aus seiner Kindheit bildhaft wachgerufen wurde, diese wiederum löste eine ganze Lawine von weiteren Bildern aus, die damit verknüpft waren. Es ging so weit, dass Luria schrieb, dass bei S. die vorgestellten Bilder die Gedanken leiteten, anstelle des normalerweise entgegengesetzten Verhältnisses, dass unsere Gedanken unsere Vorstellung regieren.

Ein weiterer, aktuellerer und vielleicht sogar noch eindrucksvollerer Fall wurde vor zwei Jahren von einer Gruppe von Psychologen an der Universität Kalifornien, Los Angeles, beschrieben (Parker, Cahill & McGaugh, 2006; siehe auch Price, 2008). Bei ihnen meldete sich eine Frau Ende dreißig, die an ihrem phänomenalen autobiographischen Gedächtnis verzweifelte. AJ konnte zu jedem beliebigen Datum innerhalb des Zeitraums von 1974 bis zu dem Zeitpunkt der Untersuchung sagen, um welchen Wochentag es sich handelte. Sie beschrieb mit Freude sehr detailliert, was sie an dem jeweiligen Tag getan hat. Ihre Fähigkeiten gingen so weit, dass immer wenn sie irgendwo ein Datum sah, sie automatisch zu diesem Tag zurückversetzt wurde und die Ereignisse wieder erlebte. Häufig traten hierbei lawinenartige Erinnerungsketten ein, so dass ein Datum nicht nur die Erlebnisse an diesem Tag wachrief, sondern auch weitere damit verknüpfte. Freunde und Kollegen von AJ hielten ihre Fähigkeit für eine Begabung, sie selber litt allerdings darunter. Die Besonderheit ihres Gedächtnisses führte dazu, dass AJ mehrere Jahre unter Depressionen litt und aus diesem Grund nicht mehr arbeiten konnte. Die Unfähigkeit, ihre Erinnerungen zu unterdrücken, verhinderte, dass sie sich im Alltag normal verhalten konnte. Sie profitierte auch nicht von ihrer hervorragenden Merkfähigkeit, da sie diese nicht gewollt oder gezielt einsetzen konnte. Sie hatte Probleme in der Schule und war eher eine Durchschnittsschülerin. Die Untersuchungen der Psychologen zeigten, dass ihr Gedächtnis nicht wahllos alle Informationen abspeicherte, sondern dass die Informationen sehr wohl auch nach für AJ individuellen Kriterien aussortiert wurden. So konnte AJ sich beispielsweise an bestimmte Vorfälle, die im Rahmen der Untersuchungen geschehen und per Video aufgenommen worden waren, einige Monate später nicht mehr erinnern. Dies zeigte, dass ihr Gedächtnis nicht alle Informationen gleichwertig detailliert abspeicherte. Es war eher so, dass die Informationen, die für AJ persönlich bedeutsam waren, übergenau und detailliert eingespeichert wurden.

Das Besondere an AJ ist, dass sich ihre Gedächtnisleistungen deutlich auf persönliche Erfahrungen beschränken. Damit unterscheidet sie sich klar von Lurias S. Auch ist AJ sich ihrer herausragenden Gedächtnisfähigkeiten bewusst, während S. und auch andere Personen, die ein besonders gutes Gedächtnis zeigen, dies meistens als normal empfinden und nichts Außergewöhnliches in ihrer Leistung sehen. Gemeinsam ist beiden Personen, dass sie, wenn auch auf verschiedene Weise, unter ihrer Unfähigkeit zu vergessen litten. Ab dem Moment, wenn Wichtiges nicht mehr von Unwichtigem getrennt werden kann, sondern beides gleichwertig abgespeichert wird, fehlt die Grundlage, mit der wir später zwischen diesen beiden Formen von Informationen unterscheiden können. Ohne diese Basis behandeln wir triviale Informationen mit derselben Wichtigkeit wie bedeutendes Wissen. Damit ist die Fähigkeit, aus unseren Erfahrungen zu lernen, allerdings ebenfalls eingeschränkt und kann zu Problemen führen, wie anhand des Beispiels von S. gezeigt wurde.

Diese Unfähigkeit, etwas vergessen zu können, wird auch **Persistenz** genannt. Häufig beschränkt sich dieses Nicht-vergessen-Können auf bestimmte Ereignisse, die wir in unserem Leben erfahren haben, die meistens sehr traumatisch für uns waren. Hierzu zählen unter anderem Unfälle, Katastrophen, Missbrauch, Krieg. Menschen, die sich nicht von diesen Erlebnissen erholen, entwickeln häufig eine sogenannte Posttraumatische Belastungsstörung (PTBS). Sie werden von den traumatischen Ereignissen verfolgt. Ein solches beeinflusst ihren Alltag so sehr, dass sie es am liebsten vollständig vergessen würden, doch stattdessen denken sie fast ständig daran und können sich nicht davon lösen (siehe Abb. 3.3).

Vergessen ist ein normaler und vor allem auch notwendiger Prozess unserer Gedächtnisbildung, ohne den wir mit unzähligen für unseren Alltag unwichtigen Informationen belastet wären. Im Laufe der Zeit werden unsere Erinnerungen

Abb. 3.3 Die Wilhelm Gustloff. Ein Zeitzeuge des Untergangs der Gustloff[1] berichtete von einem weiteren Überlebenden, der einmal gesagt hat: „Die Toten haben es gut. Die haben es überstanden. Wir sterben jedes Jahr."

---

1 Die Wilhelm Gustloff, Passagierschiff der NSDAP, wurde durch das sowjetische U-Boot S 13 am 30. Januar 1945 versenkt. Von mehr als 10 000 Personen an Bord überlebten 1 239. Die Gustloff fuhr nicht unter der Roten-Kreuz-Fahne und gehörte offiziell zu den Kriegsschiffen. Dennoch machte die hohe Opferzahl, die Hälfte waren Kinder, ihre Versenkung zu einer der größten Schiffskatastrophen der neueren Zeit (Quelle: Die Gustloff – Die Dokumentation; ZDF 2008).

ungenauer, und wir vergessen vieles. Und doch müssen nicht alle Informationen vollständig verloren sein. Nehmen wir an, wir haben in der Schule für drei Jahre die Fremdsprache Französisch gelernt. Nach fünf bis zehn Jahren ohne Übung können wir uns kaum noch an Vokabeln oder Grammatikregeln erinnern. Wir haben das meiste vergessen. Beginnen wir jetzt aber von neuem, die Sprache zu lernen, wird es uns leichter fallen, als wenn wir versuchen würden, zum Beispiel Italienisch zu lernen. Auch wenn wir das ursprünglich vorhandene Wissen nicht mehr bewusst abrufen können, gibt es allem Anschein nach doch noch Spuren in unserem Gedächtnis, die durch erneutes Lernen wieder aktiviert werden können. Es ist demnach unklar, ob wir Informationen tatsächlich vergessen oder ob das Wissen und die Erinnerungen nicht nur eine Stufe absinken und für uns bewusst – zeitweise oder langfristig – nicht mehr greifbar sind. Hierfür würde unter anderem sprechen, dass ältere Menschen sich manchmal plötzlich wieder an Wissen und Erfahrungen erinnern, die Jahrzehnte zurückliegen und an die sie die ganze Zeit nie gedacht haben und sie auch nicht abrufen konnten (vergleiche auch in Kapitel 2, Abb. 2.24).

Geblocktes Wissen

Bisher wurde auf das Vergessen von Informationen eingegangen. Nun ist es aber nicht so, dass wir entweder etwas vergessen oder etwas für immer behalten. Es gibt hier auch weitere Zwischenformen. So zeigte eine Studie Mitte der 1970er Jahre, dass Probanden auch noch nach 15 Jahren 90 Prozent ihrer Klassenkameraden anhand von Namen und Gesichtern richtig wiedererkennen konnten (Bahrick et al., 1975). Auch zeigte sich hier deutlich, wie bereits in Kapitel 2 erwähnt, dass die Erfolgsrate beim Wiedererkennen deutlich höher war als beim freien Abruf oder beim Abruf mit Hinweisreiz (beispielsweise mittels Klassenfotos). Es gibt also Erinnerungen, die zwar da sind, die wir aber nur unter Zuhilfenahme bestimmter Auslöser auch abrufen können. Ein wichtiger Faktor ist hierbei unsere Aufmerksamkeit, sowohl während der Einspeicherung als auch beim Abruf der Erinnerung.

Neben Wissen, das wir vergessen haben (oder gerne vergessen würden), gibt es auch solches, das wir nicht situationsbedingt abrufen können. Wir wissen zwar, dass wir etwas wissen, aber es ist so, als ob sich diese Information hinter einer Wand in unserem Gedächtnis verstecken würde. Erst später, wenn wir mit etwas anderem beschäftigt sind, fällt es uns wieder ein. Die wohl bekannteste Gedächtnisblockade wird im Englischen *tip-of-the-tongue* oder kurz TOT genannt (Schwartz, 1999). Im Deutschen sprechen wir von dem Zungen(spitzen)phänomen. Jeder von uns kennt solche Situationen. Wir unterhalten uns zum Beispiel über Musik und wollen den Titel und Interpreten eines bestimmten Liedes mitteilen. Wir hören das Lied in unserem Kopf, wir sehen sogar das dazugehörige Video und die Gruppe, aber kommen einfach nicht auf den gesuchten Namen. Die Information liegt uns auf der Zunge, aber wir können sie nicht wiedergeben (Abb. 3.4).

Eine der am häufigsten zitierten Beschreibungen der TOT stammt einmal mehr aus dem vermutlich einflussreichsten Psychologiebuch *Principles of Psychology* von William James (1890)[2]. Der TOT ist für ihn wie eine Lücke in unserem Bewusstsein. Oft haben wir den Eindruck, gleich auf den gesuchten Namen zu kommen, nur um dann enttäuscht wieder aufzugeben. Wenn andere uns helfen wollen und uns eventuell passende Namen nennen, wissen wir ganz genau, wann sie passen und wann nicht. Die zwei Charakteristika dieses Zustands sind

---

2 „The state of our consciousness is peculiar. There is a gap therein; but no mere gap. It is a gap that is intensely active. A sort of wraith of the name is in it, beckoning us in a given direction, making us at moments tingle with the sense of our closeness and then letting us sink back without the longed-for term. If wrong names are proposed to us, this singularly definite gap acts immediately so as to negate them. They do not fit the mould. And the gap of one word does not feel like the gap of another, all empty of content as both might seem necessarily to be when described as gaps." (James, W., 1890, Band 1, Seite 251)

Abb. 3.4 Das Wort, der Name, ist da, es liegt uns auf der Zunge, aber wir kommen einfach nicht darauf.

die Unfähigkeit, das Wort oder den Namen zu benennen, und ein unangenehmes Gefühl. Das TOT ist vermutlich ein mehr oder weniger universelles Phänomen und wurde selbst bei Völkern gefunden, die keine schriftliche Sprachform besitzen (Brennen, Vikan & Dybdahl, 2007).

Flüchtiges Wissen

Es wurde bereits des Öfteren darauf eingegangen, dass die Informationen aus unserer Umwelt flüchtig sind. Aber auch Gelerntes ist vergänglich. Wissen, das wir bewusst und intensiv gelernt haben, kann nach einigen Wochen, Monaten oder Jahren nicht mehr abgerufen werden. Auch wenn wir uns noch daran erinnern können, wie wir in der Schule französische Vokabeln gelernt haben und bei einem Aufenthalt in Frankreich sogar Französisch gesprochen haben, hilft uns das Jahre später nicht wirklich weiter. Die gelernten Wörter sind weg und kommen auch durch intensives Nachdenken nicht wieder. Bei solchem semantischen Wissen helfen uns dann auch Hinweisreize nur wenig weiter. Die Information ist nicht in ein weitläufiges, emotionales Netz eingebunden und ist daher für uns schwieriger zu greifen. Allerdings ist diese Flüchtigkeit von Erinnerungen nicht mit dem Vergessen von Wissen gleichsetzbar. Vergessenes ist für uns nicht wieder zu erlangen. Flüchtiges Wissen beinhaltet aber auch jenes, das wir durch erneutes Lernen schneller wieder auffrischen können. Deswegen fällt es uns auch leichter, heute Französisch erneut zu lernen als beispielsweise Spanisch oder Italienisch.

Bei episodischen Erinnerungen können Hinweisreize die flüchtige Information wieder aktivieren. Ein gutes Beispiel ist der bereits erwähnte Abruf der Namen früherer Klassenkameraden (Bahrick et al., 1975). Zwar haben die Probanden 90 Prozent ihrer Klassenkameraden richtig wiedererkennen können, aber wenn sie die Namen frei abrufen oder anhand eines Hinweisreizes nennen sollten, sah die Sache anders aus. Es zeigte sich hierbei, dass diese Fähigkeit im Laufe von ungefähr 50 Jahren immer schwächer wird. Diese Entwicklung kann jeder an sich selbst nachprüfen, indem man ein altes Klassenfoto nimmt und versucht, den Gesichtern Namen zuzuordnen, oder sich einfach hinsetzt und alle Namen aufschreibt, die einem von damals einfallen. Es werden garantiert einige Namen fehlen. Es gibt eben in jeder größeren Gruppe Leute, mit denen wir weniger persönlich zu tun hatten, so dass wir auch nur wenige Erinnerungen haben, die diese Personen in unserem Gedächtnis halten.

Die Flüchtigkeit von Erinnerungen ist also nicht gleichzusetzen mit dem kompletten Vergessen von Informationen, sondern sie beinhaltet Fragmente oder Teilerinnerungen. Dies kann wiederum ein Gefühl der Vertrautheit, der Familiarität, hinsichtlich scheinbar unbedeutender Wahrnehmungen auslösen. So kann ein Lied im Radio, ein bestimmter Duft oder ein markantes Geräusch uns plötzlich eine vergangene Situation ins Gedächtnis rufen. Es gibt viele verschiedene Auslöser, die bei uns den Eindruck des Wiedererkennens auslösen können. Manchmal können wir uns der ursprünglichen Erfahrung entsinnen, doch manchmal bleibt sie uns auch verborgen, und es bleibt nur ein nicht ganz greifbares Gefühl des Kennens und Wissens.

Was sind falsche Erinnerungen?

Falsche Erinnerungen. Allein die Verbindung dieser beiden Worte führt zu einiger Verwirrung. Wie können unsere Erinnerungen falsch sein? Erinnern wir uns an Vergangenes, so haben wir die Situationen oft detailliert, sozusagen „in Farbe", vor unserem inneren Auge. Manche Gespräche hören wir scheinbar wieder in unserem Ohr, wenn wir an sie denken. Wir schauen im Geiste zurück und sehen uns selbst, wie wir agieren und reagieren. Die Vorstellung, dass wir hierbei an Ereignisse denken, die sich nicht zugetragen haben, bringt unser Bild von uns selbst ins Wanken.

Falsche Erinnerungen werden als das Erinnern an ein Ereignis definiert, das entweder nie oder auf eine andere Art und Weise erlebt wurde. Beispiele hierfür gibt es viele. Wer kennt nicht Gespräche mit Freunden oder der Familie über gemeinsam erlebte Feiern oder den vergangenen Urlaub, bei denen es zu heftigen Diskussionen kommt. Obwohl etwas gemeinsam erlebt wurde, gehen die Erinnerungen bei bestimmten Punkten weit auseinander. Man selbst erinnert sich deutlich und lebhaft daran, wie gemeinsam im Urlaub eine Fischplatte gegessen wurde, auf der kleine Tintenfische lagen. Doch Bruder und Schwester können sich an keine solche Situation erinnern und streiten diese ab. Wer hat Recht und wer hat Unrecht? Wessen Erinnerung stimmt, und woran können wir das festmachen? Gerade aus unserer Kindheit gibt es oft zahlreiche Erinnerungen, die sich nie oder zumindest anders zugetragen haben, an die wir uns aber als Erwachsene zum Teil sehr deutlich erinnern können. Die bekannte Psychologin Elisabeth F. Loftus hat verschiedenste Studien zu diesem Punkt durchgeführt. Eine ihrer bekanntesten und auf-

sehenerregendsten Untersuchung hatte zum Ziel, eine falsche
Erinnerung in die eigene Kindheit einzufügen (u. a. E. F. Loftus
& Pickrell, 1995; E. F. Loftus, Coan & Pickrell, 1996). Hierfür
wurden Kindern, Jugendlichen und auch Erwachsenen von ei-
nem Familienmitglied ein Kindheitserlebnis glaubwürdig erzählt.
Die verwendete Geschichte hatte immer vier Kernelemente. Die
Person hatte im Alter von fünf Jahren ihre Mutter, Eltern oder
gesamte Familie in einem größeren Einkaufszentrum verloren.
Alleine begann er oder sie zu weinen. Daraufhin nahm sich eine
ältere Dame des Kindes an und tröstete es. Schließlich wurde die
Person dank der Dame wieder mit der Familie vereint. Wiederholt
konnte Loftus zeigen, dass es bei Personen der verschiedensten
Altersgruppen gelang, diese erfundene Kindheitserinnerung ein-
zupflanzen. Ein ganz entscheidender Punkt war bei allen Fällen,
dass die Geschichte von einem Elternteil oder einem älteren
Geschwister erzählt wurde. Selbst als Erwachsene beeinflussen
uns demnach ältere Familienmitglieder, denen wir unbewusst
eine höhere Autorität bei diesen frühen Erfahrungen zuspre-
chen. Gespräche mit Eltern, Geschwistern, Bekannten oder auch
Freunden wirken, meist ohne dass wir uns dessen bewusst sind,
auf unsere Sichtweise von Ereignissen ein und können diese
verändern.

Ein weiteres prominentes Beispiel für falsche Erinnerungen
stellen Schilderungen von Entführungen durch Außerirdische
(Abb. 3.5) dar. Diese Berichte können äußerst detailliert und
auch emotional besetzt sein. Beides sind wichtige Kriterien, die
ursprünglich für das Erinnern wahrer Gegebenheiten reserviert
zu sein schienen.

Des Weiteren gibt es Fälle von sexuellem Missbrauch, die
sich anhand von DNS-Untersuchungen als falsch herausstellten.
Gerade bei solchen einschneidenden, traumatischen Erfahrungen
treffen falsche Erinnerungen einen ganz empfindlichen Punkt.
Die betroffenen Personen sind der festen Überzeugung, dass sie
entführt oder missbraucht wurden. Dieses für sie bedeutsame
Erlebnis verändert nicht nur ihr eigenes Selbstbild erheblich,
sondern es beeinflusst auch ihre Einstellung gegenüber ihren

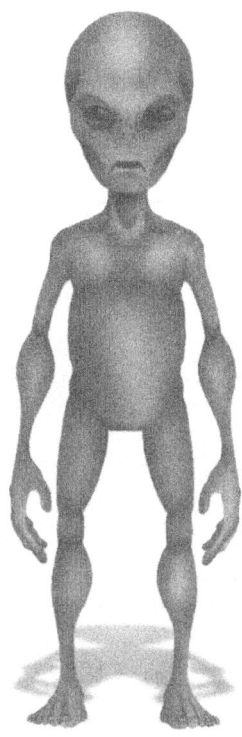

Abb. 3.5 Bild eines grauen Außerirdischen entsprechend der Vorstellung der meisten Menschen.

Mitmenschen. Versuchen wir nur für einen kurzen Moment, uns in eine solche Situation hineinzuversetzen. Wir erinnern uns an eine traumatische Erfahrung und erfahren zu einem späteren Zeitpunkt, dass sich dieses Ereignis nicht oder anders zugetragen hat. Wie gehen wir mit diesem Wissen um? Im Laufe dieses Kapitels wird dieser sehr schwierige Punkt näher behandelt.

Doch zuerst soll geklärt werden, welche Formen von falschen Erinnerungen bisher beschrieben und untersucht wurden. Hierbei ist es wichtig, noch einmal hervorzuheben, dass unter den Sammelbegriff der falschen Erinnerungen sowohl die Erinnerung an ein vollständiges Erlebnis (Entführung durch

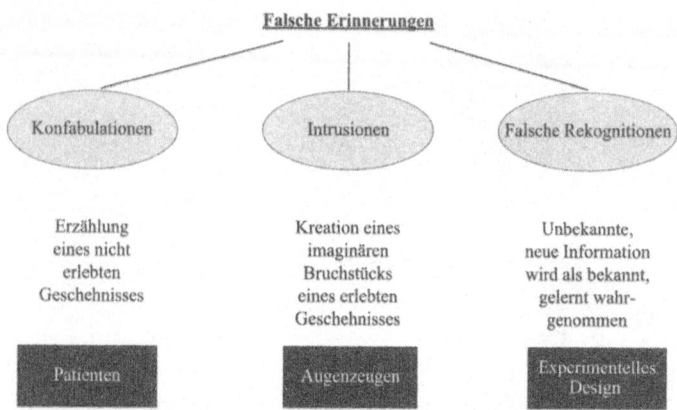

Abb. 3.6 Säulenartige Darstellung der drei am häufigsten untersuchten Formen von falschen Erinnerungen. Unten sind beispielhaft Bereiche angegeben, in denen bereits der jeweilige Typ beschrieben wurde.

Außerirdische) als auch einzelne Abschnitte oder Details eines Ereignisses fallen. Falsche Erinnerungen sind demnach ähnlich mannigfaltig, wie wir es bereits schon von richtigen Erinnerungen kennengelernt haben.

In den nächsten Abschnitten wird auf drei verschiedene Formen von falschen Erinnerungen genauer eingegangen, die in der Literatur oft behandelt werden: Konfabulationen, Intrusionen und falsche Rekognitionen (Abb. 3.6).

Auch wenn im Folgenden versucht wird, klare Definitionen für diese Formen von falschen Erinnerungen zu geben, darf nicht vergessen werden, dass es immer wieder zu Zwischen- und Mischformen kommen kann. Gerade unter enormem Stress, sowohl bei der Einspeicherung neuer Erlebnisse als auch während des Abrufes, kann tatsächlich Erlebtes sich mit Imaginärem vermischen, oder das Zeitkontinuum unserer Erinnerungen wird gestört. Daher finden sich auch die eindringlichsten Beispiele für falsche Erinnerungen bei Menschen, die traumatische Erfahrungen gemacht haben.

Konfabulationen

Das Wort **Konfabulation** tauchte erstmals im 15. Jahrhundert auf und stammt aus dem Spätlateinischen (*confabulatio* = Gespräch, Unterredung). Der Neuropsychiater Sergei Sergeivich Korsakow (1854–1900) beschrieb 1880 als Erster das Phänomen der Konfabulationen im Zusammenhang mit Gedächtnis. Korsakow behandelte Patienten, die seit vielen Jahren alkoholabhängig waren und unter Gedächtnisstörungen (**Amnesien**) litten. Nach ihm wurde das durch übermäßigen Alkoholkonsum ausgelöste Korsakow-Syndrom benannt, bei dem das Erinnern an Vergangenes und das Behalten gegenwärtiger Ereignisse beeinträchtigt sind. Des Weiteren fühlen sich die Betroffenen öfters desorientiert, und sie berichten häufig von Ereignissen, die sich in der Realität objektiv nicht zugetragen haben.

Konfabulationen wurden ursprünglich als Verfälschungen von tatsächlich erlebten Ereignissen definiert, die bei vollem Bewusstsein erzeugt werden und immer mit einer durch organische Hirnschädigung ausgelösten Gedächtnisstörung der betroffenen Person einhergingen (Berlyne, 1972). Diese Definition bezog sich vor allem auf Patienten mit Hirnschädigungen, die **spontane Konfabulationen** als ein Merkmal ihrer Erkrankung aufzeigten. Langjähriger Missbrauch von Alkohol führt zu schädlichen Veränderungen unter anderem innerhalb des Stirnhirns. Heute ist bekannt, dass Konfabulationen ebenfalls ein Symptom bei Gehirnverletzungen durch äußere Umstände, Alzheimer wie auch Hirntumoren sein kann. Die Verletzung liegt dabei immer im Stirnhirn; dies gilt sowohl für den Fall der äußeren Verletzung als auch für die Auswirkungen von Hirntumoren im Stirnhirn. Eine Schädigung beziehungsweise ein Riss der *Arteria communicans anterior*, eine der wichtigsten Versorgungsarterien für diesen frontalen Hirnbereich, kann eine primäre Ursache für Konfabulationen sein. Bei Alzheimer führt im fortgeschrittenen Stadium die Gewebeveränderung im gesamten Cortex – und damit auch im Stirnhirn – zu vergleichbaren Beeinträchtigungen des Gedächtnisses.

In der Literatur gibt es viele Beschreibungen von spontanen Konfabulationen: eine 59-jährige Frau, die der festen Überzeugung war, dass sie sofort die Klinik verlassen und nach Hause zu ihrem kleinen Kind fahren müsse, ein ehemaliger Arzt, der behauptete, er müsse jetzt wirklich gehen und sich um seine Patienten kümmern (siehe auch Schnider, 2001). Ein Außenstehender, der die Krankheitsgeschichte (Anamnese) dieser Leute nicht kennt, würde in den Aussagen nichts Verwunderliches feststellen können. Vermutlich würde man sich sogar darum bemühen, der berichtenden Person zu helfen. In dem obigen Beispiel wurde die Frau in ein Krankenhaus eingewiesen, da bei ihr eine Schädigung im Stirnhirn durch ein geplatztes Aneurysma (eine Vergrößerung oder Auswölbung einer Arterie) an der *Arteria communicans anterior* aufgetreten war. Diese Verletzung führte dazu, dass sie den zeitlichen Bezug ihrer Erinnerungen nicht mehr herstellen konnte. Die Patientin hatte tatsächlich ein Kind, allerdings war dieses zu dem Zeitpunkt, als sie sich im Krankenhaus aufhielt, bereits über 30 Jahre alt und bedurfte nicht mehr ihrer mütterlichen Fürsorge. Aufgrund der Verletzung in ihrem Gehirn konnte die Patientin die Information, dass ihr Kind bereits erwachsen war, nicht mehr in den aktuellen Kontext übertragen.

Das verbindende Merkmal spontaner Konfabulationen ist, dass diese ohne einen äußeren Auslöser produziert werden. Die betroffenen Personen sind nicht mehr in der Lage, die zeitliche Reihenfolge von Ereignissen herzustellen oder selbst erlebte Erfahrungen von imaginären richtig auseinanderzuhalten. Dies resultiert in einer Vermischung von verschiedenen Erinnerungen, persönlich erlebten als auch aus anderer Quelle erfahrenen, die nicht miteinander in einem Zusammenhang stehen müssen.

Der Schwerpunkt wissenschaftlicher Untersuchungen liegt zwar bei spontanen Konfabulationen von Patienten mit Hirnschädigungen, aber es gibt auch Fälle, in denen Konfabulationen auch ohne eine strukturelle Schädigung des Gehirns auftreten. Zu Beginn dieses Kapitels wurde das Beispiel von Personen zitiert, die der festen Überzeugung sind, dass sie von

Außerirdischen entführt wurden. So weltfremd und unglaubwürdig sich eine solche Äußerung für die meisten anhört, so real und gefestigt sind diese Erinnerungen im Gedächtnis der Betroffenen verankert. Bei einer Suche im Internet nach den englischen Begriffen *alien abduction* – Entführung durch Außerirdische – tauchen über eine Million Seiten auf. Es gibt wissenschaftliche Bücher zu diesem Thema, Symposien und vor allem viele Menschen, die einen solchen Vorfall als persönliches Erlebnis berichten und die eine solche Erfahrung für sehr wahrscheinlich halten. Es kann davon ausgegangen werden, dass diese „entführten" Personen nicht unter den Folgen von strukturellen Schädigungen ihres Gehirns leiden, zumindest hat noch keine wissenschaftliche Studie hier einen Zusammenhang gefunden. Es muss demnach eine

Abb. 3.7 Das Bild „*The Nightmare*" – „Der Albtraum" von Henry Fuseli (1781) stellt eine Schlafparalyse dar, die mit der Wahrnehmung eines dämonischen Besuches einhergeht.

andere Ursache für die teilweise sehr ausführlichen Berichte geben. (Hierbei ist anzumerken, dass erst nachdem Berichte über angebliche Außerirdische publik wurden, Personen angaben, mit derartigen „Wesen" Kontakt gehabt zu haben.) Es ist dennoch im Einzelfall schwer zu sagen, was genau der Auslöser für diese Erzählungen ist. In einer Überblicksstudie von Holden und French (2002) konnten verschiedene Hinweise gefunden werden. Viele der Entführten haben gemein, dass sie große Verhaltensparallelen zu einer Schlafanomalie aufweisen, die bei ca. 15 Prozent der Bevölkerung auftritt: der **Schlafparalyse** (siehe auch Abb. 3.7; Hufford, 1982).

Die Schlafparalyse beschreibt einen häufig beängstigenden Zustand der bewussten Lähmung, der vorwiegend kurz vor dem Einschlafen oder dem endgültigen Erwachen auftreten kann. In dieser Phase kann die Person weder sprechen noch sich bewegen, der Körper ist, vergleichbar mit seinem Zustand im REM-Stadium, wie gelähmt (siehe auch Kapitel 2). Allerdings ist sich die Person ihres Zustands während einer Schlafparalyse durchaus bewusst. Zusätzlich treten in diesem Stadium Phänomene auf, dass etwas gesehen oder gehört wird, das nicht wirklich da ist. Diese Wahrnehmungen zwischen Schlafen und Wachen werden auch als **hypnopompe** (kurz vor dem Erwachen) oder **hypnagoge** (kurz vor dem Einschlafen) Halluzinationen bezeichnet. Diese Halluzinationen führen zu albtraumähnlichen Zuständen. Diese Sinnestäuschungen treten in vielfältigen Varianten auf, beispielsweise hat man das Gefühl zu schweben, den Eindruck eines elektrischen Kribbelns am ganzen Körper, man hört laute summende Töne, sieht grelle Lichtblitze oder sogar Gestalten, die in der Nähe des Bettes schweben. Auch wenn die Zeitspanne derartiger Sinneseindrücke meist nicht länger als ein paar Sekunden umfasst, hinterlässt sie dennoch einen bleibenden Eindruck bei den Betroffenen. Diese bemühen sich, ihre Erfahrungen in eine für sie greifbare, verständliche Deutung ihrer Wahrnehmungen umzuformen. Eine hier häufig genannte Erklärung ihrer Sinneseindrücke durch die Betroffenen ist zum Beispiel der Eingriff von Außerirdischen in ihr Leben. Wiederum suchen einige Personen Unterstützung und Hilfe bei Hypnosetherapeuten, um dieses scheinbar übersinnliche Erlebnis besser verstehen zu können. Fatalerweise kann auf diesem Wege sogar der Eindruck einer Entführung verstärkt und gefestigt werden. So bilden Menschen, die sich lebhaft an eine solche Entführung durch Außerirdische erinnern, unter kontrollierten Forschungsbedingungen mit einer höheren Wahrscheinlichkeit falsche Erinnerungen aus als Personen, die zwar durchaus glauben, entführt worden zu sein, aber keine wirklichen, fassbaren Erinnerungen daran besitzen (Clancy et al., 2002).

Diese Untersuchungen zeigen, dass spontane Konfabulationen auch durch weitere Faktoren als nur durch eine direkte organische Verletzung des Gehirns entstehen können. Scheinbar wirklich zugetragene Erlebnisse, wie zum Beispiel Halluzinationen während einer Schlafparalyse, die außerhalb unseres Erfahrungsbereiches liegen, können dazu führen, dass Konfabulationen als Erklärung und zum Schutz des Selbstbildes gebildet werden. Hierbei werden wir stark durch unser Vorwissen, also uns bekannte Geschichten und Legenden, beeinflusst, die uns zu einer subjektiv greifbaren Erklärung führen, wie zum Beispiel die Entführung durch Außerirdische.

Der Glaube an Außerirdische und ihren Eingriff in unser Leben zeigt auch, dass spontane und die im nächsten Abschnitt beschriebenen provozierten Konfabulationen fließend ineinander übergehen können. Auch wenn zum Beispiel durch Eindrücke bei einer Schlafparalyse im Gedächtnis bereits eine Entführungsepisode ausgebildet wurde, so wird diese durch Hypnose, Gespräche und Nachfragen immer weiter verstärkt und ausgebaut werden.

In einem solchen Fall spricht man auch von **provozierten Konfabulationen**, die die zweite Variante dieser Form von falschen Erinnerungen darstellen. Durch gezielte, spezifische Befragungen, Suggestionen oder auch durch glaubhafte Vermittlung von Fehlinformationen können Konfabulationen forciert werden (siehe Tab. 3.1).

Tab. 3.1: Beispiele für die Auslösung provozierter Konfabulation.

Befragung	Suggestion	Vermittlung von Fehlinformation
Wie sah der Außerirdische genau aus?	Kann es sein, dass Sie ein großes, graues Wesen gesehen haben, das nicht ganz menschlich war?	Ein Nachbar hat berichtet, dass er durch ein Fenster eine seltsame große Gestalt bei Ihnen gesehen hat.

In einer Studie von Zaragoza und Kollegen (2001) wurden gesunde Probanden hinsichtlich dieses Phänomens untersucht. Die zu diesem Zweck verwendete Methode war angelehnt an Zeugenbefragungen, wie sie auch im Rahmen einer polizeilichen Untersuchung vorkommen. Dazu wurde den Probanden ein achtminütiger Filmausschnitt eines Actionfilms gezeigt. Die in dieser Filmsequenz präsentierte Handlung legte die Schlussfolgerung nahe, dass der gezeigte Schauspieler beispielsweise bei einem Kampf verletzt wurde. Allerdings wurde keine Szene gezeigt, in der er sich tatsächlich verletzte. Im direkten Anschluss an die Vorführung mussten die Testpersonen zwölf Fragen zu dem gesehenen Filmausschnitt beantworten. Die gestellten Fragen beinhalteten lediglich acht tatsächlich gezeigte Fakten, während die restlichen vier falsche (nicht im Film präsentierte) Informationen betrafen. Die Probanden wurden angehalten, ausführliche Antworten zu geben. Sie sollten die jeweiligen Situationen genau beschreiben und wurden hierbei auch von den Forschern durch gezielte Bestätigungen bestärkt. Eine Woche später absolvierten die Testpersonen einen weiteren Test. In diesem Fall handelte es sich jedoch um einen Wiedererkennungstest, der sowohl tatsächliche Fakten aus der Filmsequenz als auch suggerierte und für mögliche Konfabulationen unterstützende Informationen enthielt. Die Ergebnisse dieser weiteren Untersuchung zeigten, dass die Probanden am Ende bei vielen der suggestiv unterstellten Informationen tatsächlich der Überzeugung waren, dass sie diese auch wirklich innerhalb der präsentierten Filmsequenz wahrgenommen hatten.

Bisher ist nicht geklärt, welche Hirnregionen für diese provozierten Formen von Konfabulationen verantwortlich sind. Es kann allerdings festgehalten werden, dass durch Beeinflussungen wie Suggestion, wiederholtes Nachhaken, bestätigende oder verneinende Reaktionen sowie der gewollten oder ungewollten Vermittlung von Fehlinformationen die Erinnerung eines Menschen deutlich verändert werden kann. Hierbei können sogar ganze Handlungsstränge, die sowohl tatsächlich erlebte Informationen als auch von außen zugeführte Fehlinformationen beinhalten, zu einer logisch nachvollziehbaren Erinnerung verknüpft werden. Dieser Prozess kann bis zu einem Punkt gelangen, wo eine Unterscheidung zwischen Realität und Imagination schier unmöglich ist.

Eine große und manchmal sogar fatale Auswirkung haben provozierte Konfabulationen vor allem bei der polizeilichen Befragung von Augenzeugen. Hier können Ermittler durch leitende Fragen die Aussage eines Zeugen in eine bestimmte Richtung lenken. Die Ausführungen zu den provozierten Konfabulationen verdeutlichen die potentiellen Gefahren für Ermittlungsverfahren: Dauern die Befragungen des Augenzeugen länger an, kann sich die Erinnerung an den Vorfall irreversibel verändern. Hierbei müssen sich die Ermittler ihrer Lenkung noch nicht einmal bewusst sein. Es sind vor allem diese unbewussten und damit in Bezug auf die Aussagen der Augenzeugen unreflektierten Lenkungen des Ermittlers, die die eigentliche Problematik der provozierten Konfabulationen und somit falschen Erinnerungen bei einer Rekonstruktion des tatsächlichen Tathergangs oder Geschehens darstellen.

Das Faszinierende und Bedeutende bei Konfabulationen – spontaner wie auch provozierter Natur – ist, dass die entsprechende Person vollkommen davon überzeugt ist, die Wahrheit zu erzählen. Sie ist sich also der eigenen Falschaussage in keiner Form bewusst und reagiert somit irritiert und abweisend, wenn ihr diese als falsch oder erfunden unterstellt wird. Vor allem die Tatsache, dass Konfabulationen, insbesondere spontane, überwiegend auf Erinnerungen aus der eigenen Biographie aufgebaut sind, macht sie zu einer der schwerwiegenderen Formen von falschen Erinnerungen für den betroffenen Menschen. Ebenso können aber auch Erinnerungen von Entführungen durch Außerirdische die eigene Weltanschauung maßgeblich beeinflussen.

Unsere Selbsteinschätzung, unser Verständnis davon, wie etwas funktioniert, die Art und Weise, wie wir handeln und reagieren, all das basiert auf unseren als real empfundenen Erinnerungen. Konfabulationen verändern unser Gedächtnis und können dadurch auch weitreichende Folgen für unser Verhalten und unsere Lebensführung haben.

Intrusionen

Intrusionen bezeichnen Einschübe beziehungsweise einzelne Abschnitte eines Erlebnisses. Im Gegensatz zu Konfabulationen, die ganze Ereignisabläufe beschreiben, betreffen Intrusionen nur Teile von tatsächlich erlebten Ereignissen. Der Begriff der Intrusion ist vor allem aus dem Bereich der Traumapsychologie bekannt (siehe Box 3.3). Erst in neuerer Zeit wurde dieser Begriff auch für eine Form der falschen Erinnerungen benutzt.

Box 3.3: Intrusionen nach einer traumatischen Erfahrung

In der Traumapsychologie definieren Intrusionen das lebhafte Wiedererleben von traumatischen Erfahrungen, die plötzlich in den Alltag einbrechen. Einen besonders schweren Fall von Intrusionen stellen die so genannten **Flashbacks** dar. Betroffene erleben hierbei für einige Sekunden bis hin zu wenigen Minuten die traumatische Erfahrung noch einmal so, wie sie sie damals erlebt hatten. Auslöser (Trigger) für solch intensive Flashbacks können verschiedenster Natur sein. Besonders Düfte, bestimmte Geräusche, aber auch andere Sinneswahrnehmungen können solche spontanen Intrusionen in Form von Flashbacks auslösen.

Intrusionen gehören daher auch zu den charakteristischen Merkmalen der posttraumatischen Belastungsstörung (PTBS). In den letzten Jahrzehnten ist diese Störung in der Bevölkerung vor allem durch

Berichte von amerikanischen Soldaten der 1970er Jahre bekannt geworden. Die Soldaten zeigten nach ihrer Rückkehr aus Vietnam schwerwiegende Verhaltensänderungen, die auf das Erleben von traumatischen Situationen zurückzuführen waren (Post-Vietnam-Syndrom; Shatan, 1972). Das Standardwerk „Diagnostisches und Statistisches Handbuch psychischer Störungen" (DSM-IV, American Psychiatric Association, 2000) charakterisiert ein traumatisches Erlebnis als eines, das den tatsächlichen oder drohenden Tod oder ernsthafte Verletzung oder eine Gefahr der körperlichen Unversehrtheit der eigenen Person oder anderer Personen beinhaltet. Beispiele hierfür gibt es leider viele, unter anderem Krieg, Kindesmisshandlung, Folter, Unfall, Katastrophen, sexueller Missbrauch, aber auch schwere Krankheiten. Während dieser Erlebnisse werden Gefühle wie Hilflosigkeit, intensive Furcht und Entsetzen wahrgenommen (siehe Abb. 3.8).

Neben den beschriebenen Intrusionen zählt auch die Vermeidung (englisch *avoidance*) von Erinnerungen stimulierender Auslöser und eine physische Übererregung (englisch *hyperarousal*) zu Symptomen der PTBS. Letzteres beinhaltet unter anderem Panikattacken, die plötzlich und sogar auch in einer vertrauten Umgebung einsetzen können. Währenddessen fühlt sich die Person überwältigt von den Gefühlen der Hilflosigkeit und Angst, wie sie sie während der traumatischen Erfahrung erlebt hat. Es ist hierbei auch möglich, dass der Betroffene selbst nicht in der Lage ist, diese Panikzustände mit dem Trauma in Verbindung zu bringen. Zwar kann derjenige nach einer solchen Attacke die eben erlebte Situation schildern, im Gegensatz zu den Flashbacks werden aber keine Anhaltspunkte des ursprünglichen Traumas wiedererlebt. Beispiele für solche Situationen gibt es von Patienten, die, während sie anästhesiert operiert werden, in eine Art Wachzustand kommen (Osterman et al., 2001). Teilweise wissen diese Menschen im Nachhinein nicht mehr, dass sie Teile der Operation erlebt haben. Eine Folge kann die Ausbildung von unspezifischen Panikattacken und Albträumen sein.

Warum einige Menschen anfälliger für die Ausbildung einer PTBS zu sein scheinen als andere, ist bis heute nicht endgültig geklärt. Eine Annahme beruht darauf, dass die kognitiven Prozesse (Denkprozesse), die während des Erlebens stattfinden, einen entscheidenden Faktor darstellen. Es ist bedeutsam, in welcher psychischen als auch physischen Verfassung man sich während des trau-

Abb. 3.8 Beispiele für traumatische Erfahrungen. A) zeigt den Test eines Flugzeugabsturzes, B) das Auftreffen des Tsunamis von 2004 auf die Küste Thailands.

matischen Vorfalls befindet. Da es nicht möglich ist, direkt während des Erlebens eines Traumas Daten zu sammeln, haben sich Forscher bemüht, Methoden zu entwickeln, mit denen ein Einblick in die möglichen Grundlagen einer PTBS gewonnen werden kann. So wurden in einer Studie von Holmes und Kollegen (2004) gesunden Probanden Filme vorgeführt, die an traumatische Ereignisse angelehnt waren. Die Ergebnisse zeigten, dass während des Betrachtens des Films eine verringerte Herzfrequenz einen Hinweis für die spätere Ausbildung von Intrusionen darstellte. Eine verringerte Herzfrequenz weist vermutlich darauf hin, dass die Testpersonen bei der Betrachtung des Films in eine Form des Schocks, verbunden mit einem Gefühl der Hilflosigkeit, geraten. Eine weitere Wechselbeziehung konnte zwischen einer vorab ermittelten höheren Anfälligkeit für **Dissoziationen** (Abgrenzungen) und einer höheren Anzahl von Intrusionen ermittelt werden. Unter Dissoziationen wird hier die Spaltung der normalerweise eng miteinander verknüpften Funktionen von Bewusstsein, Identität und Wahrnehmung verstanden. Ein Beispiel hierfür wäre, dass man während einer traumatischen Erfahrung das Gefühl hat, neben sich zu stehen. Die Situation wird nicht als etwas reell Erlebtes wahrgenommen, sondern in dem Gefühl, nur als eine Art Beobachter das alles zu erdulden. Derartige Verzerrungen der eigenen Wahrnehmung fördern die Ausbildung einer PTBS und sind ein deutlicher Hinweis für die Ausbildung einer solchen Störung (Holmes et al., 2005; Merckelbach et al., 2003). Die verringerte Herzfrequenz wird ebenso mit einer höheren Wahrscheinlichkeit für die Ausbildung von Dissoziationen in Verbindung gesetzt (Nijenhuis, Vanderlinden & Spinhoven, 1998). Wichtige Momente für das Entstehen einer PTBS liegen aller Wahrscheinlichkeit nach auch in der kindlichen und insbesondere frühkindlichen Entwicklung. Verlief diese behütet, so dass das Kind einerseits explorativ die Umwelt erkunden konnte, andererseits immer wieder in den sicheren Hafen der Elternliebe zurückkehren konnte, so bietet dies einen bedeutenden Schutz gegenüber der Entstehung posttraumatischer Belastungsstörungen. Eine fragile Kindheit, wie beispielsweise das Aufwachsen unter sehr negativen Bedingungen in russischen oder rumänischen Waisenhäusern, wirkt dagegen selbst dann noch nach Jahren nachteilig, wenn diese Kinder inzwischen seit Jahren von nordamerikansichen Eltern adoptiert und in deren Familien integriert worden waren (Fries et al., 2005).

Intrusionen beschreiben im Rahmen der falschen Erinnerungen die Ausbildung von Teilerinnerungen beziehungsweise -informationen, die nicht zu einem früheren Zeitpunkt präsentiert oder gelernt wurden. Eine häufig angewandte Methode, um die Anfälligkeit für und Häufigkeit von Intrusionen zu untersuchen, ist der Einsatz von Wortlisten. Den Probanden werden

Tab. 3.2: Beispiele für Wortlisten, die zur Provokation von semantischen Intrusionen genutzt werden können.

Liste	Wörter
ohne Bezug	Haus, Eiche, Katze, Himmel, Witz, Kabel, Papier, Adresse, Radio, Gefühl, Kissen, Diamant, Spiegel, Uhr, Video
inhaltlich verknüpft	Pferd, Maus, Schwein, Wolf, Hirsch, Stuhl, Schrank, Kommode, Hocker, Vitrine, Grün, Violett, Gelb, Blau, Braun

dazu verschiedene Listen mit Wörtern zum Lernen vorgegeben. Anschließend werden sie gebeten, alle Wörter frei wiederzugeben (freier Abruf), an die sie sich noch erinnern können. In Tabelle 3.2 werden Beispiele für zwei verschiedene Varianten von derartigen Wortlisten gezeigt. Bereits bei der ersten Variante, bei der die einzelnen zu lernenden Wörter inhaltlich in keinem Zusammenhang zueinander stehen, konnten Intrusionen beim freien Abruf festgestellt werden. So könnte beispielsweise „Schmuck" anstelle von „Diamant" oder „Buche" anstelle von „Eiche" genannt werden. Wurden den Testpersonen jedoch Listen mit inhaltlich verknüpften Wörtern vorgegeben, erhöhte sich die Anzahl der korrekt wiedergegebenen Worte (Cohen, 1963). Parallel hierzu wurden allerdings auch mehr Intrusionen gebildet.

Es kann hierbei vorkommen, dass die Testpersonen beispielsweise auch „Hund" oder „Tisch" sagen (falscher Abruf), obwohl diese beiden Begriffe während der Lernphase nicht präsentiert wurden. Jedoch überschritten solche in Studien induzierten semantischen (inhaltlich verknüpften) Intrusionen selten die Fünf-Prozent-Marke (Bjorklund & Muir, 1988). Diese Rate konnte aber erhöht werden, wenn der Abruf zeitlich verzögert wurde oder die Probanden zwischen der Lernphase und dem freien Abruf eine kurze, inhaltlich von der Lernaufgabe unabhängige Tätigkeit ausübten. Die Bildung der semantischen Intrusionen scheint dadurch verursacht zu werden, dass Kategorien oder Oberbegriffe, zum Beispiel „Tiere" oder „Möbelstücke", unbewusst für die einzelnen Wörter gebildet werden. Dies ist beim

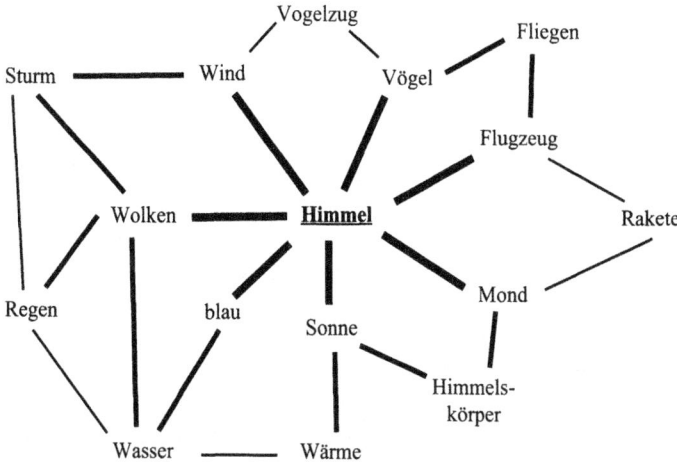

Abb. 3.9 Ausgehend von dem Begriff „Himmel" sind verschiedene weitere Begriffe/Konzepte mit diesem verknüpft und können bewusst oder auch unbewusst aktiviert und abgerufen werden.

Lernen sinnvoll, da es die Einspeicherung längerer Wortlisten erleichtert und der Oberbegriff außerdem als ein nützlicher Hinweisreiz für den späteren Abruf dienen kann.

Auch im Alltag ist ein solches Verhalten äußerst effektiv, da es uns erlaubt, große Mengen an Informationen sortiert in Kategorien abzuspeichern. Es gibt eine einfache Möglichkeit, diese Erklärung selbst nachzuprüfen. Nehmen wir zum Beispiel das Wort „Himmel". Legen Sie jetzt dieses Buch zur Seite und schreiben Sie alle Wörter auf, die Ihnen spontan in den Sinn kommen. Vermutlich sind auf Ihrer Liste unter anderem die Wörter „blau", „Wolke", „Sonne", „Regen" (siehe Abb. 3.9).

Das Wort „Himmel" führt dazu, dass weitere Wörter, die wir inhaltlich mit diesem verknüpft haben, aktiviert werden. Diese Verknüpfung von inhaltlich miteinander verwandten Begriffen macht einen derart gesteuerten Abruf relativ einfach.

Die Wortlisten-Methode stellt somit eine leicht durchführbare Vorgehensweise dar, die zu klaren und nachvollziehbaren Ergebnissen führt. Sie wurde daher in den letzten Jahrzehnten häufig für Untersuchungen zur Entstehung von falschen Erinnerungen verwendet. Daher soll in diesem Zusammenhang etwas ausführlicher auf ein Wortlisten-Paradigma eingegangen werden, das erstmals von dem Psychologen James Deese 1959 publiziert wurde. Ein großer Teil der Forschung zu falschen Erinnerungen im Allgemeinen und, wie später gezeigt wird, zu falschen Rekognitionen (fehlerhaftem Wiedererkennen) im Speziellen basiert auf der Arbeit von Deese. Er entwickelte 36 Wortlisten mit jeweils zwölf Wörtern, wobei die Begriffe jeder einzelnen Liste eine starke inhaltliche Verknüpfung zu einem nicht präsentierten Schlüsselwort aufwiesen. Die Probanden hörten die einzelnen Listen und sollten dann so viele der Wörter frei wiedergeben, wie sie konnten. Mit Hilfe dieser Methode gelang es Deese, eine erstaunlich hohe Rate von Intrusionen zu provozieren (vergleiche Tab. 3.3). Die Intrusionen waren hierbei die Schlüsselwörter, die zwar nicht gelernt, aber aufgrund der engen inhaltlichen Verknüpfung mit abgerufen wurden.

Tab. 3.3: 15 der insgesamt 36 Schlüsselwörter, die den Testpersonen während der Lernphase nicht präsentiert, aber beim freien Abruf genannt wurden. Daneben ist die prozentuale Häufigkeit angegeben, mit der diese Begriffe von den Probanden abgerufen wurden.

Schlüsselwörter	prozentuale Häufigkeit
Tisch	18
dunkel	10
Musik	30
Mann	32
tief	14
weich	40
Berg	36
Haus	12
schwarz	28
Hammel	4
Hand	22
kurz	30
Frucht	20
Schmetterling	0
geschmeidig	26

Wie in der Tabelle zu sehen ist, verursachten bis auf einige Ausnahmen (insgesamt waren es noch zwei weitere Schlüsselwörter, die unter zehn Prozent lagen) zwei Drittel der Wortlisten mit 20-prozentiger oder höherer Wahrscheinlichkeit semantische Intrusionen. Wichtig ist auch, dass diese Zahlen zustande kamen, obwohl der Abruf direkt nachdem die Probanden eine kurze Liste gehört hatten, stattfand. Die Wörter klangen praktisch noch in ihren Ohren, und dennoch – oder vielleicht gerade deswegen – integrierten sie die Schlüsselwörter in die wahrgenommen Listen. Deese wollte anhand dieser Listen zum einen herausfinden, warum Intrusionen entstehen, aber auch, warum ihre Häufigkeit so stark variiert (beispielsweise 0 Prozent für „Schmetterling", aber 40 Prozent für „weich") (Deese, 1959). Seine Erklärung hierfür war, dass die Wörter aus den einzelnen Listen eine **rückwärtige Assoziation** (Verknüpfung) zu den jeweiligen Schlüsselwörtern auslösten. Wir erinnern uns: Die Schlüsselwörter wurden vorgegeben, und die am häufigsten mit ihnen assoziierten Wörter bildeten anschließend die Wortlisten (vorwärts gerichtete Assoziation). Andersherum lösen aber die einzelnen Wörter in den Listen wiederum eine Assoziation mit dem Schlüsselwort aus. Diese These überprüfte Deese weiter, indem er die 36 Listen einer neuen Gruppe von Testpersonen präsentierte und sie bat, einen Wortassoziationstest durchzuführen. Sie erhielten eine Liste mit 200 Wörtern, und zu jedem schrieben sie das erste Wort auf, das ihnen dazu in den Sinn kam. Die Ergebnisse bestätigten die Vermutung von Deese, dass rückwirkende Assoziationen mit der Häufigkeit von semantischen Intrusionen bei freiem Abruf von gelernten Wortlisten übereinstimmen. Es scheint, dass einige der in den Wortlisten präsentierten Wörter enger mit den Schlüsselwörtern verknüpft waren als andere. Damit lässt sich auch der Unterschied in der prozentualen Häufigkeit der fälschlich abgerufenen Schlüsselwörter erklären. Die Grundlage für die Bildung von semantischen Intrusionen bilden die semantischen Netzwerke, auf die bereits in Kapitel 2 eingegangen wurde.

Intrusionen und Konfabulationen beschreiben demnach zwei sehr ähnliche Varianten von falschen Erinnerungen. Während Konfabulationen einen erzählerischen Charakter haben und sehr komplexe Geschichten beinhalten können, beschreiben Intrusionen den zusätzlichen Abruf von nicht gelernten Informationen zusammen mit gelernten.

Falsche Rekognitionen

Eine Rekognition beschreibt das Wiedererkennen eines vorab gelernten Reizes. Beispielsweise werden jemandem zehn Fotos von Schauspielern vorgelegt, und es soll das desjenigen herausgesucht werden, den man im vorab präsentierten Filmausschnitt gesehen hat (zum Beispiel: *Titanic* – Leonardo DiCaprio). Im Gegensatz zu Intrusionen, die beim freien Abruf von gelernten Wörtern zusätzlich unbewusst gebildet werden, entstehen falsche Rekognitionen dadurch, dass ein vorab nicht gelernter Stimulus als gelernt bewertet wird.

Eine häufig angewandte Methode, um falsche Rekognitionen zu untersuchen, sind die schon vorab erwähnten Wortlisten. Am bekanntesten ist eine Variante des von James Deese eingeführten Paradigmas, das von Henry L. Roediger III. und Kathleen McDermott überarbeitet und 1995 veröffentlicht wurde. Bei dem so genannten DRM-(Deese-Roediger-McDermott-)Paradigma hören die Probanden verschiedene Wortlisten. Im Anschluss werden ihnen jeweils einige der präsentierten Wörter, vermischt mit den Schlüsselwörtern und Worten aus nicht präsentierten Listen, gezeigt (Tab. 3.4).

So werden während der Lernphase beispielsweise die Wörter der Listen zu *schwarz*, *Brot* und *Kälte* präsentiert. Während der Rekognitionsphase werden aus jeder dieser Listen drei Wörter (jeweils das 1., 8. und 10. Wort), vermischt mit den Schlüsselwörtern der gelernten sowie auch der ungelernten Listen, und jeweils drei Wörter (ebenfalls das 1., 8. und 10. Wort) aus den ungelernten Listen gezeigt. Zu jedem einzelnen

Tab. 3.4: Fünf der insgesamt 24 entwickelten Wortlisten zusammen mit den jeweiligen Schlüsselwörtern (übersetzt nach Roediger & McDermott, 1995). Grau hinterlegt sind die Begriffe hervorgehoben, die bei einem beispielhaften Rekognitionstest gezeigt werden würden.

ungelernt	präsentiert	präsentiert	ungelernt	präsentiert	ungelernt
Fuß	schwarz	Brot	Stuhl	Kälte	Frucht
Schuh	weiß	Butter	Tisch	heiß	Apfel
Hand	dunkel	Nahrung	sitzen	Schnee	Gemüse
Zeh	Katze	essen	Beine	warm	Orange
Tritt	verschmort	Sandwich	Sitzfläche	Winter	Kiwi
Sandale	Nacht	Roggen	Couch	Eis	Zitrone
Fußball	Beerdigung	Marmelade	Schreibtisch	nass	reif
Hof	Farbe	Milch	Lehnstuhl	kühl	Pfirsich
Spaziergang	Trauer	Mehl	Sofa	frostig	Banane
Knöchel	blau	Konfitüre	Holz	Hitze	Beere
Arm	Tod	Teig	Kissen	Wetter	Kirsche
Stiefel	Tinte	Kruste	drehen	Erfrierung	Korb
Zoll (inch)*	Tiefpunkt	Scheibe	Schemel	Luft	Saft
Socke	Kohle	Wein	Tagung	Frösteln	Salat
Geruch	braun	Laib	schaukeln	Arktis	Schüssel
Mund	grau	Toast	Bank	Reif	Cocktail

* Amerikanische Längenmaße: Inch und Feet.

Wort werden die Probanden aufgefordert, eine bekannt/unbekannt-Aussage zu treffen. Gerade die Schlüsselwörter werden hierbei oft fälschlicherweise als vorab gelernt bezeichnet.

Wie schon bei den Untersuchungen zu Intrusionen erwies sich diese Methode als äußerst effektiv, um falsche Rekognitionen zu provozieren. Allerdings hat sie für diese Form der falschen Erinnerungen auch ihre Nachteile. So müssen den Testpersonen große Mengen von Wörtern während der Lernphase dargeboten werden, um eine verhältnismäßig kleine Anzahl von Schlüsselwörtern zu testen. Des Weiteren ist das Lernen von Wörterlisten unserem Alltag sehr fern, und es erhob sich die Frage, inwiefern derartige Ergebnisse auf Befunde von falschen Rekognitionen im Rahmen von beispielsweise Augenzeugenaussagen angewendet werden können.

Als eine Alternative wurde auf dem Prinzip der Wortlisten von Miller und Gazzaniga eine Methode entwickelt, bei der anstelle von Wortlisten Bilder als Stimulusmaterial verwendet wurden (1998). Den Probanden wurden komplexe, thematisch stereotypische Bilder, wie beispielsweise eine Lehrerin neben dem Lehrerpult vor der Tafel oder eine Strandszene, gezeigt. Nach einer halbstündigen Pause wurde den Probanden eine Liste von 72 Gegenständen vorgelesen, und sie sollten sich zu jedem entscheiden, ob sie es in den Bildern gesehen hatten (Antwort: ja) oder nicht (Antwort: nein). Ähnlich wie bei den Wortlisten ließen sich hierbei drei Kategorien unterscheiden. Zum einen wurden in den Bildern zu sehende sowie von den Bildern inhaltlich unabhängige Objekte genannt. Zum anderen wurden aber auch Objekte genannt, die nicht in den Bildern zu sehen waren, aber inhaltlich darin hätten vorkommen können, sogenannte **entscheidende Stimuli**. Ein entscheidender Stimulus für die Strandszene wäre beispielsweise ein großer Wasserball. Die Ergebnisse zu einem Wortlisten-Test, der mit denselben Testpersonen durchgeführt wurde, zeigten, dass die Anzahl an falschen Rekognitionen bei beiden Paradigmen vergleichbar war (falsche Rekognitionen für 50 Prozent der entscheidenden Stimuli für die Bilder und 51 Prozent für die Wortlisten).

Die Verwendung von Bildern kommt unserem Alltag zwar schon um einiges näher als die Wortlisten, dennoch bleibt diese Methode weit hinter der Mannigfaltigkeit an Informationen zurück, die wir fortwährend erleben. Bilder zeigen, wenn man es genau betrachtet, den zeitlichen Ausschnitt eines Bruchteils einer Sekunde unserer erlebten Realität. Wir nehmen aber kontinuierlich große Mengen an Informationen wahr, und jede dieser Informationen ist anfällig für die Ausbildung von falschen Erinnerungen.

In einer weiteren Studie wurde daher ein Film-Paradigma entwickelt, das genau diese Schwachstelle abdecken sollte (Kühnel, 2006). Den Probanden wurde zu Beginn ein Film mit alltäglichen Szenen gezeigt. Sie sahen beispielsweise einen Mann morgens aufstehen und eine durchaus alltägliche Routine durchführen: aufstehen, sich strecken, Zähne putzen, sich waschen. In anderen Szenen wurde eine Frau gezeigt, unter anderem wie sie beim Einkaufen in eine Parfümerie geht und dort einen Duft ausprobiert. Im Anschluss an die Filmvorführung absolvierten die Probanden einen Rekognitionstest. Hierbei wurden ihnen Bilder aus drei verschiedenen Kategorien gezeigt (siehe Abb. 3.10).

Die erste Kategorie beinhaltet Bilder, die direkt aus den gezeigten Filmszenen stammen – **Originale**. Die zweite Kategorie umfasst Bilder, die dieselbe Handlung wie die Originale zeigen, allerdings mit Veränderungen – **Ähnliche**. So zeigt das Original aus der Parfümerieszene, wie die Frau ein Parfüm auf

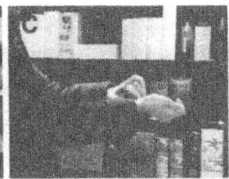

Abb. 3.10 Alle drei Bilder wurden innerhalb des Rekognitionstests verwendet. A) zeigt ein Originalbild aus dem Film, B) ein auf dieser Basis verändertes Ähnliches und C) die inhaltliche Lücke aus dem Film in Form eines Unbekannten.

ihrem rechten Handgelenk riecht. Das entsprechende Bild der Kategorie Ähnliche zeigt dieselbe Handlung, nur riecht sie hier an ihrem linken Handgelenk. Die dritte Kategorie schließlich enthält Bilder, die die fehlenden Handlungen zeigen, die zwar nicht in dem Film gezeigt werden, aber der Logik folgend stattgefunden haben müssen – **Unbekannte**. Für eine eindeutigere Erklärung der Kategorien wird die genannte Szene genauer beschrieben. Im Film wird gezeigt, wie die Frau das Parfüm aus dem Regal nimmt, wie sie es öffnet, an ihrem rechten Handgelenk riecht, die Flasche wieder ins Regal zurückstellt und den Laden verlässt. Ungesehen bleibt der Teil, in dem sie das Parfüm tatsächlich auf ihr rechtes Handgelenk sprüht. Die Ergebnisse der Studie waren eindeutig. Fast die Hälfte der gezeigten Bilder aus den Kategorien Ähnliche und Unbekannte wurden fälschlicherweise als gesehen wiedererkannt. So waren die Testpersonen unter anderem davon überzeugt, dass sie im Film gesehen haben, wie die Frau sich das Parfüm auf ihr Handgelenk sprühte. Ohne dass es den Probanden bewusst war, haben sie die fehlenden Teile der Szene den präsentierten Abschnitten hinzugefügt und dadurch schließlich eine durchgängige Szene mit einem vollständigen Handlungsablauf abgespeichert.

Diese Studie zeigte deutlich, dass es möglich ist, unter kontrollierten, wissenschaftlichen Bedingungen falsche Rekognitionen für alltagsnahes Stimulusmaterial zu provozieren. Dies war möglich, ohne dass die Probanden durch spezifische Anweisungen oder manipulierende Fragen beeinflusst wurden. Die ausgelösten falschen Rekognitionen waren demnach nicht provoziert. Es lässt sich hieraus auch wiederum folgern, dass falsche Rekognitionen sehr häufig bei polizeilichen Untersuchungen vorkommen können. Auf diesen sehr interessanten Punkt wird im weiteren Verlauf dieses Kapitels noch genauer eingegangen.

Abschließend soll hier noch einmal festgehalten werden, dass alle drei vorgestellten Formen falscher Erinnerungen – Konfabulationen, Intrusionen und falsche Rekognitionen – miteinander verwoben sind. Es kann durchaus in einigen Fällen zu Problemen kommen, wenn scharfe Grenzen zwischen ihnen gezogen werden sollen. Konfabulationen sind mit ihren teilweise sehr umfangreichen falschen Erlebnisberichten für den Betroffenen die wohl schwerwiegendste Ausprägung der falschen Erinnerungen. Intrusionen und falsche Rekognitionen können zumindest im Ansatz als eine Art Vorstufe zu Konfabulationen gesehen werden. Intrusionen, die meistens spontan ohne direkte äußere Einflüsse gebildet werden, sind im Ursprung spontanen Konfabulationen ähnlich. Des Weiteren zeigt die Bildung von falschen Rekognitionen, die durch Hinweisreize (zum Beispiel Wörter oder Bilder) beim Abrufprozess ausgelöst werden, Ähnlichkeiten zu provozierten Konfabulationen. Natürlich deuten falsche Rekognitionen, die im Rahmen einer wissenschaftlichen Untersuchung ausgelöst wurden, noch lange nicht darauf hin, dass jemand demnächst anfängt zu konfabulieren. Diese Ähnlichkeiten verdeutlichen nur, dass wir alle bis zu einem gewissen Grad und unter bestimmten Voraussetzungen anfällig für die Ausbildung von falschen Erinnerungen sind.

Entstehung falscher Erinnerungen

Wenn wir verstehen wollen, wie falsche Erinnerungen entstehen können, müssen wir uns an den Prozessen orientieren, die unserer Gedächtnisbildung zugrunde liegen. Im vorangegangenen Abschnitt wurden die verschiedenen Formen der falschen Erinnerungen vorgestellt. Gibt es für die Ausbildung einer Erinnerung an eine Entführung durch Außerirdische, für die Ausschmückung eines Ereignisses durch Intrusionen, eine falsche Zeugenaussage und den falschen Abruf oder das falsche Wiedererkennen von nicht gelernten Stimuli eine gemeinsame Erklärung? Bisher hat noch niemand für alle diese verschiedenen Formen von falschen Erinnerungen eine einzige gemeinsame Basis gefunden. Bereits in Kapitel 2 wurde gezeigt, wie komplex unser Gedächtnis arbeitet. Es sind nicht nur die Prozesse wie Einspeicherung und Abruf, die zur Ausbildung von falschen Erinnerungen beitragen können. Wichtige weitere Faktoren sind unter anderem auch Aufmerksamkeit, Vorwissen und Selbstreflexion.

Die wohl am häufigsten zitierte Erklärung für falsche Erinnerungen verschiedenster Art ist die Quellen-Überwachungstheorie, die sich darauf bezieht, dass wir den Ursprung einer Information unbewusst und ungewollt in einen neuen, falschen Zusammenhang transportieren. Ein weiterer bekannter Ansatz behandelt alltägliche Veränderungen unserer Erinnerungen, so dass wir zum Beispiel die einzelnen Abläufe eines Theaterbesuchs später falsch abrufen. Aufgrund im Vorfeld ausgebildeter Vorstellungen und Ansichten behalten wir nicht unbedingt das, was wir in dem Theater wahrnehmen, sondern vielmehr eine veränderte Version der Realität, die besser zu unserem Vorwissen passt. Erinnern wir uns hier an den eingangs beschriebenen Versuch von Bartlett mit dem indianischen Volksmärchen. Dieser verdeutlicht genau derartige Veränderungen wahrgenommener Informationen. Es hängt außerdem auch stark von der jeweiligen Situation ab, ob es mehr innere oder äußere Faktoren sind, die einen größeren Einfluss auf unsere Erinnerung haben. Ein Faktor ist unsere Aufmerksamkeit während der Einspeicherung sowie beim Abruf (zustandsabhängiges Lernen und Erinnern). Ein weiterer Faktor ist unser Vorwissen, das die Einspeicherung einer neuen Information beeinflusst. Zu diesem Vorwissen zählt auch unser Weltbild, was wir von bestimmten Menschen erwarten und wie nach unserer Erfahrung bestimmte Situationen abzulaufen haben. Falsche Erinnerungen können auch dadurch entstehen, dass andere uns von etwas überzeugen. Lange Diskussionen über ein Ereignis oder spezifisch formulierte Fragen können, wie bereits ausgeführt, den Ablauf eines Erlebnisses und wichtige Details verändern. Auch die uns Menschen eigene Fähigkeit, im Geiste auf eine Zeitreise in die Vergangenheit und Zukunft zu gehen, macht unsere Erinnerungen anfällig für Veränderungen.

Die Quelle einer Erinnerung

Jede Erinnerung hat ihren Ursprung, ihren eigenen Zusammenhang, in dem wir sie gelernt und eingespeichert haben und mit dem wir sie auch wieder abrufen. Wenn wir uns beim Klassentreffen an einen Vorfall von vor sechs Jahren erinnern, tun wir das, indem wir unsere Erinnerung an ihre Quelle zurückverfolgen und abrufen. Wir erinnern uns deutlich daran, dass bei einer Klassenfahrt beim Servieren des Essens ein Tablett mit vollen Puddingschüsseln einem Klassenkameraden aus der Hand rutschte und alles mit einem lauten Krach auf dem Boden landete. Hierbei ist für eine richtige Erinnerung die vollständige Einspeicherung gleichermaßen wichtig wie der vollständige Abruf. Wir müssen dafür den Ursprung der Erinnerung förmlich überwachen.

Die Theorie der **Quellen-Überwachung** (*Source Monitoring*) geht auf die Arbeit von Johnson, Hashtroudi und Lindsay (1993) zurück. Dieser Prozess läuft eigentlich immer ab, wenn wir uns an etwas erinnern. Jede Information, die wir lernen, ist aufgrund ihrer Einzelkomponenten in ihrem Ursprung einzigartig. Nehmen wir den Vorfall während der Klassenfahrt vor vielen Jahren. Es gibt hier einen zeitlichen, räumlichen und sozialen Rahmen, in dem sich der Vorfall ereignet hat. Des Weiteren gibt es noch das Medium, das Kommunikationsmittel, über das wir den Vorfall wahrgenommen haben, in diesem Fall waren wir selber anwesend. Andere haben es nur erzählt bekommen oder haben es auf einem Foto gesehen. Und natürlich haben unsere Sinneswahrnehmungen einen großen Einfluss auf eine erfolgreiche Quellen-Überwachung (siehe auch Abb. 3.11).

Die Quellen-Überwachung ermöglicht es uns, unsere eigenen Erinnerungen, unser Wissen und manchmal sogar auch unsere Einstellung zu speziellen Themen zu ihrem Ursprung zurückzuverfolgen. Probanden, die nach einer Lernphase die gelernten von den nicht gelernten Stimuli unterscheiden sollen, müssen sich an die Quelle der einzelnen Stimuli erinnern. Haben sie sie tatsächlich gesehen oder gehört, oder haben sie sie selber

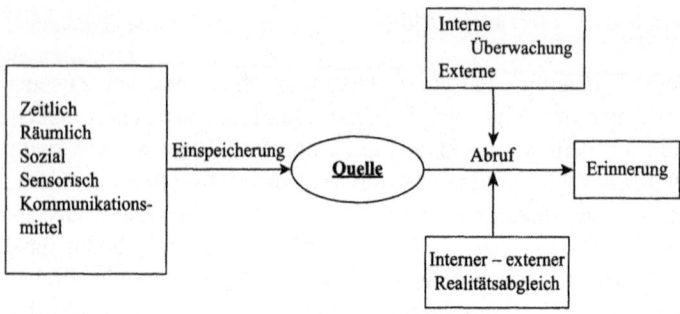

Abb. 3.11 Vereinfachte Darstellung der Theorie der Quellen-Überwachung bei der Einspeicherung und beim Abruf nach Johnson, Hashtroudi & Lindsay (1993).

gebildet aufgrund einer thematischen Ähnlichkeit? In einer alltäglichen Situation unterhalten wir uns mit Bekannten über die globale Erwärmung und erwähnen, dass wir gehört haben, dass die Welttemperatur bereits um mehrere Grad Celsius gestiegen ist. Woher haben wir diese Information? Haben wir sie aus einem wissenschaftlichen Artikel, in dem Forscher aus diesem Fachgebiet zu Wort kamen, oder haben wir in der U-Bahn die Überschrift einer Boulevardzeitung gelesen? Die Quelle der Information entscheidet hier sowohl über ihre eigene, aber auch im entscheidenden Maße über unsere Glaubwürdigkeit.

Es gibt verschiedene Elemente, die wir als Quelle einer Information abspeichern können. Wir unterhalten uns in dem Gespräch weiter über die voranschreitende globale Erwärmung, und unser Gegenüber erwähnt dabei, dass die Population der Eisbären bereits über die Hälfte geschrumpft ist. Es gibt verschiedene Teilinformationen dieses Gesprächs, an die wir uns später erinnern können. Dieses Phänomen kennen die meisten aus ihrem Alltag. So kann es sein, dass wir uns genau an das Gespräch, die Person, mit der wir es geführt haben, und auch diese spezielle Information erinnern können. In dem Fall hätten wir tatsächlich die Quelle unseres Wissens über den Bestand der Eisbären vollständig gelernt und können sie später auch ebenso vollständig abrufen. Es kann aber auch sein, dass wir uns nur an einen Teil des Gesamtereignisses erinnern und den Rest nicht abrufen können. Wir erinnern uns an die Eisbären und ihre schrumpfende Population, können aber nicht sagen, woher wir diese Information haben. Oder wir erinnern uns, dass wir uns mit dieser bestimmten Person unterhalten haben, aber das Thema fällt uns nicht mehr ein. Oder wir erinnern uns daran, dass wir uns unterhalten haben, ohne zu wissen, mit wem oder worüber. In allen Fällen haben wir ein Problem mit der Überwachung der Quelle dieses speziellen Wissens.

Allerdings kann es nicht nur bei der Einspeicherung einer Information zu Fehlern in der Quellen-Überwachung kommen. Aufgrund der vergangenen Zeit zwischen den beiden Prozessen ist der Abruf ebenfalls anfällig für Überwachungsfehler, vielleicht sogar stärker als der Prozess der Einspeicherung. Beim Abruf müssen wir vor allem drei Faktoren auf ihren Wahrheitsgehalt überprüfen: Erstens, die äußere Quelle der abgerufenen Information muss richtig zugeordnet werden (externe Quellen-Überwachung). Das bedeutet, wir müssen entscheiden, ob wir von Person A oder von Person B gehört haben, dass die Eisbären vom Aussterben bedroht sind. Zweitens müssen wir unsere eigenen, stillen Gedanken bei dem Gespräch von dem trennen, was wir tatsächlich zu diesem Thema geäußert haben (interne Quellen-Überwachung). Drittens, und das ist vielleicht der wichtigste Punkt, müssen wir in der Lage sein zu unterscheiden, welche Information wir tatsächlich gehört haben und welche Gedanken wir uns dazu während des Gesprächs, aber vor allem auch in der darauffolgenden Zeit, gemacht haben (Überwachung der Realität) (Johnson & Raye, 1981).

Es kann demnach auf zwei verschiedene Weisen zu Quellen-Überwachungsfehlern kommen. Zum einen kann es uns passieren, dass wir eine Quelle vielleicht durch geteilte Aufmerksamkeit gar nicht richtig wahrnehmen und abspeichern. Zum anderen kann es beim Abruf zu Fehlern kommen, indem wir abgerufene Informationen falsch zuordnen. Besonders gravierend zeigen sich Fehler der Quellen-Überwachung wieder einmal bei der Befragung von Augenzeugen. Hierbei kommt es häufig zu Formulierungen von Fragen, die die Antworten der Zeugen in bestimmte Richtungen lenken sollen. Wir werden auf diesen spannenden Punkt im letzten Abschnitt dieses Kapitels noch ausführlich eingehen.

Die Vorstellung, wie etwas sein soll

Erinnerungen beeinflussen sich gegenseitig. Wissen, das wir aus Zeitungen, den Nachrichten im Fernsehen oder aus Gesprächen mit Freunden erhalten, wirkt sich auf unsere Erinnerungen aus. Zu Beginn dieses Kapitels haben wir das Volksmärchen „Der Krieg der Geister" vorgestellt. Die Beispielantwort eines Studenten zeigte, dass seine vorhandene Einstellung die Geschichte in seiner Erinnerung verändert hat. Wer kennt das nicht? Wir erinnern uns an einen guten Krimi, den wir vor Jahren gelesen haben. Beim erneuten Lesen stellen wir fest, dass wir einige wichtige Fakten, die zur Auflösung des Mordes führten, vergessen haben. Andere Details haben sich in unserer Erinnerung verschoben und sich unserem Weltbild, unserer Einstellung und unserem Vorwissen angepasst. Zusammengefasst wird dies unter der **Schematheorie**, die direkt auf den Versuchen Bartletts mit der indianischen Sage aufbaut (Brewer & Treyens, 1981). Ein Schema beschreibt eine durch Vorkenntnisse erworbene Erwartungshaltung, wie gewisse Situationen abzulaufen haben. So gehen wir beispielsweise von einem ganz bestimmten Ablauf aus, wenn wir ins Kino gehen. Zuerst gehen wir an die Kasse und kaufen uns dort die Karte für den ausgewählten Film. Anschließend begeben wir uns ins Foyer, zeigen unsere Karten vor, kaufen vielleicht noch Erfrischungen und setzen uns dann in den Kinosaal. Hier in Deutschland sind wir auch daran gewöhnt, dass nach einer langen Werbeeinheit der Vorhang geschlossen wird, das Licht wieder angeht und Eisverkäufer den Saal betreten. Jeder, der schon einmal mit einem Bekannten aus dem Ausland hier ins Kino gegangen ist, sieht dessen Erstaunen, da ein solcher Vorgang außerhalb Deutschlands nicht automatisch zu jedem Kinobesuch gehört. Uns hingegen überrascht es, wenn diese in unserem Schema existierende Unterbrechung eines Kinobesuchs ausfällt, selbst dann, wenn wir überhaupt kein Eis kaufen wollen.

Wir entwickeln Schemen oder Muster für verschiedene Situationen, Tätigkeiten, aber auch für Ansichten, Einstellungen und sogar Verhaltensweisen. Die Schematheorie wird in vier grundsätzliche Prinzipien unterteilt, die aufeinander aufbauen: **Selektion**, **Abstraktion**, **Interpretation** und **Integration**. So wird von jedem beliebigen Erlebnis nur ein geringer Teil der wahrgenommenen Informationen selektiv eingespeichert (Selektion). Nur die für uns notwendigen Fakten eines Ereignisses werden wirklich eingespeichert, denn eine Fülle von Einzelheiten für ein allgemein gültigeres Schema einzuspeichern, wäre nicht effektiv. Während der Einspeicherung werden diese Informationen weiter verallgemeinert (Abstraktion), so dass beispielsweise ein Blumengebinde nicht in seiner Komplexität, welche Blumen, welche Farben, wie gesteckt, sondern nur die Tatsache – es steht ein neuer Blumenstrauß auf dem Tisch – abgespeichert wird. Das folgende dritte Prinzip, die Interpretation, ist das fehleranfälligste. Hierbei wird die neue Information mit schon älteren, abgespeicherten Erinnerungen verglichen und anhand derer interpretiert. Das ist auch der Grund, warum wir ab einem gewissen Alter nicht mehr mit kindlicher Naivität auf neue Situationen reagieren. Auch wenn Sie vielleicht noch nie in der Oper waren, so würden Sie doch automatisch diese neue Erfahrung mit älteren Besuchen in Theatern und Konzerten vergleichen und dementsprechend interpretieren. Durch diesen Prozess sind wir in der Lage, innerhalb kurzer Zeit neue Situationen einzuschätzen und angemessen auf sie zu reagieren. Das vierte Prinzip, die Integration, beschreibt schließlich den Vorgang, in dem die neue Information mit älteren, ähnlichen Erfahrungen zusammengefasst abgespeichert wird. Bei diesem Schritt ist die Gefahr am größten, dass reell Erlebtes zusammen mit falschen Informationen in einer ganzheitlichen Erinnerung abgespeichert wird.

Genau dieser letzte Punkt wurde sehr deutlich in einem weiteren Erklärungsansatz für falsche Erinnerungen von Bransford und Franks anhand ihrer **semantischen Integrationsmethode** gezeigt (1971), auf der aufbauend sie später die Theorie des **Konstruktivismus** formulierten (Bransford, Barclay & Franks, 1972). Sie kreierten zur Überprüfung Gruppen von kurzen Sätzen, die von Testpersonen gelernt wurden. Unangekündigt wurde im Anschluss an diese Lernphase ein Wiedererkennungstest durchgeführt, bei dem sowohl die gelernten Sätze als auch zwei Formen von neuen, nicht gelernten Sätzen präsentiert wurden. So hieß ein gelernter Satz beispielsweise: „Die Ameisen aßen in der Küche die Marmelade." Ein neuer Satz, der grundsätzlich den präsentierten Inhalt beibehielt, besagte: „Die süße Marmelade stand auf dem Tisch." Daneben wurden aber auch Sätze präsentiert, die dem Inhalt der gelernten Sätze zuwiderliefen, so zum Beispiel: „Die Ameisen aßen die Marmelade neben dem Holz." Der Teil „neben dem Holz" wurde in keiner Weise während der Lernphase präsentiert, war also sowohl von der Formulierung als auch vom Inhalt her neu für die Probanden. Die Testpersonen hatten keine Probleme, die Sätze mit den widersprüchlichen Inhalten richtig abzulehnen. Allerdings gelang ihnen diese klare Unterscheidung nicht bei den neuen Sätzen, die den Inhalt generell beibehielten, diesen allerdings anders formulierten. Bransford und Franks interpretierten ihre Daten derart, dass die Probanden sich nicht die Originalsätze einprägten, sondern nur deren übergeordnete Informationen und diese dann in semantische, also dem Inhalt entsprechende Strukturen integrierten. Sie bildeten ein übergeordnetes Konstrukt zu den präsentierten Sätzen. Daher wurden während der Wiedererkennungsphase die neuen inhaltlich identischen Sätze als vorab gelernt bezeichnet und nicht abgelehnt.

Inhaltliche Fehler

Ausgehend von der semantischen Integrationsmethode lassen sich auch viele der **Fehlzuordnungen** (englisch *misattribution*), wie sie unter anderem bei einer falschen Rekognition vorkommen, erklären. Beim Lernen von Wortlisten aktivieren wir auch Begriffe, die mit den präsentierten Worten inhaltlich verknüpft sind. Erinnern wir uns beispielsweise an die bereits erwähnten inhaltlichen oder auch semantischen Netze, die wir im Laufe der Zeit entwickeln (siehe auch Abb. 3.9). Wir lernen verschiedene Begriffe, einer davon ist das Wort „Himmel". Später erinnern wir uns aber auch daran, den Begriff „Regen" gelernt zu haben. Bei der Einspeicherung des Wortes „Himmel" wurde dieses Wort ebenfalls aktiviert, und aufgrund einer schnellen Abfolge der zu lernenden Wörter hatten wir keine Möglichkeit, die zusätzliche Aktivierung zu überwachen und zu unterdrücken (McDermott & Watson, 2001). Dies bedeutet, dass vermutlich jeder beliebige Begriff ein semantisch verknüpftes Netz aktiviert und sich diese Aktivierung im Netz ausbreitet. Verhindern können wir dies nur, indem wir uns selber kontrollieren. Diese Überwachung benötigt allerdings mehr Zeit, und es kann daher besonders unter Zeitdruck, Stress oder auch anderen Faktoren zu Fehlern kommen.

Es kann aber auch zu Fehlzuordnungen kommen, die weiter reichende Folgen haben. **Kryptomnesia**, auch unbewusstes Plagiat genannt, tritt auf, wenn jemand eine Idee als seine eigene ausgibt, obwohl sie in Wirklichkeit von jemand anderem stammt (Brédart, Lampinen & Defeldre, 2003). Das Wort Plagiat (abgeleitet von dem lateinischen Wort *plagium* – Menschenraub) beschreibt die widerrechtliche Nutzung geistigen Eigentums. Übernehmen wir bewusst die Melodie eines bekanntes Liedes und schreiben dazu einen eigenen Text, machen wir uns des Plagiats schuldig. Kryptomnesia entsteht allerdings unbewusst, und die jeweilige Person ist der festen Überzeugung, dass sie die Idee für einen Roman oder eine Melodie selber entwickelt hat. Ob es sich um Kryptomnesia oder doch um bewusstes Plagiat handelt, ist schwer zu prüfen. Ein berühmtes Beispiel für eine solche Fehlzuordnung konnte dem Ex-Beatle George Harrison mit seinem Lied *My Sweet Lord* (1970) nachgewiesen werden, das auf dem Lied *He's so fine* von „The Chiffons" basiert[3].

Eine weitere Form der Fehlzuordnung findet statt, wenn Eigenschaften oder Attribute unbewusst von einer Person auf eine andere übertragen werden. So konnte beispielsweise in einem Versuch gezeigt werden, dass Testpersonen unbekannten Namen eine gewisse Berühmtheit zusprachen (Jacoby et al., 1989). Dies gelang dadurch, dass die unbekannten Namen vorab zusammen mit denen von Berühmtheiten, beispielsweise Ronald Reagan, präsentiert wurden. Einen Tag später assoziierten die Probanden den Ruhm, den sie für Reagan empfanden, auch mit den unbekannten Namen. Im Alltag kennen wir diese Art der Fehlzuordnungen ebenfalls, wenn zum Beispiel das Ansehen von jemandem alleine dadurch steigt, dass es zufällig ein Foto von ihm mit einem bekannten Sänger gibt. Demnach stützen wir uns nicht nur bewusst auf das Wissen anderer, sondern wir nehmen auch unbewusst vieles wahr und verarbeiten es als eigenes Gedankengut weiter.

Neben den Fehlzuordnungen gibt es auch noch die **Fehlinformationen** (E. F. Loftus & Hoffman, 1989). Fehlinformationen beschreiben Informationen, die wir, nachdem wir etwas erlebt haben, erhalten und die unsere Erinnerung an das ursprüngliche Erlebnis verändern. In einer frühen Studie zu diesem Thema wurde Probanden ein Film eines Autounfalls gezeigt (E. F. Loftus, 1979). Anschließend wurde ein Teil der Gruppe mit irreführenden Informationen konfrontiert, beispielsweise indem anstelle des im Film gezeigten Stoppschildes tatsächlich ein Vorfahrtsschild an einer Kreuzung gestanden haben soll. Später wurden alle Probanden gebeten, den Unfall zu beschreiben. Die beeinflussten Testpersonen tendierten eher dazu, den

---

3 Vor Gericht wurde der Fall „Bright Tunes Music vs. Harrisongs Music" 1976 verhandelt. Der Richter sprach Harrison des unbewussten Plagiats für schuldig (Quelle: http://cip.law.ucla.edu/cases/case_brightharrisongs.html).

Unfallablauf zu verändern, indem sie bei der Schilderung davon ausgingen, dass an der Kreuzung wirklich ein Vorfahrts- und kein Stoppschild gestanden hat. Generell waren die Beschreibungen der Probanden, die nicht beeinflusst wurden, akkurater als die derer, die die Fehlinformationen erhalten hatten. Diese Form der Beeinflussung konnte in zahlreichen weiteren Studien nachgewiesen werden und wird auch als Fehlinformationseffekt bezeichnet (Schooler & E. F. Loftus, 1993). Teilweise reichte es sogar schon aus, wenn den Probanden eine deutende Frage gestellt wurde. So erinnerten sich mehr Testpersonen daran, dass sie ein zerbrochenes Frontlicht bei dem Unfall gesehen hatten, wenn ihnen folgende Frage gestellt wurde: „Haben Sie das zerbrochene Frontlicht gesehen?" Das entscheidende Wort in der Frage ist **„das"**. Wurde die Frage anders formuliert – „Haben Sie ein zerbrochenes Frontlicht gesehen?" –, führte dies bei weniger Probanden zu einer bejahenden Antwort (E. F. Loftus, 1979). Es können demnach schon solche Feinheiten in unserer Sprache sein, die eine Veränderung unserer eigenen Erinnerung hervorrufen. Dies geschieht zum Beispiel auch dann, wenn gefragt wird: „Wie war es, als die Autos ineinander krachten?", gegenüber „Wie war es, als die Autos zusammenstießen?" Bei der ersten Frage wird der Unfall als weit schwerwiegender beurteilt und geschildert.

Was genau den Fehlinformationseffekt auslöst, ist nicht endgültig geklärt. Einige Wissenschaftler gehen davon aus, dass die irreführende Information die ursprünglich wahrgenommene überschreibt und damit auslöscht (E. F. Loftus, 1979). Andere sehen hier eher das Problem der Interferenz (Überlagerung), indem die Fehlinformation sich mit der eigentlichen Information überschneidet und deren Abruf verhindert (Bekerian & Bowers, 1983). Somit tritt bei dieser Form der falschen Erinnerung wieder die Frage auf, wie wir vergessen (vergleiche Abb. 3.2). Des Weiteren ist es auch von Bedeutung, von wem wir die Fehlinformation erhalten. Der soziale Status sowie das Alter spielen hierbei eine große Rolle (Ceci & Bruck, 1993).

Alle diese Studien bestätigen, was die meisten von uns bereits aus eigener Erfahrung wissen: Wir erinnern uns an etwas, sind aber doch leicht zu verunsichern, wenn vertraute und angesehene Personen unsere Erinnerung komplett oder auch nur stellenweise in Zweifel ziehen. Vor allem ältere Familienmitglieder haben in solchen Situationen einen großen Einfluss auf uns und damit auch auf unsere Erinnerungen an bestimmte Begebenheiten und Erlebnisse.

Handeln ohne zu denken

Schon nach wenigen Minuten können wir uns an viele Tätigkeiten nicht mehr erinnern. Die Suche nach dem Autoschlüssel, der scheinbar per Geisterhand an den unwahrscheinlichsten Orten auftaucht, ist ein typisches Beispiel hierfür. Mit den Gedanken schon bei einer anderen Aufgabe, landet der Schlüssel einfach irgendwo. Wir sind im Geiste schon bei der nächsten Aufgabe, beispielsweise beim Abendessen, was genau wir auftischen wollen, ob wir noch schnell einmal Einkaufen fahren müssen oder nicht. Der Schlüssel ist in dieser Situation belanglos, zumindest so lange, bis wir wieder aus dem Haus gehen wollen und ihn suchen müssen, natürlich häufig unter Zeitdruck, was die Rekonstruktion der ursprünglichen Handlung zusätzlich erschwert.

Geistesabwesenheit entsteht durch fehlende Aufmerksamkeit, sowohl bei der Einspeicherung als auch beim Abruf von Informationen (Reason & Mycielska, 1982), und resultiert leider allzu oft in Problemen. Wir wissen, dass unsere Aufmerksamkeit, unsere Konzentration wichtig für die Einspeicherung von Informationen ist und vor allem auch die Verarbeitungstiefe beeinflusst. Derartige Vergesslichkeiten entstehen allerdings nicht nur dadurch, dass unsere Aufmerksamkeit aufgrund gleichzeitig ablaufender Aufgaben geteilt wird. Betrachten wir zwei weitere Beispiele.

Wir fahren mit dem Auto die Strecke von zuhause zur Arbeit. Bei der Arbeit angekommen, bemerken wir mit einem Mal, dass wir uns nicht mehr daran erinnern können, dass wir durch einen bestimmten Kreisverkehr gefahren sind. Gleichzeitig wissen wir aber, dass wir dort entlang gekommen sein müssen, da er direkt auf der Strecke liegt. Dadurch, dass wir den Weg täglich zweimal fahren, kennen wir ihn so gut, dass ein großer Teil unserer Aufmerksamkeit mit anderen Aufgaben beschäftigt ist. Ohne dass wir es merken, fahren wir praktisch so lange auf Autopilot, bis eine ungewöhnliche Situation unsere Aufmerksamkeit zurück auf den Straßenverkehr lenkt. In diesem Beispiel haben wir keine Erinnerung an die eben gefahrene Strecke und sind auch nicht in der Lage, durch intensives Nachdenken diese Information später wieder abzurufen.

Ein anderes Beispiel ist, wenn wir zuhause mit der Gießkanne in die Küche gehen, um dort frisches Wasser zu holen. In der Küche angekommen, sehen wir die noch vollen Einkaufstüten dort stehen und beginnen damit, sie auszupacken. Anschließend gehen wir ins Wohnzimmer und sehen dort, dass unsere Pflanzen Wasser benötigen. Jetzt erinnern wir uns, dass wir ja bereits die Gießkanne in die Küche getragen haben, um Wasser zum Gießen zu holen. Der Spruch „Was man nicht im Kopf hat, hat man in den Beinen" fasst diese Situation auf den Punkt zusammen. Wir wissen in diesem Fall, was wir gemacht haben, wir haben eine Erinnerung daran, aber wir haben sie für eine gewisse Zeit vergessen, da andere Aufgaben uns in Anspruch genommen haben.

Die Gemeinsamkeit zwischen diesen beiden Beispielen ist, dass es sich bei den Handlungen um Routinetätigkeiten handelt. Wir fahren täglich zur Arbeit, und wir gießen auch mehrmals in der Woche unsere Pflanzen. Solche automatisierten Tätigkeiten fördern unsere Vergesslichkeit für einen gewissen Zeitraum oder führen sogar dazu, dass wir gar keine Erinnerung für jeden dieser Handlungsabläufe ausbilden.

Auch wenn wir Geistesabwesenheit eher zu den Schwächen unseres Gedächtnisses zählen, da wir uns wie im zweiten Beispiel an die tatsächliche Handlung – die Gießkanne in die Küche tragen – erinnern können, kann fehlende Aufmerksamkeit für eine aktuelle Situation die Grundlage für eine falsche Erinnerung sein. Vor allem in wissenschaftlichen Studien wurde gezeigt, dass Probanden bei geteilter Aufmerksamkeit und darauffolgendem Abruf häufiger falsche Erinnerungen ausbilden als bei fokussierter Aufmerksamkeit. Ist unsere Aufmerksamkeit zu dem Zeitpunkt der Einspeicherung geteilt, erhöht dies die Wahrscheinlichkeit, dass wir später falsche Erinnerungen ausbilden (Seamon, Luo & Gallo, 1998). Ein weiterer Faktor, gerade im Hinblick auf unsere Aufmerksamkeit bei der Einspeicherung, ist die Art des darauffolgenden Abrufs. So konnte in einer aktuellen Studie anhand des DRM-Paradigmas gezeigt werden, dass eine geteilte Aufmerksamkeit während der Einspeicherung beim freien Abruf zu einem Anstieg von inhaltlich ähnlichen, nicht gelernten Worten führte, andererseits sank aber auch der Anteil der Fehler beim Rekognitionstest (Dewhurst et al., 2007). Die Autoren erklärten den erhöhten Anteil von ungelernten Worten beim freien Abruf damit, dass sich hierbei die innere Einstellung der Testpersonen derart verschoben hat, dass sie mit einer höheren Wahrscheinlichkeit auch ein unbekanntes Wort als gelernt wiedergaben. Zu einer solchen Verschiebung kommt es beispielsweise, wenn jemand zeigen will, wie gut sein Gedächtnis funktioniert, indem er möglichst viele Worte als gelernt angibt. Die Verminderung der Wiedererkennungsrate von ungelernten Worten erklärten die Autoren wiederum mit der geteilten Aufmerksamkeit während der Einspeicherung. Dadurch, dass die Testpersonen sich nicht vollständig auf das Lernmaterial konzentrieren konnten, bildeten sie auch weniger Verknüpfungen zwischen präsentierten und inhaltlich ähnlichen Wörtern aus. Das Bild des semantischen Netzes verdeutlicht dies: Zwar führt das Lernen der Worte zu einer Aktivierung der benachbarten Begriffe, aber die geteilte Aufmerksamkeit unterbindet eine stärkere Verknüpfung zwischen gelernten und ungelernten. Rufen wir aber Informationen frei aus unserem Gedächtnis ab, aktivieren wir beim Nachdenken wiederum die inhaltlich verknüpften

Worte zusätzlich zu den tatsächlich gelernten. Der Unterschied liegt hier demnach nicht in der Art der Einspeicherung, da in beiden Fällen die geteilte Aufmerksamkeit eine weiterreichende Aktivierung verhindert. Es ist alleine die Art des Erinnerns, die hier eher zur Ausbildung falscher Erinnerungen führen kann, oder eben nicht.

Die „Fuzzy-trace Theory" – unscharfe Spuren in unserem Gedächtnis

Ein umfangreiches Modell zur Erklärung der Bildung von falschen Erinnerungen stammt von Brainerd und Reyna (2001). Sie nennen ihre Theorie „Fuzzy-trace Theory", was sich am ehesten mit „Theorie der unscharfen Spur" übersetzen lässt. Die Grundlage ihrer Annahme liegt in der bereits bekannten Vorstellung Tulvings des *Remember-Know-Paradigmas*, dass bei einem Erinnerungsabruf zwei aufeinanderfolgende Prozesse ablaufen: Familiarität (Vertrautheitsgefühl), gefolgt von tatsächlichem Erinnern. Die Familiarität wird hier mit der **Gist** (dem Wesentlichen) eines Ereignisses gleichgesetzt. Das tatsächliche Erinnern bezeichnen die Autoren mit **Verbatim** (wörtlich, wortgetreu). Innerhalb der Theorie haben die Autoren fünf Prinzipien unterschieden (vergleiche Abb. 3.12).

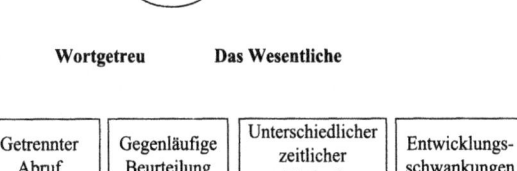

Abb. 3.12 Es gibt fünf Gründe, die für die Entstehung einer schwachen Erinnerung, der Basis einer falschen Erinnerung, verantwortlich sein können (Brainerd & Reyna, 2001).

Das erste Prinzip besagt, dass sowohl beide Inhalte einer Information parallel gespeichert werden und dass dies bereits innerhalb der ersten Sekunde nach der Präsentation geschieht (Reyna & Brainerd, 1992; Abrams & Greenwald, 2002). Die wortgetreue Information ermöglicht es später, das Ereignis vollständig und detailliert wieder abzurufen und zu erleben. Hingegen beinhaltet das Wesentliche eine Interpretation des allgemeinen Inhalts des Ereignisses. Dies zeigt sich wieder besonders gut bei den bereits bekannten Wortlisten. Wird uns beispielsweise eine Liste mit den Worten „Auto, Glas, Kuchen, Teller, Keks, Fahrrad" gegeben, wäre das Wesentliche, die wesentliche Information, dass es sich um Begriffe aus den Bereichen Geschirr, Transportmittel und Nahrung handelt.

Der Abruf wiederum kann für jeden Informationsbestandteil getrennt ablaufen, meist abhängig davon, was der Auslöser des Abrufs ist. Werden uns für den Abruf der Information Stimuli aus der Lernphase präsentiert, werden eher wortgetreue Informationen erinnert (Reyna, Holliday & Marche, 2002). Werden andererseits den Testpersonen inhaltlich ähnliche Begriffe zu den vorab gelernten gezeigt, werden sie eher nur das wesentliche, übergeordnete Wissen der zuvor gelernten Informationen abrufen (Reyna, 1998).

Das dritte Prinzip beinhaltet die gegenläufige Beurteilung der beiden Anteile einer Information: dem Wesentlichen und dem Wortgetreuen. Bei einer wahrheitsgetreuen Erinnerung arbeiten beide zusammen und ergänzen sich dadurch. Anders ist es bei der Ausbildung einer falschen Erinnerung, bei der der wortgetreue Anteil der Produktion einer falschen Erinnerung entgegenwirkt, während die rein wesentliche Information die Bildung der falschen Erinnerung unterstützt (Brainerd & Reyna, 2005). Erinnern wir uns beispielsweise an eine Skifahrt mit unserer Klasse, kann die allgemeine, wesentliche Information dazu führen, dass wir meinen, uns an eine Schneeballschlacht zu erinnern. Das Wissen – Schnee, Freunde, Klassenfahrt – führt zusammen zu dieser naheliegenden Beurteilung. Wenn wir uns aber tatsächlich daran erinnern, wer an dieser Schneeballschlacht beteiligt war, und dass Klaus damit angefangen hat, verhindert diese wörtliche Information, dass wir fälschlicherweise weitere Elemente zu diesem Ereignis bilden.

Des Weiteren haben die beiden Informationsanteile eine unterschiedliche Lebensdauer, was im vierten Prinzip festgehalten wird. So zeigen wortgetreue Informationen, zumindest unter künstlichen Studienbedingungen, einen schnelleren Verfall als die wesentliche Information (Murphy & Shapiro, 1994). Daraus lässt sich wiederum auch rückschließen, dass je länger ein Ereignis zurückliegt, sich die Wahrscheinlichkeit, dass wir eine falsche Erinnerung an dieses entwickeln, erhöht.

Schließlich umschreibt das fünfte Prinzip dieser Theorie die unterschiedlich gefundene Häufigkeit von falschen Erinnerungen im Bezug auf das Alter. Es zeigte sich, dass diese unterschiedliche Verteilung sich auf eine Veränderung der wesentlichen und wortgetreuen Informationsanteile bei jüngeren und älteren Personen zurückführen lässt. Werden beispielsweise Bilder von verschiedenen Katzen sowohl Kindern im Alter zwischen fünf und acht Jahren als auch Erwachsenen gezeigt, schneiden die Kinder bei einem darauffolgenden Rekognitionstest besser ab (Fisher & Sloutsky, 2005). Dieses Ergebnis deutet darauf hin, dass sich zuerst die Fähigkeit, wortgetreue Informationen zu lernen, entwickelt. Erst später wird diese verallgemeinert, es werden Kategorien gebildet, und wir merken uns nur noch das Wesentliche einer gegebenen Situation oder Information. Einschränkend muss allerdings festgehalten werden, dass jüngere Kinder nur dann wirklich besser in einem solchen Test abschneiden, wenn sie vorab ein gewisses Grundverständnis für die dargebotenen Informationen entwickeln konnten (Reyna et al., 2006).

Problematische Vorstellungsgabe

Erinnern wir uns an etwas, gehen wir im Geiste wieder zurück zu dem Erlebnis. Planen wir etwas, stellen wir uns die Zukunft vor. Diese dem Menschen vorbehaltene Fähigkeit

Abb. 3.13 Waren wir tatsächlich schon einmal in Paris, oder haben wir uns den Spaziergang durch die Stadt nur lebhaft ausgemalt?

gibt uns die Möglichkeit, aus unseren Erfahrungen nicht nur nach dem Ausschlussprinzip zu lernen, sondern auch weitere mögliche Szenarien durchzuspielen. Allerdings führt unsere Vorstellungsgabe auch zu Problemen. Wir können uns beispielsweise vorstellen, wie wir durch Paris laufen, den Eiffelturm bewundern und die Champs Élysées entlangschlendern, ohne dass wir tatsächlich jemals dort gewesen sein müssen (siehe Abb. 3.13). Wir haben Fotos und Filme gesehen, haben mit Freunden gesprochen, die schon einmal dort waren. Auf diesen

Informationen aufbauend, stellen wir uns wiederholt vor, wie es wohl sei, dort zu sein.

Natürlich würde jeder von uns zunächst einmal behaupten, dass wir auch dann, wenn wir uns vorstellen würden, in Paris zu sein, doch immer wissen würden, dass dies nicht der Fall war. Es gibt aber Fälle, wo genau so etwas passiert ist. So war beispielsweise allein aufgrund seiner Vorstellungsgabe der berühmte Schriftsteller Karl May (1842–1912) in der Lage, Bücher zu schreiben, die unglaublich detailliert den Mittleren Westen in Amerika und den Orient beschrieben. Er verfasste einige dieser Bücher in einer Art Reisebericht mit einem Ich-Erzähler. Am Ende überzeugte er nicht nur andere davon, dass er tatsächlich dort gewesen war und einige der beschriebenen Vorfälle selbst erlebt hat, sondern er war sogar selbst davon überzeugt. Er hatte sich so lange mit dem Thema beschäftigt, passende Requisiten anfertigen lassen, im Geiste komplexe Bilder dazu entwickelt, dass er am Ende Wirklichkeit und Fantasie nicht mehr auseinanderhalten konnte. Doch ist tatsächlich jeder von uns anfällig für derartige Verwechslungen?

Tatsächlich ist es auch unter kontrollierten Bedingungen möglich, Probanden Erinnerungen an nie erlebte Erlebnisse einzugeben, alleine dadurch, dass sie sich diese wiederholt vorstellen (Mazzoni & Memon, 2003). Auch haben andere Studien bereits gezeigt, dass wir ein fiktives Ereignis eher als erlebt empfinden, wenn wir es uns lebhaft vorstellen (Paddock et al., 1998). Es sei hier erwähnt, dass alle uns bekannten Studien Erlebnisse wählten, die angeblich in der frühen Kindheit der Probanden geschehen sein sollen. Diese zeigen allerdings, dass es geradezu erschreckend einfach zu sein scheint, gerade diese Zeit unserer Biographie von außen zu beeinflussen und – auch ungewollt – zu verändern. Viele der Studien, die sich mit diesem Thema auseinandersetzten, taten dies mit einem Blick auf Methoden der Psychotherapie. Die Ergebnisse sollten vor allem Psychotherapeuten zur Vorsicht gemahnen, da eine Herangehensweise bei traumatisierten Patienten ist, dass sie gebeten werden, sich die traumatische Erfahrung wieder vorzustellen. Die Annahme des Therapeuten, was das ursächliche Trauma betrifft, kann den Patienten hierbei stark beeinflussen. Ist der Therapeut beispielsweise selber der Überzeugung, dass der Patient einen Missbrauch in seiner Kindheit verdrängt hat, kann dies durch eine geleitete Vorstellung der möglichen Ereignisse zur Bildung einer falschen Erinnerung derselben führen (Lindsay & Read, 1994). Psychotherapeuten lernen dies in ihrer Ausbildung, aber dadurch, dass es sich hierbei um einen unbewussten Prozess auf Seiten des Therapeuten handelt, kann es ein schwer zu unterdrückender Faktor sein.

Es soll an dieser Stelle nicht tiefer in dieses Thema eingegangen werden. Als wichtig bleibt festzuhalten, dass unsere Vorstellungsgabe uns auch in die Irre führen kann. Meist sind es kleinere Details, die wir vertauschen. Kleine Erlebnisse werden in einen falschen Zusammenhang gesetzt, so dass wir am Ende der Meinung sind, wir hätten bei einem Tauchgang in einem See einen Tintenfisch gesehen. Erst später erfahren wir in einem Gespräch, dass dies nicht passiert sein kann, da diese Tiere nur im Salzwasser vorkommen. Alleine dadurch, dass wir uns selbst sehr intensiv mit diesem Tauchgang auseinandergesetzt haben, oder auch durch Gespräche und Fragen kann es zu einer derartigen Ausbildung einer falschen Erinnerung kommen. Manchmal merken wir vielleicht sogar beim ersten Mal, wenn wir die falsch erinnerte Geschichte erzählen, dass irgendetwas an ihr nicht stimmt. Da aber keine Einwände erhoben werden, denken wir uns nichts dabei. Beim nächsten Mal kommt die Geschichte uns schon leichter über die Lippen, und am Ende sind wir der festen Überzeugung, dass sie den Tatsachen entspricht.

Es gibt keine einfache Erklärung

Falsche Erinnerungen werden in den verschiedensten Zusammenhängen gefunden. Sie tauchen unbewusst auf, und sie können unbedeutend für uns sein oder unser Leben erheblich beeinflussen. Diese Vielfältigkeit spiegelt sich in den beschriebenen

Erklärungsansätzen zu ihrer Entstehung wider. Es gibt keine einfache Begründung, wie wir falsche Erinnerungen bilden, da jedes Mal der gesamte Zusammenhang betrachtet werden muss. Wir können aufgrund von Unaufmerksamkeit Ereignisse nur unvollständig abspeichern, oder wir verknüpfen verschiedene Informationen miteinander, die ursprünglich in keinem direkten Zusammenhang standen. Wir haben das grundlegende Bedürfnis, mit uns selber im Reinen zu sein. Das bedeutet anscheinend auch, dass Erinnerungen verändert werden, um unserem Selbstbild gerecht zu werden. Auch wenn keine einfache Erklärung gegeben werden kann, so lässt sich doch festhalten, dass je komplexer eine falsche Erinnerung ist, umso vielfältiger sind die Faktoren, die zu ihrer Ausbildung geführt haben.

Anatomische Grundlagen von falschen Erinnerungen

Das Kapitel 2 begann mit der Anatomie unseres Gehirns und den wichtigsten Strukturen für unser Gedächtnis. Dem entgegen wurde hier die Reihenfolge umgedreht und zuerst einmal auf die Theorie hinter dem Phänomen der falschen Erinnerungen eingegangen. Falsche Erinnerungen sind für uns genauso wirklich und richtig wie alle anderen Erinnerungen. Wir können nicht sagen, welche unserer Erinnerungen falsch oder richtig sind. Diese Unterscheidung gelingt meist nur durch den Abgleich der Erinnerungen verschiedener Personen an dasselbe Ereignis oder durch eine unabhängige Quelle, beispielsweise eine Videoaufnahme. Es gibt falsche Erinnerungen, die dadurch auffällig sind, weil sie nicht denselben Reichtum an Details haben wie Erinnerungen zu tatsächlich erlebten Ereignissen. Ist die falsche Erinnerung aber sehr ausführlich, hat viele Details und ist eng mit unseren Gefühlen verknüpft, ist es für einen selbst und auch für Außenstehende nicht möglich, auf den ersten Blick die Erinnerung als falsch zu erkennen. Haben wir keine weiteren Zeugen eines Vorfalls oder andere Beweismittel, mit denen eine

Aussage gestützt oder widerlegt werden kann, können wir nur von der Richtigkeit der Aussage ausgehen. Ist diese Aussage aber ein Kernelement in einem wichtigen Gerichtsprozess, ist es wichtig, sie doch irgendwie auf ihre Richtigkeit hin überprüfen zu können. Wie wunderbar wäre es, wenn wir in solchen zweifelhaften Fällen die Person mit einer einfachen Methode wie einem Lügendetektortest untersuchen könnten, um dann im Anschluss klar sagen zu können, ob es sich um eine richtige oder um eine falsche Erinnerung handelt.

Parallel zur Entwicklung der bildgebenden Methoden wurden Studien entwickelt, die die anatomische Basis für falsche Erinnerungen in unserem Gehirn zu finden versuchten. Es haben sich hierbei zwei Herangehensweisen herauskristallisiert. Entweder wurde den Probanden während der Lernphase mit bildgebenden Verfahren ins Gehirn „geschaut" oder später während des Abrufs. Daher wird auch erst auf die Erkenntnisse zur Einspeicherung eingegangen und dann auf jene, die beim Abruf von falschen Erinnerungen gewonnen wurden.

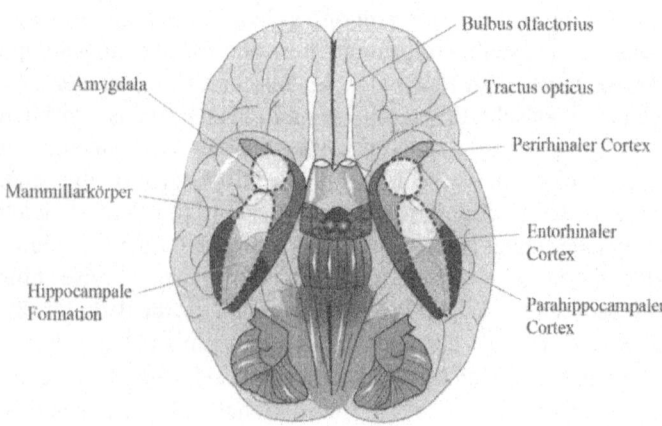

Abb. 3.14 Dargestellt ist unser Gehirn mit Sicht von unten, so dass die Lage der hippocampalen Formation sowie der angrenzenden Gebiete deutlich wird.

Fehler, die wir lernen

Eine Form von falschen Erinnerungen, die Fehlzuordnungen, bilden wir, indem wir uns an eine Begebenheit an sich richtig erinnern, sie aber in einen falschen Zusammenhang stellen. Verhindert wird dies, indem wir die präsentierten Informationen stärker verinnerlichen. Eine Studie zeigte, dass wenn die für die Gedächtnisbildung wichtigen linksseitigen Hirnregionen der hippocampalen Formation und des Stirnhirns bei der Einspeicherung stärker aktiviert sind, bei einem späteren Abruf keine Fehlzuordnungen gebildet werden (Mitchell et al., 2005) (siehe auch Abb. 3.14). Ein ähnliches Ergebnis wurde hinsichtlich der Ausbildung von Fehlinformationen gefunden. Okado und Stark (2005) fanden, dass eine stärkere Aktivierung im linken Hippocampus und im linken perirhinalen Cortex eine erfolgreiche Einspeicherung von Bildinformationen anzeigte (Abb. 3.14).

Des Weiteren stellte sich heraus, dass höhere Aktivierungen während der Einspeicherung von Informationen in der hippocampalen Formation, dem parahippocampalen Gyrus und in Teilen des Stirnhirns anzeigten, dass diese Information später richtig erinnert wurde (Wagner et al., 1998).

Die verschiedenen Studien zeigen deutlich, dass eine mangelhafte Einspeicherung verantwortlich für falsche Erinnerungen sein kann. Wenn wir darüber nachdenken, sind die Ergebnisse nicht wirklich überraschend. Werden wir abgelenkt, sei es durch äußere Faktoren oder dadurch, dass wir gedanklich schon mit etwas anderem beschäftigt sind, ist unsere Aufmerksamkeit nicht bei den aktuellen Ereignissen. Folglich verarbeiten wir die dargebotenen Informationen nicht richtig. Wird die Information hingegen tiefer verarbeitet, was sich in einer erhöhten Aktivität in den genannten Hirnregionen widerspiegelt, können wir uns später auch mit hoher Wahrscheinlichkeit korrekt an sie erinnern.

Falsche Erinnerungen werden abgerufen

Die meisten Studien haben falsche Erinnerungen bei einer Abrufsituation untersucht. Gerade im Hinblick auf Gerichtsverfahren ist es interessant zu untersuchen, ob tatsächlich Gehirnregionen identifizierbar sind, die spezifisch mit der Erzeugung falscher Erinnerungen in Verbindung gebracht werden können.

Interessanterweise wiesen frühere Studien in eine andere Richtung. So wurde eine vergleichbare Aktivität in der hippocampalen Formation bei richtigen wie auch bei falschen Rekognitionen beschrieben, während in der parahippocampalen Region eine stärkere Aktivität für richtige Rekognitionen gefunden wurde (Cabeza et al., 2001). Eine weitere Studie bestätigte, dass die gleichen Hirnregionen sowohl bei richtigen wie auch bei falschen Rekognitionen involviert sind (Slotnick & Schacter, 2004). Diese Ergebnisse schienen darauf hinzudeuten, dass es für die Vorgänge in unserem Gehirn keinen Unterschied macht, ob wir uns an ein tatsächlich erlebtes Ereignis erinnerten oder an ein falsches. Es wird hierbei die Annahme vertreten, dass die gefundenen Regionen das Erinnern der allgemeinen gelernten semantischen Information widerspiegelt. In der Studie von Slotnick und Schacter (2004) beispielsweise lernten die Testpersonen abstrakte Formen. Wenn sie sich dann beim Rekognitionstest bei einigen neuen Formen falsch wiedererinnerten, riefen sie vermutlich die allgemeine, allen Formen zugrunde liegende Information ab. Sie erinnerten sich nicht an die konkrete Form, sondern an das Wesentliche der gelernten Formen. Andererseits scheinen die gefundenen Unterschiede in der Studie von Cabeza und Kollegen (2001) die Annahme zu unterstreichen, dass beim richtigen Erinnern die eingespeicherten sensorischen Merkmale (das, was über die Sinnesorgane wahrgenommen wurde) der ursprünglichen Information wieder hervorgerufen werden. Diese Erklärung wird in der sensorischen Reaktivierungshypothese aufgegriffen (Wheeler, Peterson & Buckner, 2000; Okada et al., 2003). Diese besagt, dass bei einem Abruf Teile derjenigen Regionen in unserem Gehirn wieder aktiviert werden, die bereits bei der Einspeicherung die sensorischen Informationen verarbeitet haben. Generell bedeutet dies, dass bei einem richtigen Abruf mehr Bereiche im Gehirn beteiligt sein sollten als bei einem falschen Abruf.

Ferner zeigen weitere Ergebnisse beim Abruf von falschen Erinnerungen, ebenso wie schon bei deren Einspeicherungen, eine geringere Aktivität vor allem in den linken Hirnbereichen des Schläfenlappens auf. Es handelt sich hierbei um einen Umkehrschluss, da Studien eine erhöhte Aktivität in diesen Regionen beim richtigen Abruf von bestimmten semantischen Informationen beschrieben haben (u. a. Grabowski et al., 2001). Andere Studien haben sich ganz bewusst auf die Quellen-Überwachungsfehler konzentriert. Sie fanden, dass es wiederum Verletzungen vor allem in der hippocampalen Formation oder einem Bereich im Stirnhirn (präfrontaler Cortex) sind, die zu einer Häufung dieser fehlerhaften Bindung von Informationen führen (Squire, 1995). Das Stirnhirn wird, wie bereits in Kapitel 2 beschrieben, mit dem Auslösen eines Abrufs, der Überwachung desselben sowie der Unterdrückung nicht relevanter Erinnerungen in Verbindung gebracht (u. a. Shimamura, 1995).

Eine Region, die tatsächlich mit der Produktion von falschen Erinnerungen zusammenzuhängen scheint, ist der rechte anteriore (vordere) cinguläre Cortex (Okado & Stark, 2003) (siehe auch Abb. 3.15). Okado und Stark erklärten ihr Ergebnis damit, dass diese Region anscheinend mit der größeren Bemühung einhergeht, Gesuchtes zu erinnern. Wenn uns eine Frage zu einem Thema gestellt wird und wir antworten müssen, aber uns unserer Antwort nicht sicher sind, strengen wir uns mehr an, die geforderte Information zu finden. Es ist bekannt, dass der anteriore cinguläre Cortex an Überwachungsprozessen bei Konfliktsituationen beteiligt ist (Botvinick, Cohen & Carter, 2004). Es kann davon ausgegangen werden, dass das Bedürfnis, etwas zu erinnern – vor allem, wenn es dazu führt, dass wir eine falsche Erinnerung bilden –, einen erheblichen inneren Konflikt darstellt.

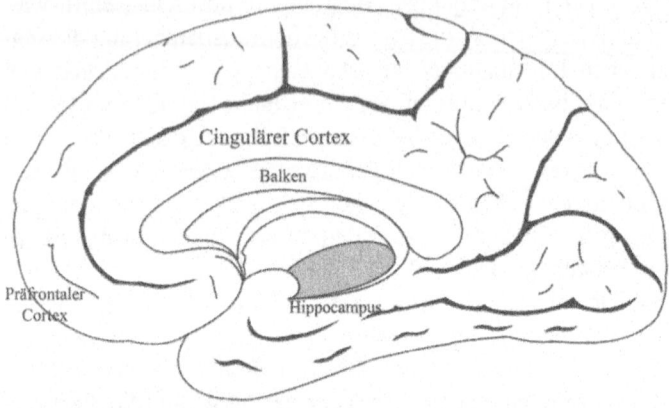

Abb. 3.15 Die Lage des präfrontalen Cortex innerhalb des Stirnhirns sowie des cingulären Cortex und des Hippocampus.

In Untersuchungen mit dem Filmparadigma wurde gefunden, dass in der rechten Hirnhälfte eine höhere Aktivität im posterioren (hinteren) cingulären Cortex mit falschen Rekognitionen einherging (Kuehnel et al., im Druck) (Abb. 3.15, siehe auch Abb. 3.10). Ein ähnliches Ergebnis wurde in einer aktuellen Untersuchung von Abe et al. (2008) beschrieben. Hier war es vor allem ein Bereich im posterioren rechten Hippocampus, der bei falschen Rekognitionen stärker aktiviert war als bei richtigen Rekognitionen oder bei bewusstem Lügen. Diese beiden Regionen liegen dicht beieinander, was darauf hindeutet, dass sich hier ein für die Ausprägung von falschen Erinnerungen wichtiger Hirnbereich befindet (vergleiche Abb. 3.15).

Abschließend kann festgehalten werden, dass es allem Anschein nach Regionen in unserem Gehirn gibt, der cinguläre Cortex und der Hippocampus, die die Bildung einer falschen Erinnerung bestätigen können. Es fehlen aber noch viele weitere Studien, die sich mit dieser Fragestellung vertiefend auseinandersetzen, bevor nur unter Zuhilfenahme von bildgebenden Methoden mit Sicherheit gesagt werden kann, ob jemand unbewusst eine falsche Erinnerung ausgebildet hat. Es ist eine äußerst interessante Frage, ob wir tatsächlich in der Lage wären, nur aufgrund der Aktivitätsbilder eines Gehirns einer Person sagen zu können, wann eine richtige und wann eine falsche Erinnerung gebildet wurde.

Falsche Erinnerungen und Augenzeugen

Innerhalb der Forschung über falsche Erinnerungen gehen viele Bemühungen in die Richtung, die Glaubwürdigkeit der Aussagen von Augenzeugen nachzuprüfen. Bei Unfällen, Verbrechen oder auch bei der Berichterstattung von Veranstaltungen sind die Personen, die vor Ort waren, immer noch die wichtigsten Quellen. Leider kommt es auch immer wieder zu fehlerhaften Meldungen, wenn sich ein solcher Bericht im Nachhinein als falsch herausstellt. Es ergeben sich hier gleich mehrere Fragen, die ein breites Spektrum abdecken. Was wird tatsächlich abgespeichert, wenn wir etwas miterleben? Wie groß ist der Einfluss unserer Vorerfahrung? Bilden wir eher falsche Erinnerungen, wenn mehr Zeit zwischen dem Vorfall und einer Befragung vergangen ist? Sind wir wirklich alle anfällig für Suggestionen?

Bereits öfters wurde darauf eingegangen, dass wir nicht alle Details einer beliebigen Situation wahrnehmen, geschweige denn später wieder abrufen können. Sowohl unsere Verfassung während der Einspeicherung als auch die Ereignisse direkt danach und die Situation des Abrufs haben einen entscheidenden Einfluss auf die jeweilige Erinnerung. Ebenso haben die verschiedenen Auslöser falscher Erinnerungen einen entscheidenden Einfluss. Unsere Erinnerungen können beispielsweise durch spezifische Fragen oder Suggestionen, aber auch durch unser eigenes Wissen und unsere Einstellung verändert werden. Doch welche Bedeutung können oder müssen wir diesen Punkten nun im Hinblick auf die Befragung von Augenzeugen zumessen?

Zuerst werden Erwachsene als potentielle Zeugen eingehender betrachtet und im Anschluss daran wird die besondere Gruppe der Kinder als Augenzeugen diskutiert. In den letzten Jahrzehnten wurde den Berichten von Kindern, wenn sie Zeuge eines Verbrechens oder Opfer eines solchen waren, mehr Beachtung als früher geschenkt. Wie bereits in vorangegangenen Abschnitten gezeigt wurde, unterscheidet sich das Erinnerungsvermögen von Kindern deutlich von dem von Erwachsenen. Dies sollte nicht nur Einfluss darauf haben, wie Kinder befragt werden, sondern auch wie sie dabei behandelt werden. Es gibt Untersuchungen, die die Einstellung der Erwachsenen gegenüber den jungen Zeugen und damit einhergehend auch die möglichen höheren Gefahren von Suggestionen genauer betrachteten. Allerdings sollten nicht nur die Befragungen von Kindern vorsichtig angegangen werden, auch Erwachsene können erschreckend leicht von ihrer ursprünglichen Schilderung abgebracht werden.

In dem folgenden Abschnitt werden verschiedene Studien vorgestellt, die zeigen werden, dass falsche Erinnerungen bei Augenzeugen häufig vorkommen. Allerdings sollen hier nicht Zeugenaussagen generell in Zweifel gezogen werden. Es geht eher darum, die Aufmerksamkeit weiter zu schärfen, dass es insbesondere bei Verbrechen wichtig ist, einen objektiven Blick zu wahren, und dass Aussagen von Augenzeugen als das gesehen werden müssen, was sie sind: die Wiedergabe der Wahrnehmung einer persönlichen Erfahrung auf der Grundlage einer individuellen Lebensgeschichte und Persönlichkeit.

Erwachsene als Augenzeugen

Natürlich sind auch Erwachsene keine idealen Zeugen, aber oft gibt es keine anderen Beweise, um einen Täter zu überführen. Der wohl wichtigste Punkt in diesem Zusammenhang ist die Suggestion. In unzähligen Studien konnte gezeigt werden, dass Erwachsenen verschiedenste Informationen suggeriert werden können. Die bekannteste Geschichte ist die, dass man als Kind seine Familie beim Einkaufen verloren hat (E. F. Loftus & Pickrell, 1995). In einer anderen Studie gelang es sogar, eine Abneigung gegen bestimmte Lebensmittel auszulösen, indem suggeriert wurde, dass einem als Kind von dieser Speise schlecht geworden ist (Bernstein et al., 2005). Diese Beispiele sind generell harmlos, veranschaulichen aber dennoch deutlich die möglichen Folgen suggerierter Informationen und Erinnerungen.

Im Grunde kann zwischen falschen Erinnerungen an Ereignisse und einer falschen Identifizierung eines Verdächtigen unterschieden werden. Immer wenn wir uns an ein Ereignis erinnern, können verschiedene Fehler auftreten. Wir können den zeitlichen Ablauf durcheinanderbringen, Handlungen den falschen Personen zuordnen, Farben oder Objekte verwechseln. Studien, die sich mit der Genauigkeit von Augenzeugenberichten befassen, laufen daher meist nach einem ähnlichen Muster ab. Die Probanden beobachten einen Überfall oder einen Unfall. In vielen Studien wird ein Teil der Gruppe anschließend mit Fehlinformationen konfrontiert, und am Ende sollen alle den Ablauf wiedergeben. Es kommt hierbei zu deutlichen Veränderungen der Erinnerungen (E. F. Loftus, 1979).

Allerdings ist ein Kritikpunkt dieser Studien, dass sie eigentlich nur beweisen, dass unsere Erinnerungen veränderbar sind. Sie zeigen nicht, wie nachhaltig diese Veränderungen sein können oder welche Konsequenzen sie nach sich ziehen mögen. Auch ist es etwas anderes, ob wir einen Unfall auf einem Bildschirm sehen oder wirklich daneben stehen. Dieser zweite Punkt wurde in einer Studie aufgegriffen, in der eine Probandengruppe einen Überfall in einer neutralen Umgebung auf einem Bildschirm sah und eine andere Gruppe einen Überfall tatsächlich draußen miterlebte (Ihlebæk et al., 2003). Das Ergebnis war überraschend, zeigte es doch, dass die Genauigkeit, mit der die Probanden den Vorfall beschrieben, sich nicht voneinander unterschied. Zwar war es so, dass die Probanden, die den Überfall in Ruhe auf dem Bildschirm beobachteten, mehr Details wiedergeben konnten, aber die Fehleranfälligkeit war in beiden Gruppen gleich.

Natürlich gehen wir intuitiv davon aus, dass es ein Unterschied ist, ob wir einen Überfall oder Unfall nur im Fernsehen sehen oder tatsächlich selber miterleben. Wie groß der Einfluss unserer Gefühle auf die Genauigkeit ist, mit der wir ein Erlebnis wiedergeben können, wurde unter anderem in einer Studie von Forgas und Kollegen untersucht (2005). Sie fanden, dass eine positive Gemütslage eher dazu führte, dass Fehlinformationen in das ursprüngliche Ereignis eingebaut wurden, wohingegen eine negative Verfassung dem entgegenwirkt. Die Berichte der Probanden mit der positiven Verfassung waren ungenauer, und dennoch waren sie sich sicher, dass ihr Bericht richtig war. Des Weiteren wurde in dieser Studie ebenfalls kein Unterschied zwischen der Gruppe, die einen Vorfall draußen miterlebte, und der, die den Vorfall nur auf Video sah, gefunden.

Ein wichtiger Punkt bei Augenzeugenberichten ist, unter welchen Umständen und Bedingungen sie erstellt werden. Werden die Zeugen direkt am Tatort befragt und später noch einmal, kann es bereits zu Abweichungen kommen. Welche Mittel werden bei der Befragung eingesetzt, werden die Zeugen vielleicht unter Druck gesetzt, oder sollen sie einfach frei berichten, was sie gesehen haben? Oft werden Zeugen Dinge bewusst oder auch unbewusst suggeriert, um beispielsweise anhand der Aussage den Verdachtsmoment gegenüber einem bestimmten Verdächtigen zu erhöhen. In Tabelle 3.5 werden 14 verschiedene Suggestionsmethoden aufgelistet (verändert nach Brainerd & Reyna, 2005).

Einige der in der Tabelle genannten Verhörmethoden mögen uns extrem erscheinen, aber stellen wir uns nur einmal vor, ein Zeuge wird zu einer Kindesentführung befragt. Auch ist nicht bei jedem Zeugen von Anfang an sicher, dass dieser nicht vielleicht doch irgendwie selbst in das Verbrechen mit verwickelt ist. Es gibt viele Gründe, warum eine Befragung oder ein Verhör unter verschärften Bedingungen ablaufen kann. Was gleich bleibt, ist die Gefahr, dass je schärfer ein Zeuge befragt wird, desto höher ist die Wahrscheinlichkeit, dass am Ende eine falsche Erinnerung oder zumindest eine stellenweise Verfälschung der Tatsachen produziert wird.

Jetzt werden noch die Vorgänge genauer betrachtet, wenn ein Augenzeuge einen Täter identifizieren soll. Es gibt hierbei drei gängige Methoden. Dem Zeugen werden aus einer Datei

Tab. 3.5: Beispiele für suggestive Verhörmethoden.

Methode	Beschreibung
1. Ja – Nein	Befragte werden gebeten, eine relevante Information zu bestätigen/abzulehnen. (Hatte der Räuber einen Bart?)
2. Multiple-Choice	Befragte werden gebeten, zwischen alternativen Elementen einer Information zu wählen. (Hatte der Räuber blondes oder braunes Haar?)
3. Fehlendes einfügen	Der Befrage wird gebeten, eine relevante Information wiederzugeben. (Welchen Arm griff der Räuber?)
4. Wiederholende Fragen	Fragen werden wieder und immer wieder wiederholt, selbst wenn sie eindeutig beantwortet wurden.
5. Vertraute Beweise	Beweismittel werden den Befragten gezeigt (z. B. Fotos vom Tatort oder von Verdächtigen), über die sie später aussagen sollen.
6. Zwanglose Hinterfragung	Nachdem Fragen gestellt und beantwortet wurden, werden die Antworten in Frage gestellt. Der Befragte wird nach alternativen, richtigen Antworten befragt. (Sind Sie sich sicher, dass der Räuber einen Bart hatte?)
7. Erzwungene Zustimmung	Der Interviewer fordert die Zustimmung des Befragten zu einer relevanten Information, von dessen Richtigkeit der Interviewer überzeugt ist. (Sie sahen, wie der Räuber die Waffe zuerst auf die Frau richtete, nicht wahr?)
8. Erzwungene Ablehnung	Nachdem Fragen gestellt und beantwortet wurden, werden die Antworten des Befragten als falsch dargestellt. (Sie sagen, Sie hätten sein Gesicht nicht gesehen. Aber Sie haben es gesehen, oder? Sie waren nur einen Meter von ihm entfernt.)
9. Strafe	Befragte werden dafür bestraft (z. B. Schlafentzug, Zurückhaltung von Nahrung) oder es wird ihnen mit Bestrafung gedroht (z. B. drohende Anklage wegen Komplizenschaft), wenn sie keine relevanten Informationen geben können (z. B. die Beschreibung des Verdächtigen wird nicht bestätigt).
10. Negative oder positive Bestärkung	Befragte werden für relevante Informationen (z. B. Beschreibung des Täters wird bestätigt) belohnt (z. B. mit Schlaf oder Essen), oder ihnen wird baldige Belohnung versprochen (z. B. keine Anzeige wegen Komplizenschaft).

Tab. 3.5: Fortsetzung

Methode	Beschreibung
11. Falschdarstellung von Beweisen	Befragten werden relevante Informationen als bereits geklärte Fakten vorgestellt. (Der Räuber hatte einen Bart, er zielte mit der Waffe zuerst auf die Frau.)
12. Berufung auf externe Quellen	Befragten wird mitgeteilt, dass bei einer Abwägung der Fakten, der Logik und des gesunden Menschenverstands die relevante Information richtig sein muss (z. B.: Wir wissen beide, dass die Nacht hell erleuchtet war. Daher muss jeder, der so dicht neben dem Täter stand, gesehen haben, was er anhatte).
13. Stereotype Aussagen	Befragte werden mit richtigen und falschen Informationen konfrontiert, die konsistent mit dem untersuchten Überfall sind (z. B. wird ihnen mitgeteilt, dass der Verdächtige bereits früher wegen Diebstahls verurteilt wurde).
14. Zustimmende/ lenkende Befragung	Zeugen werden von Personen befragt, die bereits detailliert über Fakten und Ablauf des Vorfalls informiert sind und die bereits andere Zeugen und Opfer befragt haben. Die Befragung soll die vorhandenen Informationen bestätigen.

verschiedene Fotos von möglichen Tätern vorgelegt, auf denen er den Verdächtigen entdecken soll. Es werden Fotos oder Videoaufnahmen vom Tatort gezeigt, auf denen er den möglichen Täter zeigen soll. Oder es kommt zu einer Gegenüberstellung mit einer Gruppe von möglichen Verdächtigen und neutralen Personen (beispielsweise dem Zeugen unbekannte Polizisten). Dass alle diese Methoden ihre Schwierigkeiten hinsichtlich einer falschen Identifizierung mit sich tragen, liegt auf der Hand.

In Amerika ist es beispielsweise üblich, Zeugen bei einer Gegenüberstellung zu warnen, dass sich das Aussehen des Verdächtigen seit dem Vorfall verändert haben könnte. Eine Untersuchung zeigte allerdings, dass diese Information zusammen mit dem Wissen, dass der eigentliche Verdächtige bei der Gegenüberstellung dabei sein kann, aber nicht unbedingt dabei ist, die korrekte Wiedererkennungsrate nicht verbessert (Charman & Wells, 2006). Stattdessen führte sie zu einer größeren Verunsicherung, längeren Entscheidungszeit und mehr falschen Alarmen (Benennungen von möglichen Tätern, bei denen der Zeuge aber auch gleich Zweifel anmeldet). Allem Anschein nach führt eine solche Vorabinformation zu einer Verschiebung der inneren Einstellung, die wiederum dazu führt, dass die Testpersonen eher auch Personen verdächtigen, die sie ansonsten nicht weiter beachten würden. Eine weitere Interpretation von Charman und Wells ist, dass dieses Wissen zu einem Anstieg in der Ekphorie-Ähnlichkeit führt. Bereits in Kapitel 2 wurde erläutert, dass Ekphorie den Prozess von einem Hinweisreiz zu dem (erfolgreichen) Abruf einer Information beschreibt. Das Vorwissen könnte in diesem Fall dazu führen, dass bei den Probanden auch ähnlich aussehende Personen ein Gefühl des Wiedererkennens auslösen.

Aber auch bei den anderen beiden Methoden, Täter zu identifizieren, kommt es zu Fehlern, und es werden Personen beschuldigt, die unschuldig sind. Daher reicht, zumindest in Deutschland, auch eine Gegenüberstellung oder Identifizierung aus einer Datei für einen gefestigten Verdacht nicht aus. Zeugen sind gefordert, den Täter zuerst zu beschreiben, und erst im Anschluss sollen sie denjenigen aus einer Gruppe wiedererkennen. Damit soll verhindert oder zumindest die Wahrscheinlichkeit verringert werden, dass jemand fälschlicherweise verdächtigt wird.

Wie bereits in den verschiedenen beschriebenen Studien weiter oben gezeigt wurde, kann aber auch dieser Ansatz zu Falschaussagen führen. Ein Zeuge beschreibt einen Täter als groß, dunkelhaarig und Brillenträger. Aus verschiedenen Fotos wird danach ein Verdächtiger herausgefiltert, und bei einer weiteren direkten Gegenüberstellung identifiziert der Zeuge den Verdächtigen ein weiteres Mal. Natürlich kann bei einem solchen Szenario alles richtig ablaufen, und der Täter wird überführt. Wir sollten auch davon ausgehen, dass dies in der Regel der Fall ist. Aber, und das ist entscheidend, die wiederholte

Betrachtung und die damit einhergehende Auseinandersetzung mit Beschreibungen und Bildern, nachhakende Fragen und Gespräche können zu einer Vertiefung falscher Informationen führen. In einem solchen Fall kann es dann auch dazu kommen, dass ein Unschuldiger irrtümlich für etwas beschuldigt und verurteilt wird. Aus diesem Grund sind die vielen Untersuchungen zum Umgang mit Augenzeugen so wichtig, da sich aus ihnen immer wieder neue Wege erschließen lassen, die einer Falschaussage entgegenwirken oder diese zumindest als solche erkennen lassen.

Kinder als Augenzeugen

Die erste Frage, wenn es sich um Kinder als Zeugen eines Verbrechens oder als Opfer von Gewalt handelt, sollte innerhalb dieses Buches sein, ob sich Kinder genauso an etwas erinnern wie es Erwachsene tun. Es wurde bereits am Ende des Kapitels 2 darauf eingegangen, dass sich unser Gehirn und unser Gedächtnis im Laufe unseres Lebens verändern. Die wichtige Frage ist, ob dies auch Folgen für die Glaubwürdigkeit und Handhabung junger Augenzeugen hat.

Generell können sich Kinder auch noch nach Monaten oder sogar Jahren gut an besondere Ereignisse erinnern. So besuchten im Rahmen einer Studie fünfjährige Kinder ein jüdisches Museum und hörten dort Erläuterungen zu archäologischen Methoden (Fivush, Hudson & Nelson, 1984). Außerdem erhielten sie die Möglichkeit, selbst in einem Sandkasten nach Artefakten zu suchen. Die Kinder wurden dann später zu verschiedenen Zeitpunkten zu diesem Erlebnis befragt. Einerseits zeigte sich im Laufe der Zeit eine deutliche Vergessensrate bei den Kindern. Andererseits konnten sie sich aber auch noch sechs Jahre später an bestimmte Details des Museumsbesuches erinnern, besonders dann, wenn ihnen entsprechende Hinweisreize vorgegeben wurden. Dieser Abruf mit Hinweisen führte zu einer Wiedergabe von bis zu 87 Prozent der ursprünglich vermittelten Informationen. Diese Untersuchung macht deutlich, dass die Zuhilfenahme von Hinweisreizen bei einer Befragung auch noch Jahre nach einem Vorfall sehr hilfreich sein kann.

Im vorangegangenen Abschnitt wurden das Risiko von Suggestionen bei Befragungen von Erwachsenen und die damit einhergehende Gefahr der falschen Erinnerungen beschrieben. Sind Kinder hier eventuell sogar noch anfälliger als Erwachsene? Kinder schauen zu Erwachsenen auf, sie vertrauen dem, was ihnen gesagt wird. Daher würde eine erste Betrachtung diese Frage eindeutig bejahen, besonders wenn die Suggestionen von Eltern, vertrauten Erwachsenen oder Respektpersonen an das Kind herangetragen werden. Vor allem frühe Studien unterstrichen des Öfteren die höhere Anfälligkeit von jüngeren im Gegensatz zu älteren Kindern gegenüber suggestiver Befragung (siehe auch Ceci & Bruck, 1993). In einer frühen Studie von Ceci, Ross und Toglia (1987) wurde Kindern im Alter zwischen drei und zwölf Jahren eine Geschichte von dem Mädchen Loren und ihrem ersten Schultag erzählt. Einige Punkte der Geschichte wurden mit Text und Bildern präsentiert, beispielsweise dass Loren Bauchschmerzen hatte, während andere Elemente der Geschichte nur anhand eines Bildes vermittelt wurden (ein Bild von Eiern, die Loren zum Frühstück gegessen hatte). Einen Tag später wurde jedem Kind einzeln Fragen zur Erzählung gestellt. Einige Kinder sollten Fragen beantworten, die sich an der Geschichte orientierten, beispielsweise: „Erinnerst Du Dich an die Geschichte von Loren, die krank war?" Anderen Kindern wurden suggestive Fragen gestellt wie: „Erinnerst Du Dich an die Geschichte von Loren, die Kopfschmerzen hatte, weil sie ihr Müsli zu schnell gegessen hatte?" Weitere zwei Tage später absolvierte jedes Kind einen Test, in dem es jeweils zwischen zwei Bildern wählen musste. Ein Bild zeigte eine Information aus der tatsächlich erzählten Geschichte, das andere zeigte die suggerierte Information. Das Ergebnis zeigte eindeutig, dass jüngere Kinder seltener die richtigen Bilder auswählten als ältere Kinder (Abb. 3.16).

Ein weiteres sehr wichtiges Ergebnis aus dieser Studie betrifft die Glaubwürdigkeit von Erwachsenen bei Kindern. In ei-

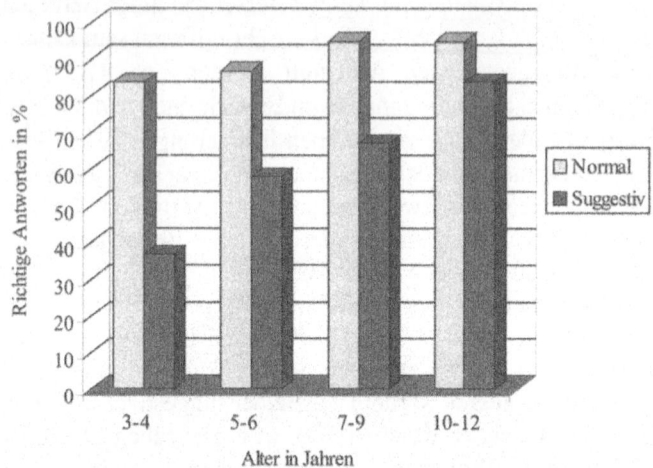

Abb. 3.16 Gezeigt werden die Häufigkeiten, mit denen die Kinder richtig geantwortet haben.

ner Folgeuntersuchung wurde nochmals der oben beschriebene Ablauf gewählt, aber dieses Mal wurden einigen Kindern die suggestiven Fragen von anderen Kindern gestellt (Ceci et al., 1987). Das Ergebnis war eindeutig. Kinder vertrauten den irreführenden Informationen eines anderen Kindes weniger als denen eines Erwachsenen (siehe Abb. 3.17).

Damit beantwortete diese Studie zwei wichtige Fragen. Je jünger Kinder sind, desto beeinflussbarer sind sie. Sie übernehmen Informationen eher und bauen sie in ihre eigenen Erinnerungen mit ein. Verstärkt wird dieser Effekt vor allem dann, wenn die Fehlinformation von einem Erwachsenen suggeriert wird, und weniger, wenn ein anderes Kind die Quelle ist.

Allerdings hat die beschriebene Studie wie auch andere aus dieser Zeit zwei erhebliche Schwachpunkte im Hinblick auf Kinder als mögliche Augenzeugen. Zum einen ist das getestete Material eher als neutral einzuordnen. Die Geschichte von Loren wird bei den Kindern wenige bis gar keine eigenen Gefühle ausge-

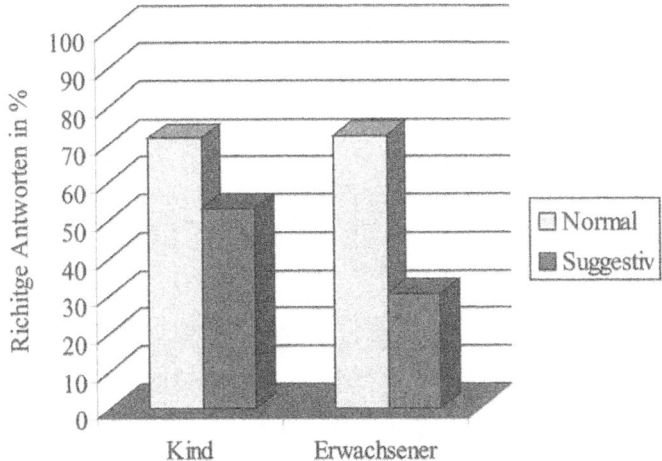

Abb. 3.17 Eine Gruppe Kinder hörte normale oder suggestive Fragen von Kindern, eine andere von einem Erwachsenen. Die suggestiven Fragen der Erwachsenen resultierten in weniger richtigen Antworten.

löst haben. Dies führt zu Zweifeln, inwiefern sich die Ergebnisse auf Befragungen von Kindern übertragen lassen, die Zeugen eines Verbrechens oder sogar selber Opfer von Misshandlungen wurden. Zum anderen wurden die Untersuchungen mit Kindern durchgeführt, die bereits im schulpflichtigen Alter waren. Leider kommt es aber häufig vor, dass Kinder befragt werden müssen, die noch jünger sind. Für Deutschland finden sich hier nur allgemeine Zahlen, da die Statistiken alle Kinder jünger als 14 Jahre insgesamt und damit sehr junge Kinder und schon etwas ältere zusammenfassen. Eine feinere Aufschlüsselung wird hingegen jährlich in Amerika veröffentlicht. Diese zeigt, dass die Häufigkeit der Misshandlungen bei jüngeren Kindern erheblich höher liegt als bei älteren (siehe Abb. 3.18).

Wir begeben uns hier auf ein sehr sensibles Gebiet. Die Daten in Abbildung 3.18 zeigen deutlich, dass Misshandlungen bei Kindern sehr häufig vorkommen. Ist es da überhaupt gerecht-

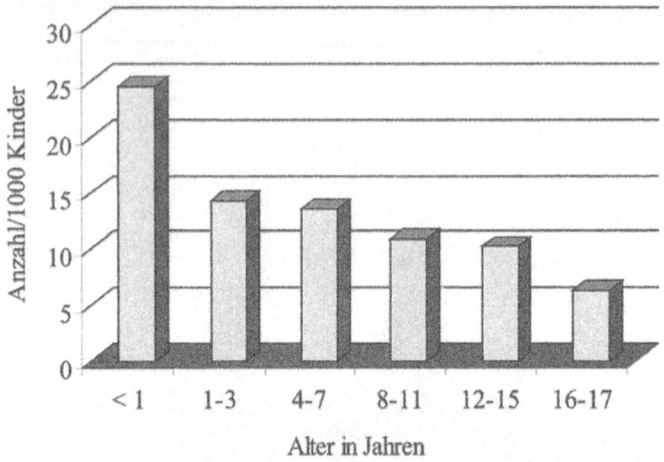

Abb. 3.18 Statistische Auswertung aus Amerika für das Jahr 2006. Gezeigt wird die Häufigkeit der Misshandlungen im Verhältnis zum Alter der Opfer (Quelle: Child Maltreatment 2006, U. S. Department of Health & Human Service).

fertigt zu untersuchen, ob es auch in solchen Fällen zu falschen Erinnerungen kommen kann? Führt eine solche Frage nicht vielleicht dazu, dass Kindern weniger Glauben geschenkt wird, wenn sie von Misshandlungen berichten? Unserer Meinung nach ist es richtig und wichtig, sich mit diesem Thema auch im Zusammenhang mit falschen Erinnerungen auseinanderzusetzen. Die obige Studie hat gezeigt, dass es möglich ist, Kindern falsche Erinnerungen einzugeben. Das kann auch passieren, wenn ein Kind auf den Verdacht von Misshandlungen hin befragt wird. Ist die Person, die das Kind befragt, vom Tatbestand einer Misshandlung überzeugt, können die Art der Fragen und bestätigende oder zweifelnde Antworten den Verdacht bekräftigen. Ist ein Kind aber erst einmal davon überzeugt, dass es tatsächlich zu einer solchen Tat kam, beeinflusst dies nicht nur den beschuldigten Täter, sondern auch das Selbstbild des Kindes. Die Auswirkungen können hierbei ähnlich tiefgehend sein, wie wenn die Tat tatsächlich stattgefunden hätte. Die Fragen sind deshalb äußerst wichtig, ob und wie leicht Kinder zu beeinflussen sind und, gerade mit dem Blick auf die obige Statistik, ob jüngere Kinder leichter von falschen Fakten überzeugt werden können.

In einer aktuellen Überblicksarbeit wurden diese Frage sowie weitere Annahmen im Hinblick auf die Glaubwürdigkeit von Kindern als Zeugen zusammengestellt (Ceci et al., 2007). Es wurde dabei gefunden, dass generell immer noch davon ausgegangen wird, dass die Aussagen jüngerer Kinder eher unglaubwürdig sind, während Aussagen von Kindern ab sechs Jahren unbewusst ein größeres Gewicht zugemessen wird. Zwar bestätigen Studien wie die weiter oben beschriebene, dass jüngere Kinder leichter als ältere zu beeinflussen sind, aber es gibt ja auch Untersuchungen, bei denen selbst Erwachsenen falsche Erinnerungen eingepflanzt wurden. Der Altersunterschied war auch nicht mehr relevant, wenn sowohl die jüngeren als auch die älteren Kinder bei der Befragung unter Druck gesetzt wurden (Finnilä et al., 2003). Ebenso konnte ein höherer Anteil an falschen Antworten bei Neunjährigen im Vergleich zu Fünfjährigen ausgelöst werden, wenn die vorab präsentierte Information in einer Geschichte (zum Beispiel ein Käsebrot) und die suggerierte Information (zum Beispiel ein Eibrot) für die älteren Kinder inhaltlich ähnlich waren (Ceci et al., 2007). Dies erinnert an die früher vorgestellten Ergebnisse von Fisher und Sloutsky (2005), die einen ähnlichen Versuch mit Bildern verschiedener Katzen durchführten und eine höhere Rate an falschen Antworten bei Erwachsenen fanden. Der Schluss, der aus diesen Ergebnissen gezogen werden kann, ist, dass Kinder jeden Alters anfällig für Suggestionen sind, auch wenn jüngere etwas leichter Fehlinformationen zu übernehmen scheinen. Dadurch, dass aber jüngeren Kindern eine geringere Glaubwürdigkeit zugesprochen wird, kann es eher dazu kommen, dass ihre Aussagen durch Hinterfragungen (ungewollt) verändert werden.

Es kommt des Weiteren auch darauf an, wie oft etwas suggeriert wird, wie viel Druck auf das Kind ausgeübt wird, wer die Befragung durchführt und wie etwas gefragt wird. Es würde den Rahmen dieses Buches sprengen, detailliert auf jeden dieser Punkte einzugehen. Abschließend soll daher festgehalten werden, dass Kinder sehr wohl als Augenzeugen befragt werden dürfen und sollten. Sie erinnern sich oft auch noch nach längerer Zeit an viele Einzelheiten, und sie sind in ihren Aussagen ähnlich glaubwürdig wie ältere Kinder oder sogar Erwachsene. Wie bei jeder Befragung ist es sehr wichtig, die Fragen möglichst neutral zu stellen, keinen Druck aufzubauen und sich als Fragender immer seiner Autorität als Erwachsener im Empfinden der Kinder bewusst zu sein. Die Erinnerungen von Kindern sind einerseits genauer als die von Erwachsenen, da sie Neues noch nicht unter Berücksichtigung von Vorwissen abspeichern. Aber sie sind andererseits eben auch anfälliger dafür, Informationen von Bezugspersonen als Wahrheit anzunehmen und daraus falsche Erinnerungen zu bilden.

4 | Stress und Träume

Unser Erinnerungsvermögen ist eng verknüpft mit unserem jeweiligen geistig-seelischen Befinden. In Kapitel 3 wurde unter anderem das sogenannte Zungen(spitzen)phänomen beschrieben. Dies ist ein Beispiel unter vielen, wenn uns ein Begriff oder ein Name manchmal einfach nicht einfallen will. Je stärker wir uns bemühen und je mehr Druck wir auf uns selber ausüben, desto unwahrscheinlicher wird es in den meisten Fällen, dass uns das gesuchte Wort einfallen wird. Erst wenn wir uns mit etwas anderem beschäftigen oder wenn wir uns entspannen, taucht das Wort plötzlich in unserem Kopf auf. Auch wenn wir uns von äußeren Einflüssen unter Druck gesetzt fühlen, kann es zu derartigen Gedächtnisblockaden kommen. Allerdings ist es ebenso bekannt, dass Langeweile ebenfalls zu einer Minderung unserer Gedächtnisleistungen führen kann.

Viele der Beispiele, die in Kapitel 3 genannt wurden, stehen in einem engen Zusammenhang mit den Auswirkungen von Stress. Es kann davon ausgegangen werden, dass Augenzeugen, wenn sie einen Überfall direkt miterleben, enormen Stress empfinden. Selbst Testpersonen verhalten sich bei einer wissenschaftlichen Untersuchung vermutlich nur bedingt normal, auch wenn hierbei generell angenommen wird, dass sie nicht unter einem extrem erhöhten Stress stehen. Stress wird als die Reaktion unseres Körpers auf eine – meist als bedrohlich empfundene – Situation verstanden. Unter Stress sind wir in der Regel zu Dingen fähig, die wir ansonsten nicht bewältigen könnten. Aber Stress wirkt nicht nur auf unsere körperlichen Fähigkeiten, sondern beeinflusst auch in erheblichem Maße unsere geistigen Leistungen. Daher wird sich der erste Abschnitt dieses Kapitels ausführlich mit den verschiedenen Aspekten von Stress befassen.

Der zweite interessante Bereich, dem sich dieses Kapitel widmen wird, befasst sich mit unseren Träumen. Wir schlafen jede Nacht, und wir träumen jede Nacht. An einige Träume können wir uns gut erinnern, an andere nur schwach, und die große Masse bleibt uns überhaupt nicht im bewussten Gedächtnis. Beeinflussen unsere Träume unsere Erinnerungen? Verändern sie diese sogar? Bis zum heutigen Tag konnte nicht wirklich geklärt werden, warum wir eigentlich träumen. Zwar ist inzwischen genauer bekannt, was in unserem Kopf passiert, wenn Träume gebildet werden, aber der Rest liegt doch noch immer im Dunkeln. Allerdings gibt es seit über 100 Jahren Forscher, die sich bemühen, einen Sinn in unseren Träumen zu finden. Die Interpretation von Träumen und bestimmten Symbolen in ihnen war ein wichtiger Bereich innerhalb der Psychotherapie („Jung'sche Archetypen"). Noch heute wird die Trauminterpretation als eine therapeutische Methode genutzt. Träume können insbesondere bei Menschen, die eine traumatische Erfahrung gemacht haben, zu einem immer wiederkehrenden Erleben des Traumas im Traum führen. Daher wird im zweiten Abschnitt dieses Kapitels genauer auf den Einfluss unserer Träume auf unser Gedächtnis und auf die Ausbildung falscher Erinnerungen eingegangen.

Einfluss von Stress

Der Begriff Stress wurde ursprünglich im physikalischen Zusammenhang für die Ausübung von Druck oder Spannung auf ein Material verwendet. Die Auswirkungen von Stress auf ein Individuum beschäftigen schon seit längerem die biologische, medizinische und psychologische Forschung. Aus der Biologie ist bekannt, dass Stress sich nicht nur auf das Verhalten einzelner Tiere auswirkt, sondern beispielsweise auch die Größe von Populationen beeinflussen kann. So führt unter anderem eine zu hohe Anzahl von Tieren einer Art auf einem begrenzten Raum oft dazu, dass die Fähigkeit zur Fortpflanzung sinkt – die Rate der Unfruchtbarkeit nimmt zu.

Es gibt kaum einen anderen Begriff, dessen Bedeutung und Einfluss in unserer Gesellschaft in den letzten Jahrzehnten derart stark zugenommen hat, wie es bei diesem kleinen Wort „Stress" der Fall ist. Wir haben beruflichen Stress ebenso wie privaten. Immer gibt es wichtige Termine, zu denen wir irgendwo sein müssen. Ständig arbeiten wir an Projekten oder Berichten, die zu einem bestimmten Zeitpunkt fertig sein müssen. Sprechen wir im Alltag von Stress, meinen wir damit meistens eine Situation, die unseren ganzen (allzu oft allein geistigen) Einsatz erfordert. Die Situation wird dabei oft auch als negativ empfunden. Wir stehen unter großem Druck und fühlen uns, als wären wir dauerhaft auf der Flucht vor irgendetwas. Es gibt aber neben diesen negativen auch positive, unsere Leistung steigernde stressauslösende Situationen. Druck bei der Arbeit oder im privaten Bereich kann sich demnach auch positiv auf uns auswirken: Stress ist nicht gleich Stress.

Stellen wir uns zwei verschiedene Situationen vor. Wir wachen morgens auf und stellen fest, dass wir verschlafen haben. Wir geraten daraufhin in Zeitnot, ziehen uns hastig an, trinken noch schnell einen Kaffee und machen uns auf den Weg. Insgesamt haben wir aber die ganze Zeit noch das beruhigende Gefühl, es rechtzeitig zur Arbeit schaffen zu können. Wir sind weiterhin Herr der Lage und fühlen uns durch die Situation zwar unter Druck gesetzt, sind aber ebenfalls motiviert, sie zu bewältigen. Der positive Stress fordert und fördert uns. Anschließend setzen wir uns ins Auto und fahren durch die Stadt und geraten unvermittelt in einen Stau. Wir werden nervös, die Zeit ist doch sehr knapp, und wir wissen, dass wir einen wichtigen Termin am Vormittag haben. Wir können aktiv an der Situation nichts ändern, fühlen uns ihr ausgeliefert, werden aggressiv und schimpfen auf die anderen, scheinbar unfähigen Autofahrer. Ohne Kontrolle über die aktuelle Situation müssen wir uns in Geduld üben, was uns aber aufgrund des Termindruckes nicht wirklich gelingt. Wir werden immer nervöser, ärgerlicher, fangen an zu schwitzen – wir stehen erheblich unter negativem Stress.

Diese alltägliche Situation veranschaulicht, dass Stress zwei verschiedene Auswirkungen auf uns haben kann. Die positive Form des Stresses steigert unsere Leistungsfähigkeit, motiviert uns, fordert uns heraus und führt vorwiegend auch dazu, dass wir produktiver und konzentrierter handeln. Wir erledigen eine Aufgabe besser, wenn sie uns etwas abverlangt, als wenn sie uns beispielsweise langweilt. Diese stimulierende Form des Stresses wird auch als **Eustress** bezeichnet. Die Kehrseite des Ganzen ist eine extreme Stresssituation oder Dauerstress, der uns nicht zur Ruhe kommen lässt. **Distress**, wie diese Variante von Stress auch bezeichnet wird, führt dazu, dass wir uns von der Arbeit, der Situation überfordert fühlen. Die zu erledigende Arbeit wird schlechter durchgeführt, da sich diese negative Form des Stresses hemmend auf unsere Konzentration auswirkt. Hierbei gibt es einen fließenden Übergang zwischen Eustress und Distress, der abhängig ist vom eigenen Umgang mit der neuen Situation und der jeweiligen Stressbelastung (siehe Abb. 4.1).

Heute wird für eine anhaltende Überforderung auch eingedeutscht der Begriff des Burn-out-Syndroms (*to burn out* = ausbrennen) verwendet, während eine anhaltende Unterforderung auch als Bore-out-Syndrom (*to bore* = langweilen) bezeichnet wird. Dieser Punkt wird später im Zusammenhang mit den psychologischen Folgen von Stress noch einmal aufgegriffen.

Stress wirkt sich aber nicht nur auf unseren psychischen Zustand aus, sondern es handelt sich hierbei auch um eine sehr komplexe Reaktion unseres Körpers auf eine herausfordernde Situation. Im Gegensatz zur Alltagssprache wird unter dem Begriff „Stress" in der Wissenschaft (vor allem in der Biologie) deswegen auch nur die körperliche Reaktion des Individuums

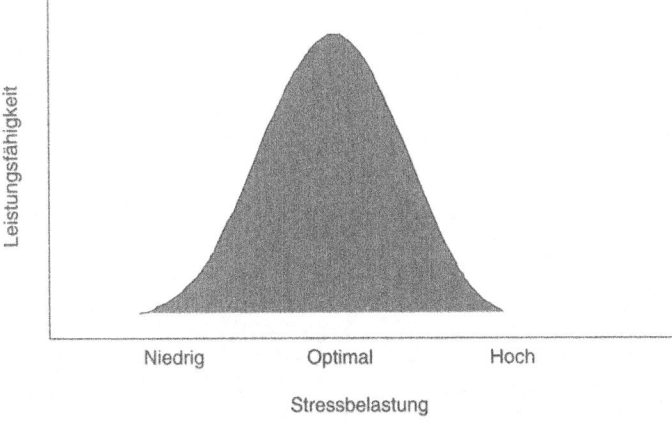

Abb. 4.1 Es gibt einen direkten Zusammenhang zwischen der empfundenen Stressstärke und der Fähigkeit, damit umzugehen.

auf einen stressauslösenden Faktor, den **Stressor**, verstanden. Stressoren können hierbei sehr unterschiedlicher Art sein. Sie können von außen auf uns einwirken wie beispielsweise unsere Arbeit oder Gefahrensituationen. Sie können aber auch aus uns heraus entstehen, wie es bei Emotionen, Krankheiten oder psychischen Belastungen der Fall ist. Da sich unsere Umwelt in einem ständigen Wandel befindet, gibt es auch beinahe stetig Stressoren, die uns beeinflussen. Ihre jeweilige Intensität und Dauer ist dabei sehr unterschiedlich.

Die Voraussetzung für das Verständnis des Phänomens Stress und insbesondere auch die Auswirkungen auf unser Gedächtnis beinhaltet, dass zuerst die physiologischen Prozesse in unserem Körper eingehender betrachtet werden. Reagieren wir auf einen Stressor, so verändert sich unser Hormonhaushalt deutlich. Diese Anpassungen unseres Körpers wirken auf viele weitere Organe und lösen eine Welle von Reaktionen aus. Uns selbst fällt diese Stressreaktion vor allem dann auf, wenn wir uns erschrecken und sich unser Körper für schnelle Bewegungen bereit macht. Daher wird im Folgenden zuerst genauer die

Reaktion unseres Körpers auf einen Stressor betrachtet und die verschiedenen Stresshormone und ihre Funktionen und Wirkungen vorgestellt. Hierbei werden auch die negativen Folgen von lang anhaltendem Stress sowie die Auswirkungen von Stress auf unser Gedächtnis genauer diskutiert.

Wirkung von Stress auf den Körper

Generell ist Stress der Versuch des Körpers, sich an die ständigen Veränderungen in unserer Umwelt anzupassen. Dabei ermöglicht Stress uns unter anderem eine schnelle Reaktion auf neue Gegebenheiten. Diese Reaktion auf eine möglicherweise auch für die eigene Person gefährliche Veränderung in unserer Umwelt kann die von dem amerikanischen Physiologen Walter B. Cannon (1915) als Kampf-oder-Flucht-Verhalten (*fight-or-flight-response*) bezeichnete Reaktion auslösen. Solche Situationen sind vermutlich jedem von uns aus dem Alltag bekannt.

Stellen wir uns folgende beispielhafte Situation vor: Wir gehen eine Straße entlang, und plötzlich knallt es hinter uns sehr laut. Wir erschrecken und drehen uns um. Der Puls steigt rapide an, die Muskeln machen sich bereit, die Atmung wird schneller, und unsere gesamte Aufmerksamkeit ist auf die Lärmquelle gerichtet. Sehen wir dann, dass jemandem nur eine schwere Glasflasche heruntergefallen ist, entspannen wir uns langsam wieder. Es kann allerdings eine ganze Weile dauern, bis unser Puls und unsere Atmung sich wieder normalisiert haben. Auch fühlen sich unsere Beine und Arme nach einem solchen Schreck oft etwas zittrig an. Innerhalb von wenigen Sekunden waren wir körperlich bereit, uns zu verteidigen oder zu flüchten, je nachdem, was die Situation und unsere Erfahrung erfordert hätte. Wäre die Ursache des Knalls beispielsweise ein Autounfall gewesen, wobei Teile eines Autos eventuell durch die Luft fliegen könnten, hätte als erste Reaktion eine schnelle Flucht lebensrettend sein können. Es sind vermutlich auch genau solche lebenserhaltenden Reaktionen auf Gefahrensituationen gewesen, die zur Entwicklung dieser Form der Stressreaktion geführt haben.

Dieses Beispiel zeigt auch die Notwendigkeit und die große Bedeutung einer schnellen körperlichen Reaktion auf eine potentiell bedrohliche Situation. Was genau spielt sich jedoch in unserem Körper ab, dass wir so gezielt und schnell reagieren können? Im ersten Schritt kann grob zwischen zwei Gruppen von **Stresshormonen** unterschieden werden: den **Catecholaminen** und den **Glucocorticoiden**. Das im Alltag wohl bekannteste Stresshormon, das Adrenalin, gehört zu den **Catecholaminen**.

So gibt es Menschen, von denen gesagt wird, dass sie adrenalinsüchtig seien, da sie sich wiederholt und bewusst extremen Stresssituationen wie beispielsweise Bungeejumping oder Fallschirmspringen aussetzen. Die hierbei gefühlte Euphorie bewirkt, dass sie sich unbesiegbar und voller Leben fühlen. Unbekannter ist, dass es nicht wirklich das Adrenalin ist, das hier für diese Rauschwirkung verantwortlich ist, sondern ein anderes Catecholamin, das **Dopamin** (auch in neuerer Zeit als Glückshormon bezeichnet). Chemisch gesehen ist Dopamin ein Zwischenprodukt, das bei der Umwandlung (Biosynthese) der Aminosäure Tyrosin (Bestandteil vieler Eiweiße) hin zum Adrenalin entsteht (siehe Abb. 4.2). Dopamin ist bei fast jeder Stressreaktion beteiligt und führt eben dazu, dass einige Menschen immer wieder den besonderen „Kick" in ihrem Leben

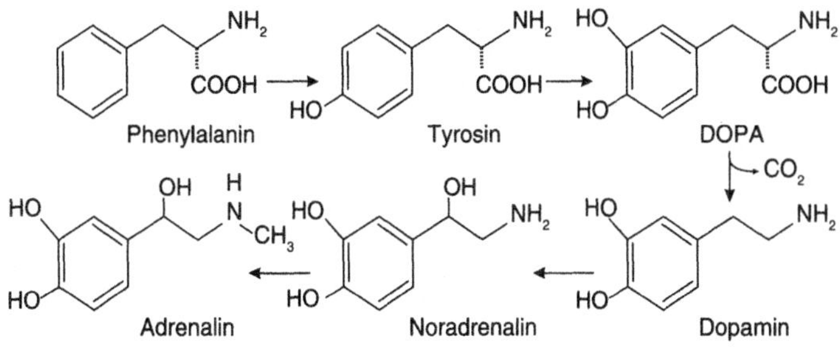

Abb. 4.2 Gezeigt wird die Biosynthese des Tyrosins über die Zwischenstufen Dopamin und Noradrenalin hin zum Adrenalin.

suchen. Sie werden süchtig nach dem euphorischen Zustand, der durch den Stressor ausgelöst wird.

Das Stresshormon Adrenalin wird sehr schnell von unserem Körper unter Stress, bei Erregung und körperlichen Notfallsituationen wie Unterkühlung, Verbrennung oder Unterzuckerung produziert. Dabei hat Adrenalin vielfältige Auswirkungen auf unseren Körper. Es führt unter anderem zu einer Erhöhung des Blutzuckerspiegels (durch Hemmung des Blutzucker abbauenden Hormons Insulin), der als Energiequelle für die Muskulatur dient. Adrenalin verursacht außerdem eine Erhöhung des Sauerstoffgehalts durch die Steigerung des Herzschlags, vermehrt die Freisetzung von roten Blutkörperchen (Erythrocyten, diese transportieren den Sauerstoff) aus der Milz und führt zu einer Verminderung der Darmtätigkeit und -durchblutung. Diese durchweg den Körper aktivierenden Wirkungen des Adrenalins führten auch zum Einsatz von künstlich hergestelltem Adrenalin als Medikament zur Wiederbelebung bei Herzstillstand. Gebildet wird Adrenalin in unserem Körper im Nebennierenmark, ausgelöst durch die Wahrnehmung eines Stressors.

Parallel zur Freisetzung von Adrenalin aus dem Nebennierenmark wird ein weiteres Stresshormon, das Catecholamin Noradrenalin, durch das sympathische Nervensystem (**Sympathikus**) freigesetzt und unterstützt die Wirkung des Adrenalins (siehe u. a. Box 4.1).

Box 4.1: Das Nervensystem ━━━━━━━━━━━━━━━━━

Unser Nervensystem lässt sich zunächst in das zentrale Nervensystem und das periphere Nervensystem unterteilen. Das **zentrale Nervensystem**, kurz ZNS, umfasst unser Gehirn und das Rückenmark und ist damit vorwiegend für Gedächtnisvorgänge und für die Verarbeitung der Sinneswahrnehmungen zuständig. Der zweite Bereich unseres Nervensystems ist das **periphere Nervensystem**. Darunter werden diejenigen Anteile des Nervensystems verstanden, die außerhalb unseres Kopfes und unserer Wirbelsäule liegen. Das periphere Nervensystem lässt sich weiter in das somatische Nervensystem und das vegetative (auto-nome) Nervensystem untergliedern.

Das somatische Nervensystem (griechisch *soma* = Körper) beinhaltet zum einen die aufsteigenden Nervenzellen, die Reize aus unserer Umwelt wahrnehmen (afferente Nerven) und diese zum Gehirn zur Weiterverarbeitung weiterleiten. Zum anderen werden hierzu auch die absteigenden Nervenzellen (efferente Nerven) gezählt, die Reize vom Gehirn zu Muskulatur, Drüsen oder Pigmentzellen weiterleiten. Das **vegetative Nervensystem** besteht ebenfalls aus ab- (efferenten) und aufsteigenden (afferenten) Nervenzellen. Die efferenten Bahnen teilen sich auf in den **Sympathikus** und den **Parasympathikus**. Das vegetative Nervensystem ist für die Prozesse des Stoff- und Energiestoffwechsels in unserem Körper zuständig. Die alternative Bezeichnung des vegetativen Nervensystems als autonomes Nervensystem bezieht sich darauf, dass wir die Funktionen des Sympathikus und des Parasympathikus (normalerweise) nicht bewusst steuern können, sie laufen ohne unser Dazutun ab. In Abbildung 4.3 wird die Hierarchie unseres Nervensystems noch einmal veranschaulicht.

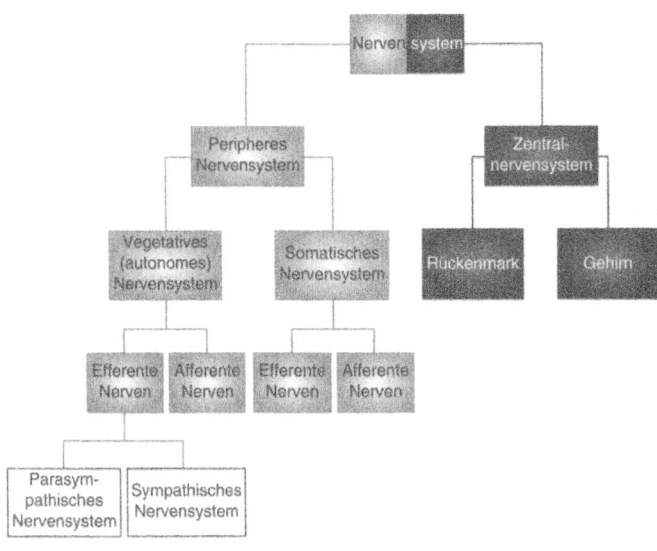

Abb. 4.3 Hierarchische Aufteilung des Nervensystems.

Das Noradrenalin trägt die insgesamt aktivierende Reaktion des Adrenalins in unserem Körper mit und verstärkt diese. Der Gegenspieler dieser Reaktion wird von einem weiteren Teil unseres unbewussten vegetativen Nervensystems gesteuert: dem **Parasympathikus**, der zusammen mit dem Sympathikus das vegetative Nervensystem bildet. Der Parasympathikus ist für die körperlichen Folgeanpassungen nach dem Stress verantwortlich. Er sorgt dafür, dass der Ruhezustand des Körpers wiederhergestellt wird. Damit passt das vegetative Nervensystem unseren Körper andauernd auf die Anforderungen der Umwelt und auch auf innere stressauslösende Faktoren (beispielsweise Verletzungen oder Infektionen) an.

Nach diesem Überblick des Nervensystems und der einzelnen Mechanismen wird im Folgenden noch einmal genauer beschrieben, wie ein Stressor zur Ausschüttung der Catecholamine Adrenalin und Noradrenalin führen kann. Die Aktivierung des Sympathikus geschieht über einen Neurotransmitter (siehe auch Kapitel 2), den Corticotropin-Releasing-Faktor (kurz CRF). Die Wahrnehmung eines Stressors führt dazu, dass im Gehirn über den Hypothalamus die Produktion des CRF sowie des für die zweite Gruppe der Stresshormone entscheidenden Adrenocorticotropen Hormons (ACTH) in der Hypophyse angeregt wird. Das CRF aktiviert dann den Sympathikus, und dieser steuert direkt das Nebennierenmark an und löst dort die Ausschüttung von Adrenalin in die Blutbahn aus (siehe auch Abb. 4.4).

Zusammengefasst werden die Aktivierung des sympathischen Nervensystems und die daraus resultierende Freisetzung von Adrenalin auch unter dem Begriff des Cannon-Stresssyndroms oder des Sympathikus-Nebennierenmark-Systems (Cannon, 1932). Der Körper reagiert dadurch sehr schnell auf den Stressor, da die Übertragungen der Reize direkt über den Hypothalamus auf die Nervenbahnen des Sympathikus und darüber auf das Nebennierenmark ablaufen. Dies führt dazu, dass Adrenalin rasend schnell ausgeschüttet wird. Auf diese Weise sind wir innerhalb kürzester Zeit bereit, uns der Ursache des Stresses zu stellen.

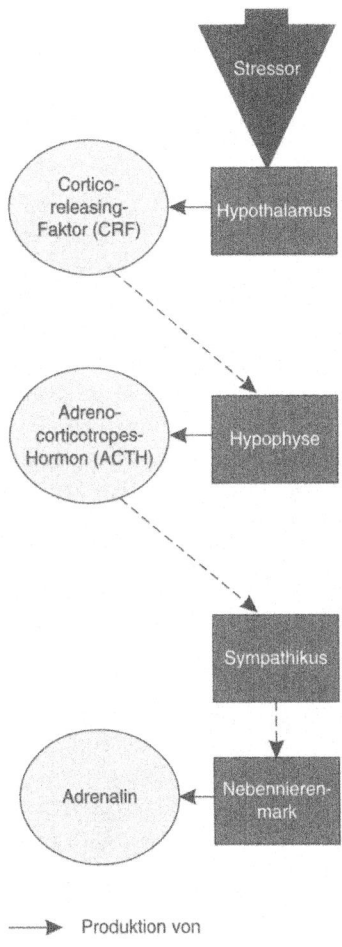

Abb. 4.4 Veranschaulicht wird die Kettenreaktion durch die Wahrnehmung eines Stressors, die zur schnellen Freisetzung von Adrenalin in den Körper führt.

Die zweite Gruppe der Stresshormone, die **Glucocorticoide**, sind den meisten Menschen bisher noch eher unbekannt. Zu dieser Gruppe zählen unter anderem die Hormone Cortisol und Cortison. Glucocorticoide sind unverzichtbar für eine normal verlaufende körperliche Entwicklung sowie für unser Immunsystem und sind wie gesagt stark an Stressreaktionen beteiligt. Gebildet werden sie ebenfalls in der Nebenniere, und zwar aus Cholesterin, allerdings anders als das Adrenalin nicht im Nebennierenmark, sondern in der Nebennierenrinde. Das in der Hypophyse gebildete und in die Blutbahn ausgeschüttete Adrenocorticotrope Hormon (ACTH) wird mit dem Blut bis zur Nebennierenrinde transportiert und löst dort die Freisetzung der Glucocorticoide aus. Die Produktion dieser zu den Steroidhormonen zählenden Hormone unterliegt normalerweise einem Zyklus im Tagesrhythmus, wobei die größte Menge morgens produziert wird. Die Aufgabe der Glucocorticoide liegt darin, eine weitere Erhöhung des Blutzuckerspiegels zu unterstützen, der bereits durch die erste, schnellere Ausschüttung des Adrenalins angestiegen ist. Zudem bewirkt Cortisol im Nebennierenmark die Umwandlung von Noradrenalin zu Adrenalin und ist dadurch direkt für einen weiteren Anstieg des Adrenalinspiegels verantwortlich. Des Weiteren wirken Glucocorticoide hemmend auf die Hypophyse zurück und sind somit auch für ein Abklingen der gesamten Stressreaktion unabdingbar (siehe Abb. 4.5).

Zusätzlich zu dem bereits genannten Neurotransmitter CRF produziert der Hypothalamus auch noch das sogenannte Vasopressin, ein Hormon, das auf die Niere wirkt und dort zu einer Minderung der Urinbildung führt. Unter Stress benötigt der Körper vermehrt Wasser, da eine physische Reaktion auf Stress eine vermehrte Schweißbildung ist. Vasopressin führt zu einer Rückführung von Wasser aus dem Urin und hält dadurch zumindest für eine gewisse Zeit den Wasserhaushalt unseres Körpers im Gleichgewicht.

Eine weitere wichtige Eigenschaft der Glucocorticoide ist die hemmende Wirkung von Cortison auf unser Immunsystem. Bekannt ist das Hormon Cortison daher auch vor allem als Bestandteil medizinischer Präparate, die eingesetzt werden, um Überreaktionen des Immunsystems (zum Beispiel bei allergischen Reaktionen der Haut) zu stoppen. Die Hemmung

A

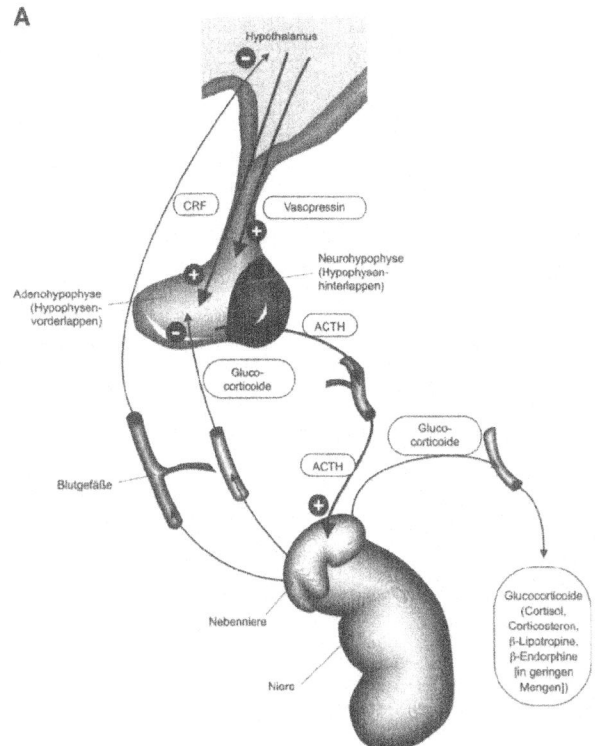

Abb. 4.5 Reaktion unseres Körpers bei Stress. A) Ausschüttung der Glucocorticoide und ihre Wirkungsweise. B) Regelkreis der Freisetzung von Adrenalin und Glucocorticoiden.

des Immunsystems ist eine weitere Anpassung unseres Körpers, alle Funktionen für die Bewältigung der stressigen Situation zu bündeln. Diese Reaktion des Körpers wird auch als das Hypophysen-Nebennierenrinden-System oder Selye-Stresssyndrom bezeichnet (Selye, 1936). Das Selye-Stresssyndrom umfasst eine zeitlich verzögerte Reaktion auf einen Stressor. Im Gegensatz zum weiter oben beschriebenen Cannon-

B

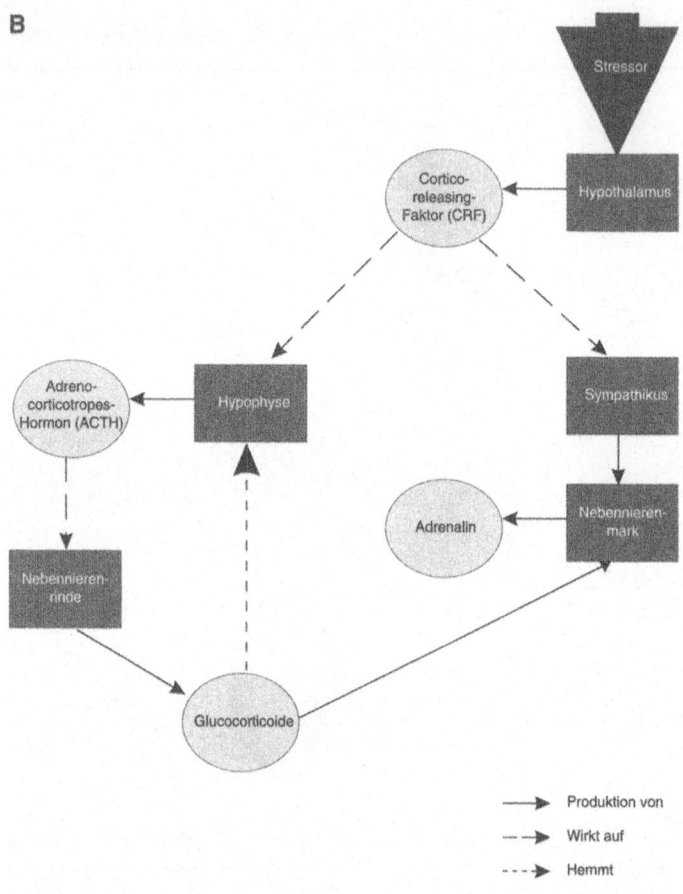

Abb. 4.5 Fortsetzung

Stresssyndrom (Sympathikus-Nebennierenmark-System), das vor allem durch schnelle Reizweiterleitung über das Nervensystem funktioniert, werden beim Selye-Stresssyndrom Hormone ausgeschüttet und über die Blutbahn zu den Zielorganen transportiert. Dieser Vorgang benötigt mehr Zeit, dafür hält diese Reaktion des Körpers aber auch länger an.

Angelehnt an diese beiden körperlichen Reaktionen lassen sich zwei biologische Modelle der Stressreaktion darstellen (siehe Abb. 4.6). Hierbei folgt das eine Modell den Erkenntnissen von Cannon (Abb. 4.6 A), während das andere von Selye (Abb. 4.6 B) beschrieben wurde und zwischen drei verschiedenen Phasen einer Stressreaktion unterscheidet.

Das Modell des dreiphasigen Cannon-Stresssyndroms stellt noch einmal kurz und knapp die Reaktion in unserem Körper auf einen Stressor dar. Dieser wirkt auf unser zentrales Nervensystem, das wiederum das vegetative Nervensystem aktiviert und im Nebennierenmark zur Ausschüttung von Adrenalin führt. Adrenalin bewirkt die allgemeine Aktivierung in unserem Körper, die sich in der Kampf-Flucht-Reaktion widerspiegelt. Diese Reaktion läuft schnell ab und hält auch nicht dauerhaft an.

Anders sieht es bei der Stressreaktion nach Selye aus, die vor allem über die Ausschüttung von Hormonen geregelt wird. Diese Reaktion auf einen anhaltenden Stressor kann bis zum körperlichen Zusammenbruch anhalten. Selye unterscheidet hierbei drei mehr oder minder aufeinanderfolgende Phasen der Stressreaktion.

Die erste Phase beschreibt die **Alarmreaktion**. Sie bewirkt, dass wir schnell auf eine mögliche Gefahrensituation reagieren können. Würden wir mitten in der Savanne stehen und ein Löwe auf uns zurennen, müsste unser Körper schnell seine energetischen Reserven mobilisieren, damit wir weglaufen könnten. Problematisch wird es jedoch, wenn der Stressor anhält und unser Körper über einen langen Zeitraum in diesem Kampf-oder-Flucht-Zustand verbleibt. So kann diese erste Phase der Stressreaktion, wenn sie lange anhält, schließlich zum bereits erwähnten Burn-out-Syndrom, auch „Managerkrankheit" genannt, führen. Der Betroffene fühlt sich dabei anhaltend wie unter Strom gesetzt, arbeitet zu viel, fühlt sich überfordert und wird gereizt. Sehr häufig kommt es auch dazu, dass zusätzlich die Ernährung vernachlässigt wird und Anzeichen für Erkrankungen nicht bemerkt werden. Der eigene Körper wird mehr oder weniger ignoriert. Mögliche Folgen sind daher auch erst überreizte

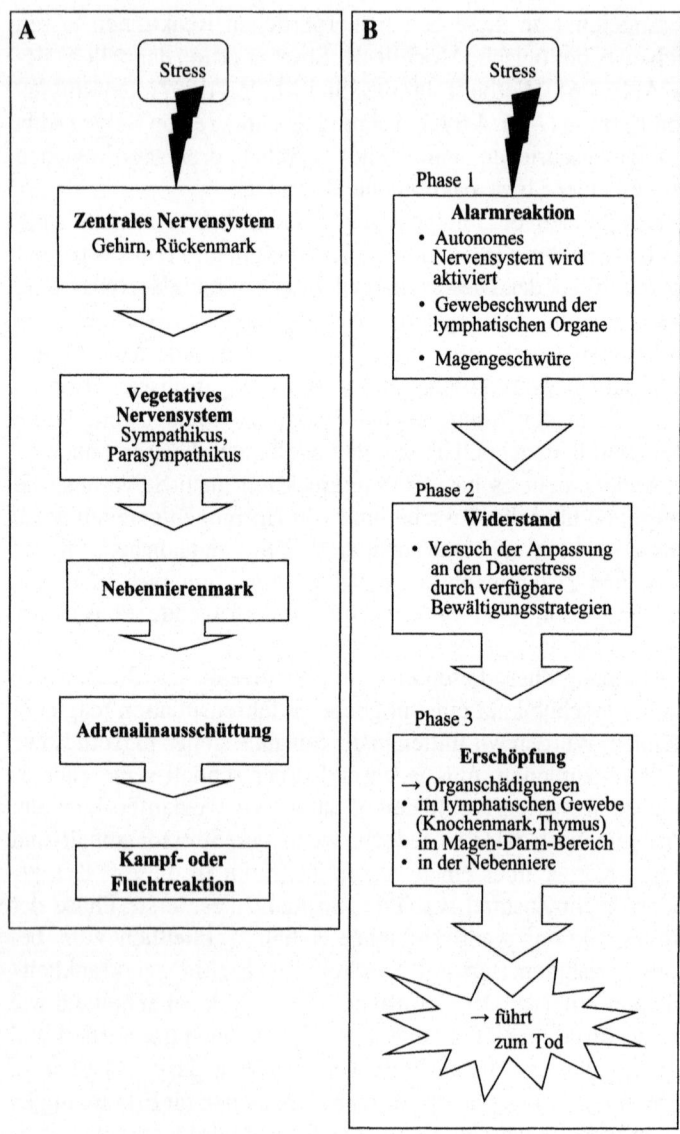

Abb. 4.6 A) Die Stressreaktion nach Cannon (1932). B) Die dreiphasige Stressreaktion nach Selye (1981).

Magenschleimhäute bis hin zu Magengeschwüren sowie eine generelle Schwächung des Immunsystems, die zum Beispiel zu einem höheren Allergierisiko oder zur Verschleppung von Erkältungserkrankungen führen kann. Eine weitere Folge dieses Zustands ist, dass das Herz überlastet wird und es zu einem Herzinfarkt kommen kann. Leider lassen es immer noch zu viele Menschen bis zu diesem sehr deutlichen Warnsignal kommen, bevor sie ihren Lebenswandel den Bedürfnissen ihres Körpers anpassen.

Bleibt der Stress weiterhin bestehen, beginnt die zweite Phase, der **Widerstand**. Irgendwann erkennt jeder, dass er sich in einem Teufelskreis von Arbeit und Verpflichtungen befindet und unter Dauerstress leidet. Wir versuchen dann, die Situation durch uns bekannte Strategien zu bewältigen und dadurch dem Stressor zu entgehen oder diesen zumindest zu mindern. Eine kurzfristige Strategie, bei der wir dem Stressor ausweichen statt ihn zu verändern, wäre zum Beispiel, zum Abschalten und Entspannen in den Urlaub zu fahren. Allerdings kann es hierbei passieren, dass der Stresspegel in uns weiterhin hoch bleibt, weil wir uns geistig nicht von der Arbeit – dem Stressor – trennen können. Daher geschieht es auch häufig, dass wir, wenn wir endlich im Urlaub sind, krank werden, uns zum Beispiel eine Erkältung einfangen. Das ist ein leider zu gut bekanntes Phänomen. Wir arbeiten hart und stehen unter einem enormen Druck. Endlich fahren wir in den Urlaub. Der Stress und seine Wirkung auf den Körper sinken, womit auch die Unterdrückung des Immunsystems verringert wird. Unser Körper fängt jetzt verstärkt wieder an, Krankheitserreger zu bekämpfen, und prompt sind wir die erste Woche krank. Diese Urlaubskrankheit zu Beginn ist damit auch ein gutes Zeichen dafür, dass wir im Alltag allem Anschein nach unter Dauerstress standen. Haben wir diese erste Zeit aber erst einmal hinter uns gebracht, merken wir, wie sich unser Körper weiter erholt, entspannt und wir förmlich neue Kraft schöpfen. Eine andere und meist auch schneller und leichter umsetzbare Möglichkeit ist, Methoden zu entwickeln, mit deren Hilfe wir uns im Alltag deutlicher vom Stressor distanzieren können.

Dadurch geben wir uns selbst die Freiräume, in denen unser Körper sich von der anhaltenden Stressreaktion erholen kann. Eine gute Lösung ist zum Beispiel regelmäßiger Sport, da dieser zum Abbau von Stresshormonen und zur Ausschüttung von Endorphinen führt. Ignorieren wir diese zweite Phase des Widerstands oder sind nicht in der Lage, eine Änderung herbeizuführen, beginnt die dritte Phase der Stressreaktion.

Die dritte Phase der Stressreaktion nach Cannon ist die **Erschöpfung**. Der anhaltende hohe Stress bewirkt, dass unser Hormonhaushalt völlig durcheinander gerät und schließlich sogar zusammenbricht. Die Senkung der Durchblutung im Magen-Darm-Trakt sowie die anhaltende Veränderung der Nierentätigkeit aufgrund des Wasserentzugs aus dem Urin führen zu Schädigungen des Gewebes dieser Organe. Die hemmende Wirkung der Stresshormone auf die für das Immunsystem so wichtigen lymphatischen Organe schädigt diese. Zu den lymphatischen Organen zählen zum einen das Knochenmark und zum anderen ein zweilappiges Organ, der Thymus, der vor unserem Herzen liegt. Die lymphatischen Organe sind für die Produktion der Lymphozyten (weiße Blutkörperchen) zuständig. Die weißen Blutkörperchen sind ein wichtiger Teil unserer Immunabwehr. Lymphozyten sind Zellen, die eindringende Krankheitserreger, Fremdteilchen oder auch krankhaft veränderte Zellen (Krebs) bekämpfen. Durch eine lang anhaltende Stressreaktion werden diese lymphatischen Organe unwiederbringlich beschädigt. Das hat zur Folge, dass unser Immunsystem endgültig zusammenbrechen kann. Das letzte Stadium dieser dritten Phase, sofern es nicht doch zu einem einschneidenden Wandel kommt, führt so letztendlich zum Tod. Der Körper hat sich durch den Dauerstress aufgebraucht und keine eigenen Reserven mehr, um die Folgen der anhaltenden Stressreaktion im Körper auszugleichen und zu einem Normalzustand zurückzukehren.

Gezeigt werden konnte diese drastische Folge von anhaltendem Stress bei Studien mit Nagetieren. Besonders bekannt wurden hierbei die in Südostasien vorkommenden Spitzhörnchen oder auch Tupajas (siehe Abb. 4.7).

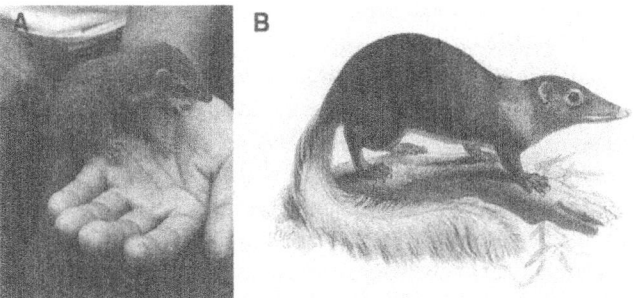

Abb. 4.7 Foto (A) und Zeichnung (B) eines Spitzhörnchens.

Spitzhörnchen leben in freier Natur alleine oder paarweise. Sie verteidigen ihre Reviere gegen Artgenossen äußerst aggressiv. Werden mehrere Spitzhörnchen unter künstlichen Bedingungen zusammengehalten, entwickelt sich eine gewisse Rangstruktur heraus. Hierbei konnte gezeigt werden, dass bei der Haltung von zwei Männchen in einem Gehege mit der Zeit das eine Tier das andere dominiert (beherrscht) und unterdrückt. Da das unterlegene Männchen durch den begrenzten Raum des Käfigs dieser Situation nicht entgehen kann, befindet es sich in einem Zustand des Dauerstresses. Das Verhalten dieses Tieres ändert sich demzufolge. Obwohl es weiterhin gut frisst, verliert es immer mehr an Körpergewicht. Außerdem zieht es sich vorwiegend in eine Ecke des Käfigs zurück und versucht, dem ranghohen Tier aus dem Weg zu gehen. Das rangniedere Männchen befindet sich in einer für ihn nicht zu kontrollierenden Stresssituation, die schließlich innerhalb von 20 Tagen zu unumkehrbaren Schädigungen der inneren Organe und letztendlich zum Tod des Tieres führt (Holst, 1986). Demnach reagierten die beiden Männchen auf die Stresssituation, gemeinsam in einem Käfig zu sitzen, auf zwei völlig unterschiedliche Weisen. Das ranghohe Tier reagierte aktiv auf die Situation und war dadurch in der Lage, den Stress zu bewältigen, ohne dass es zu lebensbedrohenden Auswirkungen kam. Das rangniedere Tier hingegen fügte sich passiv, konnte dadurch die Situation nicht kontrollieren und brach am Ende körperlich zusammen.

Welche Faktoren dazu führen, ob wir aktiv oder passiv auf Stressoren reagieren, ist bisher nicht vollständig geklärt. Es gibt allerdings die Annahme, dass es sowohl genetische wie auch individuelle Faktoren in unserer frühen Entwicklung gibt, die hierauf bereits Einfluss haben. Das bedeutet zum Beispiel, dass wir als Erwachsene besser auf Stress reagieren können, wenn wir schon in unserer Kindheit Strategien gelernt haben, wie wir mit Stressoren selbstbewusst umgehen können. Bekannt ist außerdem, dass die beiden Prozesse, die Aktivierung des Nebennierenmarks und die der Nebennierenrinde, unabhängig voneinander ablaufen können (Henry & Stephens, 1977).

Abschließend soll festgehalten werden, dass Stress die Reaktion unseres Körpers auf eine subjektiv wahrgenommene Gefahr ist. In bedrohlichen Situationen ist die Stressreaktion überlebenswichtig und hat sich daher auch in der stammesgeschichtlichen Evolution durchgesetzt. Wäre es nicht sinnvoll gewesen, auf eine Bedrohung von außen mit Stress zu reagieren, wäre diese Reaktion heute vermutlich auch kein Problem für uns. Da aber die Menschen, die nicht angemessen auf eine Gefahrensituation mit Stress reagierten, möglicherweise am Ende von Löwen gefressen wurden, hat sich die Stressreaktion als lebenserhaltender Mechanismus unseres Körpers durchgesetzt. Problematisch wird Stress für uns erst dann, wenn er unvermindert über einen langen Zeitraum fortbesteht und dadurch zu Schädigungen in unserem Körper führt. Besonders die Anforderungen der modernen Zeit führen dazu, dass unser Körper sehr oft scheinbar falsch reagiert und wir dann mit den negativen Folgen umgehen müssen. Beispiel hierfür ist oft eine sitzende Tätigkeit, Anforderungen im Beruf, die uns andauernd fordern und die Stressreaktion auslösen, ohne dass wir ein ausgleichendes Ventil zur Regulierung des Stresses haben.

Psychologische Folgen von Stress

Heute ist bekannt, dass nicht alleine die körperlichen Reaktionen für unseren Umgang mit stressigen Situationen entscheidend sind. Vielmehr ist es auch von entscheidender Bedeutung, wie wir psychisch mit der Situation umgehen. Versuchen wir, den Stressor aktiv zu bewältigen und zu verändern, oder bleiben wir eher passiv? Der entscheidende Faktor ist hierbei die individuelle Einschätzung der aktuellen stressauslösenden Lage sowie unserer eigenen Person in dieser Situation. Eine Erklärung stammt von Richard Lazarus, der dies mit seinem Transaktionalen Stressmodell umschrieb (u. a. Lazarus & Folkman, 1984). Hierbei unterschied er drei Stufen der Stressbelastung und drei Formen von Strategien zur Bewältigung dieser Situationen.

Die erste Stufe seines Modells beschreibt die **Primärbewertung**, in der die wahrgenommenen Umweltreize beurteilt werden. Diese Bewertung kann positiv sein und unsere Leistung fördern. Sie kann aber auch eine für uns mögliche Gefahr aufzeigen, oder wir schätzen unsere aktuelle Umgebung als neutral und damit als für eine Stressreaktion nicht weiter erhebliche Situation ein. Die Primärbewertung ist damit sozusagen das, was wir zu jedem beliebigen Zeitpunkt durchführen. Da sich unsere Umwelt und auch unser eigenes Befinden ständig verändern, müssen wir beide fortwährend überwachen. So kann es auch sein, dass wir in zwei vergleichbaren Situationen völlig verschieden reagieren, jeweils abhängig von unserer Selbsteinschätzung. Ein gutes Beispiel ist Müdigkeit. In einem wachen Zustand nehmen wir eine stressige Situation eher als eine positive oder auch negative Herausforderung wahr und stellen uns ihr. Sind wir aber sehr müde, werden wir eher passiv abwarten und schauen, wie sich die Dinge entwickeln.

In der zweiten Stufe, der **Sekundärbewertung**, werden die eigenen Möglichkeiten, die Situation bewältigen zu können, bewertet. Wir wählen hierbei die uns bekannte bestmögliche Bewältigungsstrategie aus. Unsere Persönlichkeit, unsere früheren Erfahrungen, die aktuelle Situation sowie unsere kognitiven (geistigen) Fähigkeiten liegen dieser Sekundärbewertung zugrunde. Wir können uns nun entscheiden, ob wir einer Situation entfliehen oder uns ihr stellen wollen. Kommen wir noch einmal kurz zurück zum Löwen-Beispiel. Sehen wir einen

Löwen in nächster Nähe, ist es aller Wahrscheinlichkeit nach die beste Strategie, zu fliehen. Müssen wir aber dringend ein Projekt im Rahmen unseres Berufes vollenden, ist es besser, sich der Arbeit anzunehmen, sich ihr zu stellen und sie zu beenden. Eine weitere Möglichkeit ist, die Bedingungen des Stressors zu verändern, indem wir uns zum Beispiel Hilfe suchen und gemeinsam ein Problem erledigen. Auch kommt es immer wieder vor, dass Verdrängung als Bewältigungsstrategie gewählt wird. Ist der Stressor beispielsweise durch Trauer über den Verlust einer nahestehenden Person ausgelöst, kann ein gewisses Maß an Verdrängung die Stressreaktion zeitweise dämpfen. Dadurch ergeben sich kleine Pausen, in denen wir uns körperlich und geistig etwas vom Stress erholen können. Welche Strategie die richtige für eine gegebene Situation ist, kann nicht generell zugeordnet werden. Jeder muss sich seinen eigenen individuellen Weg zur Bewältigung eines Stressors – ob Druck bei der Arbeit, eine lebensbedrohliche Situation oder negative intensive Gefühle – suchen.

In der dritten Stufe schließlich, der **Neubewertung**, wird die überstandene stressauslösende Situation beurteilt. Wir betrachten aus einer gewissen zeitlichen Entfernung den Stressor, unsere Stressreaktion und unsere Bewältigungsstrategie. Wir können jetzt erkennen, ob die gewählte Strategie für uns funktioniert hat oder ob mit dem Blick aus der neuen aktuellen Situation heraus eine andere Strategie vielleicht doch besser gewesen wäre. Haben wir uns beispielsweise beim Anblick des Löwen zur Flucht entschieden und dadurch eine schlimme Bisswunde am Bein davongetragen, könnten wir daraus schlussfolgern, dass es vielleicht beim nächsten Mal besser wäre, zu versuchen, den Löwen mit lauten Rufen und Drohgebärden zu vertreiben, anstatt wie eine Gazelle auf der Flucht den Jagdtrieb des Tieres auszulösen. War andererseits die Flucht erfolgreich, werden wir mit großer Wahrscheinlichkeit genau diese Strategie beim nächsten Mal wieder anwenden. Wir lernen aus den Erfahrungen, die wir gemacht haben. Die Erfahrungen wiederum haben wir gemacht aufgrund der Entscheidungen, die wir getroffen haben.

Bei der Sekundärbewertung entscheiden wir, welche der uns zur Verfügung stehenden Bewältigungsstrategien (auch **Coping** genannt) der jeweiligen Situation angemessen zu sein scheint. Lazarus unterscheidet hierbei zwischen drei verschiedenen Herangehensweisen (Lazarus & Folkman, 1984).

Das **Bewertungsorientierte Coping** ist besonders geeignet in den Fällen, in denen wir bereits von vornherein wissen, dass eine Situation bei uns Stress auslösen wird. Wir behandeln den zukünftigen Stressor logisch und bereiten uns geistig darauf vor. Damit erhöhen wir auch die Wahrscheinlichkeit, die stressauslösende Situation zufriedenstellend zu bewältigen. Eine solche zukunftsorientierte Herangehensweise eignet sich beispielsweise bei der Vorbereitung auf eine mündliche Prüfung oder ein Bewerbungsgespräch.

Allerdings verhalten wir uns in vielen Stresssituationen nicht in erster Linie logisch, sondern reagieren spontan in Abhängigkeit zu unserer aktuellen Gefühlslage. Dies führt zum **Emotionsorientierten Coping**. Wir bemühen uns, die durch den Stressor ausgelösten Emotionen wie Angst, Furcht oder Wut abzubauen, ohne uns mit dem eigentlichen Auslöser auseinanderzusetzen. Es sind diese Reaktionen, die im menschlichen Miteinander zu erheblichen Problemen führen können. Fühlen wir uns durch eine Situation oder andere Menschen bedroht und denken nicht zuerst darüber nach, erhöht sich die Wahrscheinlichkeit, dass es zu einer gewaltsamen Auseinandersetzung kommen kann.

Wir können uns aber auch bemühen, eine Situation problemorientiert zu bewältigen, indem wir uns dem Auslöser widmen und versuchen, diesen zu beheben, zu ändern oder zu meiden. Dieses **Problemorientierte Coping** ist gerade in beruflich stressigen Situationen eine angebrachte Bewältigungsstrategie. Dieses Coping ermöglicht es uns auch eher, den Stressor bei der Arbeit von unserem Privatleben und unserer Gefühlswelt zu trennen. Dadurch werden diese begrenzten Stresssituationen besser handhabbar. Wir geraten somit nicht in eine negative

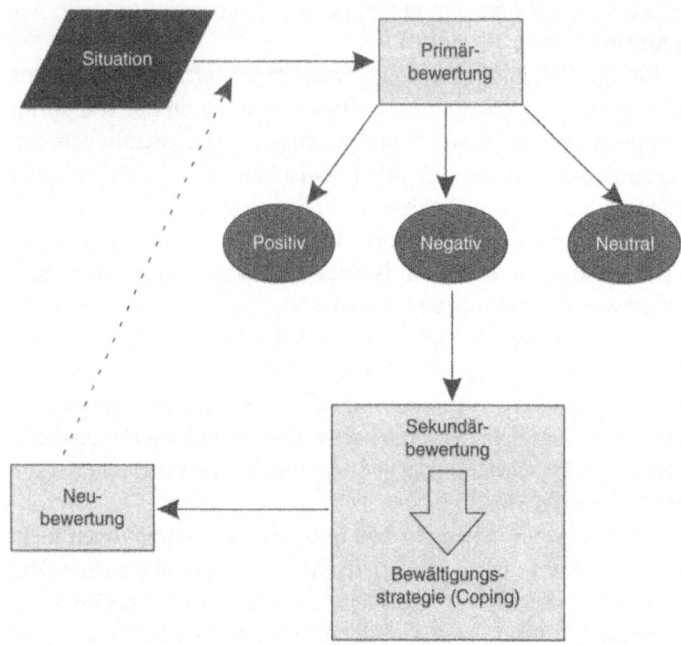

Abb. 4.8 Schematische Darstellung des von Lazarus vorgeschlagenen Bewertungssystems für Stresssituationen sowie mögliche Bewältigungsstrategien.

Spirale, ausgelöst durch einen Stressor, der nicht wirklich einen lebensbedrohlichen Charakter hat.

In Abbildung 4.8 wird das Modell nach Lazarus zusammenfassend dargestellt.

Dieses Modell der psychischen Stressreaktion bezieht sich allerdings in erster Linie auf kurzfristigen Stress. Auch kann es zu Übergängen zwischen den einzelnen Strategien kommen, wenn wir uns Veränderungen anpassen. Dies dürfte sogar eher die Regel als die Ausnahme sein. Merken wir, dass eine gewählte Strategie nicht erwartungsgemäß funktioniert, können wir versuchen, eine andere auszuprobieren. Dieses Modell basiert stark auf der Einschätzung des äußeren Stressors durch eine einzelne Person und wird genau deswegen auch häufig kritisiert. Dennoch ist die Erklärung von Lazarus auch heute noch sehr einflussreich, da sie viele unserer Reaktionen auf akute Stresssituationen veranschaulicht.

Allerdings ist das große Problem, dass Stress in unserem modernen Alltag oft andauert. Zwar helfen auch hierbei uns bekannte Strategien, die Stressreaktion in unserem Körper einigermaßen zu kontrollieren. Es besteht aber immer die Gefahr, dass wir in eine Stressspirale hineinrutschen. Manchmal versuchen wir wiederholt Bewältigungsstrategien anzuwenden, doch helfen diese nicht gut genug, als dass sich unser Körper von der Stressreaktion wirklich erholen könnte. Je länger der Stress anhält, desto länger brauchen wir auch, um uns vollständig davon zu erholen. Ignorieren wir aber immer wieder die Anzeichen für Dauerstress in unserem Verhalten, wie unter anderem körperliche Nervosität, sozialer Rückzug, oder auch die Signale unseres Körpers, wie Magenschmerzen und Schlafstörungen, dann kann Stress trotz der gewählten Bewältigungsstrategien zu einem körperlichen und psychischen Zusammenbruch führen.

Stress und Gedächtnis

Stress beeinflusst auch in erheblichem Maße unsere Gedächtnisleistung. Unter Stress nehmen wir Informationen anders wahr, und es gibt auch Unterschiede darin, was und wie wir uns etwas merken können. Einen sehr wichtigen Einfluss auf unser Gedächtnis haben hierbei wiederum die bereits bekannten Stresshormone, insbesondere die Glucocorticoide. Sie können die Blut-Hirn-Schranke (die Membran der Blutgefäße, die das Gehirn mit Sauerstoff und Nährstoffen versorgen) durchdringen und somit direkt auf unser Gehirn und auf unsere Merkfähigkeit einwirken. Vor allem in den Bereichen der hippocampalen Formation und der Amygdala (vergleiche auch Kap. 2 und 3, u. a. die Abb. 2.8 und 3.14) gibt es Rezeptoren an den Nervenzellen, an die die Glucocorticoide andocken können. Durch dieses Andocken verändern die Glucocorticoide die Reizweiterleitung in diesen Gebieten. Sie scheinen damit eine wichtige Rolle innerhalb unserer Gedächtnisbildung zu spielen. Tatsächlich konnten Studien mit Ratten in einem sogenannten Wasserlabyrinth zeigen, dass eine künstliche Erhöhung von Glucocorticoiden nach dem Lerndurchgang die Festigung (Konsolidierung) der gelernten Schwimmstrategien verbessert (Sandi, 1997) (siehe Abb. 4.9).

Glucocorticoide sind demnach an den Konsolidierungsprozessen bei der Bildung von Erinnerungen beteiligt. Neuere Untersuchungen bestätigen diese Erkenntnisse auch für Menschen, unter anderem hinsichtlich der Fähigkeit, die Quelle einer Information – in welchem Zusammenhang haben wir die Information gelernt? – richtig zu erinnern (Quellen-Überwa-

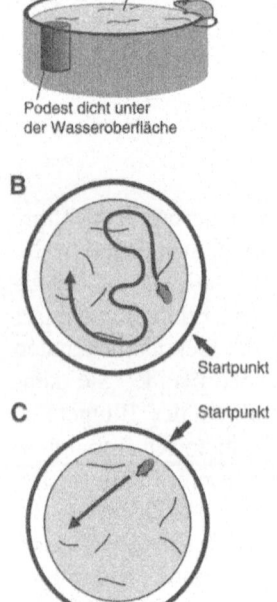

Abb. 4.9 Gezeigt ist ein so genanntes Morris'sches Wasserlabyrinth (angelehnt an Morris, 1981). A) stellt den Grundaufbau dar. Direkt unter der Wasserlinie befindet sich ein Sockel, auf den sich die Ratte setzen kann. B) Beim ersten Versuch erkundet die Ratte das Becken, bis sie den Sockel gefunden hat. C) Wird dasselbe Tier zu einem späteren Zeitpunkt wieder am gleichen Startpunkt ins Becken gesetzt, schwimmt es direkt zu dem nicht sichtbaren Sockel.

chung) (Smeets et al., 2008). Auch akuter psychosozialer Stress fördert eine verbesserte Erinnerungsleistung für Informationen, die in einem inhaltlichen Zusammenhang zum Stressor stehen. Dies konnte in einer Studie dadurch gezeigt werden, dass die Testpersonen, die im Vorfeld in einer Fremdsprache eine Rede über ihr Gedächtnis hielten und anschließend Begriffe zu diesem Thema lernten, diese bei einem späteren freien Abruf besser erinnerten als ebenfalls gelernte Begriffe aus dem Themenbereich Persönlichkeit (Smeets et al., 2007).

Kurzfristiger Stress kann demnach eine positive, fördernde Wirkung auf unser Erinnerungsvermögen haben, zumindest unter bestimmten Bedingungen. Werden Testpersonen beispielsweise erst einer Stresssituation ausgesetzt und beschäftigen sich im Anschluss daran mit emotional besetzten und neutralen Filmsequenzen, finden sich interessante Unterschiede beim späteren Abruf (Payne et al., 2007). Die Probanden konnten sich besser an die emotional besetzte Information erinnern als an die neutrale. Daraus lässt sich ableiten, dass Stress unsere Aufmerksamkeit bündelt und wir bestimmte wichtige, für die spezielle Lage relevante Details besser behalten. Dadurch unterstützt Stress ebenfalls den Prozess, dass wir langfristig aus Stresssituationen lernen und unsere Bewältigungsstrategien besser an vergleichbare Situationen anpassen können.

Zum Abschluss wird noch die mögliche negative Auswirkung von Stress auf unser Gedächtnis betrachtet. Auch hier spielen die Glucocorticoide eine entscheidende Rolle. Bleibt die Stressreaktion über einen langen Zeitraum erhalten, führt dies zwangsläufig auch zu einer konstant erhöhten Ausschüttung von Glucocorticoiden. Im Unterschied zu den anderen Stresshormonen der Gruppe der Catecholamine wirken die Glucocorticoide allerdings auch direkt auf die Nervenzellen im Gehirn und hier im Besonderen auf die Bereiche der hippocampalen Formation und der Amygdala. Beide Hirngebiete sind essentiell für ein funktionierendes Gedächtnis und vor allem für Lernvorgänge (siehe auch Kap. 2). Es wurde bereits erwähnt, dass Stress zur Produktion von ACTH (adrenocorticales Hormon) in der Hypophyse führt, das wiederum in der Nebennierenrinde in einer erhöhten Produktion der Glucocorticoide resultiert. Diese fördern aber wiederum auch im Gehirn, vor allem in der hippocampalen Formation, den Alterungsprozess der Nervenzellen (insbesondere der sogenannten Pyramidenzellen, die den Hauptteil der Nervenzellen in unserem Gehirn ausmachen und ihren Namen aufgrund ihrer pyramidenartigen Form erhielten). Die hippocampale Formation wirkt allerdings regulierend auf die Hypophyse ein und reduziert dadurch die Produktion von weiterem ACTH, so dass als weitere Folge auch weniger Glucocorticoide in der Nebennierenrinde gebildet werden. Die Nervenzellen der hippocampalen Formation werden durch eine anhaltende hohe Konzentration von Glucocorticoiden unwiederbringlich geschädigt und sterben schließlich sogar ab. Diese nachhaltige Schädigung in der hippocampalen Formation führt allerdings dann auch dazu, dass der hemmende Einfluss dieser Region auf die Hypophyse wegfällt. Die Hypophyse wird dadurch weiterhin zu einer hohen Produktion von ACTH angeregt, die Konzentration der Glucocorticoide bleibt weiterhin hoch und führt letztendlich zu schwerwiegenden Einbußen unserer Gedächtnisleistung (siehe auch Abb. 4.10).

Kurz gesagt, führt anhaltender Stress zur Schädigung von Hirnarealen, die für unser Gedächtnis zuständig sind und die einen regulierenden, hemmenden Einfluss auf die Stressreaktion haben. Daraus resultiert im Laufe der Zeit eine Beeinträchtigung unserer Gedächtnisleistung.

Allerdings kann diese extreme negative Auswirkung von anhaltendem Stress nicht auf jeden Menschen gleichermaßen übertragen werden. Jeder von uns weiß aus Erfahrung, dass eine vergleichbare Stresssituation (beispielsweise eine mündliche Prüfung) von zwei verschiedenen Menschen auf unterschiedliche Weise bewältigt wird. Einen großen Einfluss haben hierbei die jeweiligen Coping-Strategien, die angewendet werden, sowie die eigenen Erfahrungen und unsere Persönlichkeitseigenschaften (Knutson et al., 2001).

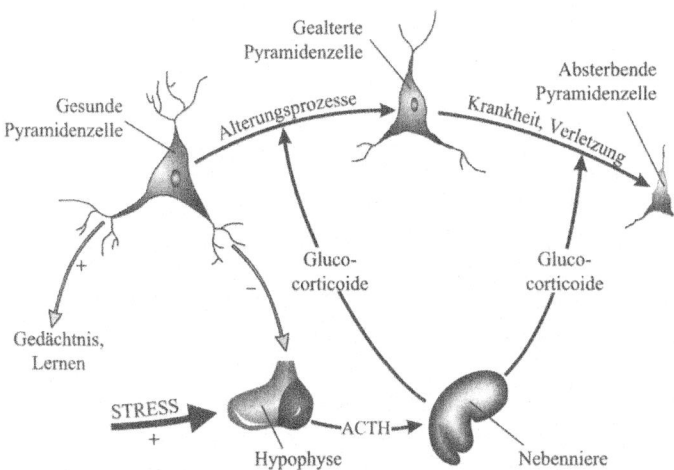

Abb. 4.10 Dargestellt ist der Einfluss von Stress auf die Produktion der Glucocorticoide und deren Wirkung auf die Nervenzellen in der hippocampalen Formation.

Anders als die Auswirkungen von Dauerstress, die wissenschaftlich an Menschen schwer zu untersuchen sind, wurden die Auswirkungen extremer Stresssituationen, wie sie bei einer traumatischen Erfahrung auftreten, auf die Erinnerungsfähigkeit der betroffenen Personen genauer erforscht. Es ist keine Neuigkeit, dass ein Trauma zu Gedächtnisverlust führen kann (Breuer & Freud, 1895). Jeder, der beispielsweise schon einmal einen Autounfall erlebt hat, weiß, dass die Erinnerungen an den Vorfall unscharf sind. Einige Bilder stehen einem klar vor Augen, aber an anderes kann man sich nicht mehr erinnern. Selbst dann nicht, wenn der eigene Verstand einem sagt, dass es geschehen sein muss. Des Weiteren unterscheiden sich die Erinnerungen von zwei Personen, die eine traumatische Erfahrung gemeinsam erlebt haben, meist deutlich voneinander. Teilweise erinnern wir uns sehr gut an die Ereignisse um uns herum, können aber nicht genau sagen, wie wir selbst tatsächlich reagiert haben. Dem Gedächtnisverlust zugrunde liegt vermutlich die kurzfristig extrem hohe Ausschüttung der Glucocorticoide (de Kloet, Oitzel & Joels, 1999). Es gibt aber auch hier keine allgemeine Vorhersage, wie schwer ein Gedächtnisverlust (Amnesie) aufgrund eines Traumas sein wird oder ob es überhaupt so weit kommen wird. Wie bereits weiter oben im Bezug auf den Dauerstress festgehalten wurde, sind die einzelnen Faktoren für jeden Menschen individuell und haben auch auf die eventuelle Folge eines Gedächtnisverlustes erheblichen Einfluss.

Ein Gedächtnisverlust, der allein durch eine extreme, für den Betroffenen traumatische Situation ausgelöst wird, wird auch als **psychogene** oder **funktionelle Amnesie** bezeichnet (Markowitsch, 2003b). Die psychogene Amnesie ist bereits seit längerem bekannt und wurde früher auch als „hysterischer Zustand" bezeichnet. Eine Unterform stellt die Fugue (lateinisch *fuga* = Flucht) dar, die früher „Wanderlust" genannt wurde. Dem Begriff der Wanderlust liegt die Beobachtung zugrunde, dass die betroffenen Personen plötzlich ihr Zuhause verließen und offensichtlich ziellos und ohne Motiv auf Wanderschaft gingen. Es wird angenommen, dass durch den plötzlichen Verlust großer Teile der eigenen Biographie auch die eigene Identität für die betroffene Person – zumindest für einen gewissen Zeitraum – nicht mehr greifbar und häufig auch dauerhaft verändert ist (Markowitsch et al., 1997). Heute wird dieser Zustand auch als psychogene Fugue bezeichnet. Dabei konnten Untersuchungen mit bildgebenden Verfahren wie der Positronen-Emissions-Tomographie (PET) zeigen, dass es bei einer psychogenen Amnesie zu keinerlei struktureller Veränderung auf Hirnebene kommen muss. Dadurch ist der Gedächtnisverlust aus einem rein medizinischen Blickwinkel auch nicht wirklich erklärbar.

Das Spannende, aber auch Erschreckende an der psychogenen Amnesie ist, dass sie vergleichbar folgenreich sein kann wie eine durch eine Schädigung des Gehirns hervorgerufene Amnesie (Reinhold et al., 2006). Einer der ersten ausführlich untersuchten Fälle psychogener Amnesie war der Patient AMN (Markowitsch et al., 1998). Im Alter von 23 Jahren entdeckte AMN eines Tages ein Feuer im Keller seines Wohnhauses. Er verließ daraufhin das Haus und rief Hilfe. AMN erlitt keine Rauchvergiftung oder andere körperliche Verletzungen und war auch in den darauf folgenden Stunden geistig vollständig anwesend. Er zeigte keinerlei Anzeichen von Verwirrung oder Erinnerungsproblemen. Am darauf folgenden Tag konnte er sich dann plötzlich nicht mehr an die vergangenen sieben Jahre seines Lebens erinnern. Er hatte noch schwache Erinnerungen an seinen Lebenspartner, den er seit drei Jahren kannte. Ansonsten aber waren ihm seine Freunde und auch seine aktuelle Lebenssituation vollkommen fremd. Im Krankenhaus konnte keine Ursache für seinen Gedächtnisverlust gefunden werden. AMN klagte zwar über starke Kopfschmerzen, aber es konnte diesen kein struktureller Schaden im Gehirn zugeordnet werden. Bei den darauf folgenden psychologischen Behandlungen brachten verschiedene Befragungen eine traumatische Erfahrung aus seiner frühen Kindheit ans Licht. Im Alter von vier Jahren musste AMN mit ansehen, wie ein Mann bei einem Autounfall lebendig verbrannte. Untersuchungen mit einer bildgebenden Methode (PET) zeigten, dass der Bereich seines Gehirns, der für Gedächtnisprozesse entscheidend ist, mit Nährstoffen (unter anderem mit Glucose/Zucker) stark unterversorgt wurde. Im Vergleich zeigte sich ein ähnliches Bild zwischen AMNs Gehirn und dem eines Patienten, der einen schweren Herzinfarkt und damit einhergehende strukturelle Schädigungen im Gehirn erlitten hatte (Abb. 4.11).

Erklärt werden kann der schwere Gedächtnisverlust von AMN dadurch, dass das Feuer in seinem Keller das in seiner Kindheit erlebte Trauma wieder wachgerufen hat.

Es wird inzwischen davon ausgegangen, dass eine traumatische Erfahrung langfristig in unserem Gedächtnis eingespeichert wird. Ein ähnliches Erlebnis kann nun dazu führen, dass diese bereits vorhandene Gedächtnisspur erneut aktiviert wird. Dadurch kommt es zu einer erneuten Bahnung in unserem Gehirn. Dabei müssen einem die früheren traumatischen Erinnerungen nicht bewusst werden. Die Bahnung, ausgelöst durch das neue Trauma, bewirkt, dass die damaligen Gefühle

AMN

Patient nach
Herzinfarkt

Gesunde
Kontroll-
person

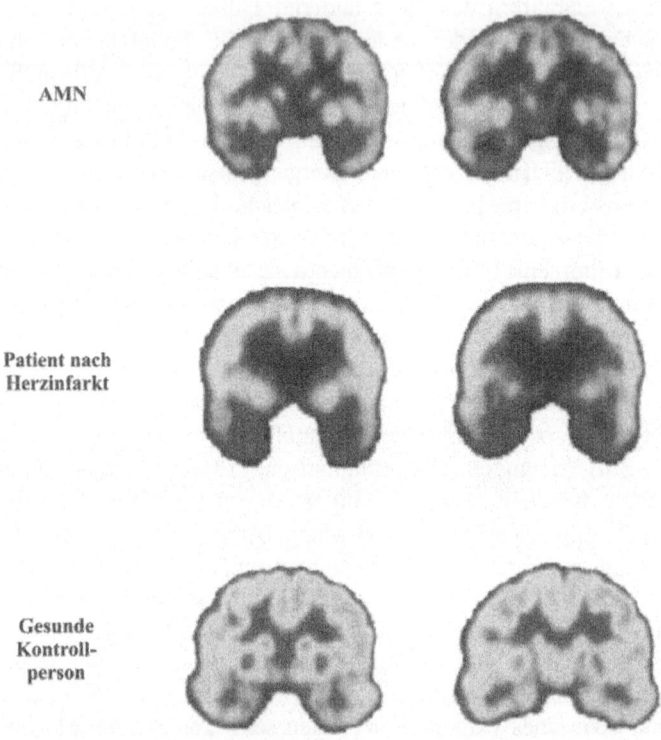

Abb. 4.11 Oben sind die PET-Aufnahmen von AMNs Gehirn zu sehen und zum direkten Vergleich darunter die des Gehirns eines Patienten sechs Monate nach einem Herzinfarkt. Ganz unten verdeutlichen die Aufnahmen des Gehirns einer gesunden Kontrollperson die unterversorgten Bereiche des Gehirns von AMN und dem Herzinfarkt–Patienten (verändert nach Markowitsch et al., 1998).

großer Angst und Furcht wieder erlebt werden. Die Reaktion auf die aktuelle Situation wird demzufolge verstärkt. Des Weiteren scheinen aufgrund dieser Bahnung dann Mechanismen abzulaufen, die das frühere Trauma in einer Form von Selbstschutz blockieren. Mehr als ein Nebeneffekt sind dadurch auch weitere Teile der aktuelleren Biographie ebenfalls nicht mehr zugänglich.

Der Fall von AMN sowie weitere andere, die in den folgenden Jahren untersucht wurden, führten daher zu der Bezeichnung **Mnestisches Blockadesyndrom** (griechisch *mnesis* = Erinnerung) für diese Form der psychogenen Amnesie (Markowitsch, 1999). Damit verbindet das Mnestische Blockadesyndrom die psychischen Auslöser mit den daraus folgenden organischen Veränderungen im Gehirn, die schließlich zu einer Abrufstörung führen. Es beschreibt also eine Gedächtnisstörung, die ohne eine akute strukturelle Schädigung des Gehirns entsteht, aber viele Parallelen in den Ausprägungen zu diesen Fällen zeigt.

Dem Patienten AMN gelang es glücklicherweise, im Laufe eines Jahres mit Hilfe von Therapie und Medikamenten seine Erinnerungen wiederzuerlangen. Eine weitere bildgebende Untersuchung zeigte, dass sich der Stoffwechsel in seinem Gehirn ebenfalls wieder normalisiert hatte (Markowitsch et al., 2000). Das Mnestische Blockadesyndrom führt uns demnach das sehr enge Zusammenspiel zwischen unserer Psyche und unserem Körper vor Augen, das hierbei sogar wissenschaftlich nachprüfbar ist. Es ist schon erstaunlich, dass eine psychische Reaktion auf ein Trauma dazu führen kann, dass Bereiche des Gehirns nicht mehr ausreichend mit Nährstoffen versorgt werden. Wir haben kein Problem damit, die Folgen einer strukturellen Hirnschädigung nachzuvollziehen. Diese umgekehrte Form führt allerdings immer noch zu Erstaunen und ist nicht so leicht zu fassen.

Stress löst falsche Erinnerungen aus

Als letzten Punkt der Wirkungen von Stress auf uns sei noch festgehalten, dass Stress die Wahrscheinlichkeit der Bildung falscher Erinnerungen erhöhen kann. Werden Probanden beim Abruf unter Stress gesetzt, bilden sie deutlich mehr Intrusionen (nicht in der Situation erlebte, inhaltliche Einschübe) als eine Kontrollgruppe (Roberts, 2002). Letztendlich sind viele der in Kapitel 3 beschriebenen Ursachen für falsche Erinnerungen eng mit einer stressauslösenden Situation und einer Stressreaktion gekoppelt. Augenzeugen stehen sowohl während sie einen Vorfall beobachten wie auch später bei ihrer Aussage unter Stress. Dadurch, dass sie sich in der Zeit danach einige Aspekte des Vorfalls wiederholt bildlich vorstellen, vertiefen sie sowohl ihre richtigen wie auch eventuell gebildete falsche Erinnerungen. Weiter oben wurde darauf eingegangen, dass die durch Stress ausgelösten hormonellen Veränderungen in unserem Gehirn sehr wohl zu einer Veränderung unserer Erinnerung führen können. Des Weiteren fördert Stress eine Festigung emotional relevanter Informationen, ohne dabei zu unterscheiden, ob diese Information tatsächlich der Wahrheit entspricht oder unserer eigenen Vorstellung entsprungen ist. Der Faktor Stress ist daher eng verbunden mit unserer Fähigkeit, Erinnerungen zu bilden und wieder abzurufen. Wir können davon ausgehen, dass die Bildung falscher Erinnerungen unter Stress mehr oder weniger vermutlich in vielen Fällen unbewusst automatisch mit abläuft.

Erinnerungen, gewachsen aus Träumen und Fantasie

Es gibt Faktoren, die auf unser Gedächtnis einwirken, ohne dass wir es merken und ohne dass wir Informationen aus unserer Umwelt als direkte Auslöser wahrnehmen müssen. Bisher wurde vor allem auf die Wirkungen von äußeren Reizen auf uns eingegangen sowie auf die Frage, inwiefern diese zu der Bildung falscher Erinnerungen führen können. Etwas anders sieht es aber aus, wenn wir träumen oder uns etwas lebhaft vorstellen. In diesen Fällen muss es nicht unbedingt die Wahrnehmung eines Reizes sein, die für die psychischen und physischen Vorgänge in uns verantwortlich ist. Unser Gehirn macht sich in diesen Situationen scheinbar selbständig und ist zumindest bei Träumen auch losgekoppelt von unserer bewussten Steuerung. Dass Schlaf lebensnotwendig ist und auch eine Rolle bei der Festigung unserer Erinnerungen spielt, wurde bereits in Kapitel 2 erläutert. Auch wurde schon wiederholt darauf eingegangen, dass unsere Fantasie beziehungsweise unsere Vorstellungsgabe die Bildung falscher Erinnerungen fördern kann. Doch wie stark ist der Einfluss von Traum und Vorstellungsgabe auf unser Gedächtnis und vor allem auf die Ausbildung von falschen Erinnerungen? Oder anders gefragt: Können unsere Träume zu falschen Erinnerungen führen?

Wie bei fast allem können auch Träume von verschiedenen Blickwinkeln betrachtet und erklärt werden. Die ältere und bekanntere Herangehensweise ist, dass die Traumberichte angeschaut werden und überlegt wird, wie der Traum entstanden sein könnte und welche Bedeutung demselben zugrunde liegen mag. Dieses Vorgehen wird auch als Top-Down-Ansatz bezeichnet. Es wird von dem bereits gebildeten und erinnerten Traum ausgegangen und versucht, von hier aus Rückschlüsse zu ziehen. Der wohl berühmteste Vertreter dieses Ansatzes ist Sigmund Freud, auf den im Folgenden auch genauer eingegangen wird. Die andere Annäherung an Träume entwickelte sich erst im Laufe der letzten Jahrzehnte mit den technischen Fortschritten und betrachtet zuerst die Abläufe in unserem Gehirn. Träume entstehen nicht aus dem Nichts, sondern sie werden in unserem Gehirn gebildet. Dadurch ergibt sich die Möglichkeit, zu untersuchen, welche Regionen intensiver an der Traumbildung beteiligt sind. Dieser Bottom-up-Ansatz dreht den Spieß sozusagen um und betrachtet zuerst, wie Träume im Gehirn gebildet werden, und versucht auf dieser Grundlage, die Trauminhalte zu erklären.

Es wird sich zeigen, dass diese beiden Herangehensweisen zu sehr unterschiedlichen Ergebnissen und Erklärungen führen. Erst nachdem beide Blickwinkel erläutert wurden, wird genauer überlegt, inwiefern Träume zu falschen Erinnerungen führen können und wie groß ihre Bedeutung einzuschätzen ist.

Lebhafte Träume

Jeder von uns träumt, und zwar jede Nacht, auch wenn wir uns am nächsten Morgen nicht mehr an irgendwelche Details erinnern können. Es gibt Tage, in denen sind wir der Meinung, dass wir gar nicht geträumt haben. Ein anderes Mal erinnern wir uns nur ganz kurz an einige Dinge und vergessen schon wenige Augenblicke nach dem Aufwachen, worum es in dem Traum ging. Es gibt aber auch manchmal Träume, die uns so deutlich vor Augen sind, als ob wir sie tatsächlich im Wachzustand erlebt hätten. Die Träume, an die wir uns am nächsten Tag besonders gut erinnern können, erleben wir in der REM-Phase (*rapid-eye-movement*-Phase, siehe auch Kap. 2). Wir erleben diese Träume meist sehr intensiv, wandern manchmal wie im Wachzustand durch Räume oder Orte, unterhalten uns mit anderen Menschen, erfahren Sinneswahrnehmungen und können unter anderem auch Gefühle wie Freude, Traurigkeit und Wut empfinden. Es gibt Träume, aus denen wir erwachen und uns nicht mehr sicher sind, was tatsächlich zum Traum gehörte und was wir doch wirklich erlebt haben. Allerdings ist die REM-Phase nicht das einzige Stadium, in dem wir träumen. Auch in den Tiefschlafphasen träumen wir. Dies kann an der Aktivität des Gehirns abgelesen werden, indem anhand eines Elektroencephalogramms (EEG) die Hirnströme gemessen werden. Diese Träume folgen aber weniger einer Erzählstruktur, sie sind nicht so lebendig und bildhaft und liegen meist auch zeitlich weiter vom Zeitpunkt des Aufwachens entfernt. Eine mögliche Einteilung von Träumen ist in Tabelle 4.1 aufgelistet.

Erinnern wir uns an etwas, das wir geträumt haben, müssen wir uns zeitlich zurück- und dabei auch in Gefühle und Wahrnehmungen hineinversetzen, die wir oft eben doch nicht so bewusst erlebt haben, wie es im Wachzustand der Fall ist. Auch müssen wir zunächst den Wechsel von Schlaf zu Wachheit überwinden und uns neu orientieren, bevor wir uns an die Traumerfahrung erinnern können. Das alles führt dazu, dass wir uns ohne bewusstes Training nur äußerst selten detailliert an unsere Träume erinnern können.

Inzwischen wird davon ausgegangen, dass fast alle gleichwarmen (homoiothermen) Tiere (also Säugetiere und Vögel), die ihre Körpertemperatur im Gegensatz zu beispielsweise

Tab. 4.1: Liste der typischsten Traumformen nach Schredl, 1999.

Traumform	Erläuterung
REM-Träume	Rückerinnerungen an psychische Aktivitäten während des REM-Schlafs
Tiefschlafträume	Rückerinnerungen an psychische Aktivitäten während des Tiefschlafs
Einschlafträume	Rückerinnerungen an psychische Aktivitäten während des Schlafstadiums 1 (Einschlafphase)
Alpträume	REM-Träume mit stark unangenehmen Emotionen, die zum Erwachen führen
Pavor nocturnus	Nächtliches Aufschrecken mit Angst aus dem Tiefschlaf, eventuelles Auftreten von Tiefschlafträumen
Posttraumatische Wiederholungen	REM- oder Tiefschlafträume, die eine realistische Wiederholung eines Traumas darstellen
Luzide Träume (Klarträume)	REM-Träume, in denen das Bewusstsein vorliegt, dass gerade geträumt wird

Reptilien selbständig und unabhängig von der Außentemperatur regulieren, träumen (Kavanau, 2002). Es gibt zwar erstaunlicherweise Studien, die zeigen, dass es tatsächlich Menschen gibt, die sich noch nie an irgendwelche Träume erinnern konnten und allem Anschein nach nicht träumen (Pagel, 2003). Allerdings sind diese wohl eher als Ausnahme von der Regel, dass wir nachts träumen, zu betrachten. Besonders auffällig gestaltet sich das Träumen außer beim Menschen, der sich selbst daran erinnern und davon berichten kann, bei Haustieren, die wir beim Schlafen beobachten können. Jeder, der schon einmal einem Hund oder einer Katze beim Schlafen zugesehen hat, kennt das Pfotenzucken, die Bewegungen der Ohren, das Zähnefletschen sowie leise Knurren oder Bellen, alles äußere Anzeichen für Träumen (Motluk, 2001) (siehe auch Abb. 4.12).

Träumen hat sich demnach relativ früh in der Evolution entwickelt und spielt eine Rolle für unsere Gedächtnisprozesse. Bereits in Kapitel 2 wurde auf Schlaf und die dabei auch ablaufende Festigung von Informationen (Konsolidierung) eingegangen.

Abb. 4.12 Nicht nur Menschen träumen im Schlaf, aber sie sind die einzigen Lebewesen, die davon berichten können.

Vermutlich verarbeiten wir in unseren Träumen Erinnerungen jüngeren wie auch älteren Ursprungs, die beim Träumen nicht nur aktiviert, sondern auch wieder in neue Zusammenhänge zueinander gebracht werden. Hierbei können vermutlich auch neue Verknüpfungen zwischen verschiedenen Informationen gebildet werden, die vorher nicht vorhanden waren, und Inhalte können dabei auch verändert werden. Allerdings ist immer noch unklar, welche Gedächtnissysteme in welchem Umfang beim Träumen mit einbezogen werden. Dass wir Informationen aus unserem episodischen Gedächtnis in die Träume transportieren, wurde durch eine Studie von Fosse und Kollegen (2003) gezeigt. Die Testprobanden hielten hierfür für 14 Tage sowohl ihre Erlebnisse über den Tag hinweg als auch ihre Träume schriftlich fest. Dabei zeigte sich einerseits, dass es zwar nur bei ein bis zwei Prozent der Träume zu einem wirklichen Wiedererleben der am Tag erlebten Geschehnisse kam, andererseits beinhalteten aber immerhin 65 Prozent der Träume Anteile dieser Geschehnisse. Demnach scheint Träumen nicht in erster Linie für die Verankerung episodischer Erfahrungen in unserem Gedächtnis zuständig zu sein. Wir verarbeiten vor allem Einzelheiten, vielleicht sind es die, die uns besonders berührt oder beeindruckt haben. Bis heute ist immer noch nicht wirklich bekannt, was unsere Träume bedeuten. Es ist auf jeden Fall so, dass nachts während des Träumens irgendwelche Prozesse in unserem (Unter-)Bewusstsein ablaufen. Im Folgenden wird zunächst ein Blick auf die psychologische Betrachtungsweise von Traumerfahrungen geworfen und anschließend auf die physiologische.

Traumdeutung

Der wohl bekannteste Erklärungsansatz für unsere Träume und ihre Bedeutung geht auf den Arzt und Tiefenpsychologen Sigmund Freud zurück (1859–1939). Mit seinem Buch „Die Traumdeutung" begründete Freud die Grundlage der heutigen Psychoanalyse und war einer der Ersten, der versuchte, unseren Träumen eine tiefere, wissenschaftliche Bedeutung zuzuordnen. Er stützte seine Erklärung zu den Trauminhalten maßgeblich auf seine Vorstellung der dreigeteilten Psyche. Nach Freud gibt es das Es, das Über-Ich und das Ich, die gemeinsam für unser Verhalten verantwortlich sind. Das Es steht nach seiner Vorstellung für unser Unterbewusstsein, verarbeitet Wünsche, Triebe und Emotionen. Im Wachzustand sind wir uns des Es nicht wirklich bewusst, und sein Einfluss verläuft, ohne dass wir es tatsächlich bemerken oder darauf einwirken können. Das Über-Ich hingegen wird von unserer Erziehung, von Moralvorstellungen und Normen der uns umgebenden Gesellschaft gestaltet. Es kann als eine Art unabhängiger Gutachter betrachtet werden, der unser Verhalten den Werten unserer Umgebung entsprechend anpasst und lenkt. Das Ich schließlich ist unser Bewusstsein, das, was sich im Laufe unseres Lebens entwickelt, und fungiert als ein Verbindungsglied zwischen dem impulsiven Es, dem gewissenhaften Über-Ich und der uns umgebenden sozialen Umwelt. Solange wir wach sind, steuert das Ich unser Verhalten und passt unsere inneren Wünsche an unsere Umwelt und unsere Position in ihr an.

Wenn wir schlafen, ändert sich dies allerdings. Nach Freud übernimmt im Schlaf das sonst unbewusste Es die Vorherrschaft. Unsere verborgenen und verdrängten Wünsche gelangen nun an die Oberfläche und manifestieren sich in unseren Träumen. Da aber trotzdem unser Über-Ich oder eine andere Art von „Zensor" versucht, unsere Psyche vor für uns möglicherweise gefährlichen oder beängstigenden Vorstellungen zu schützen, äußern sich diese Wünsche nicht klar und deutlich. Anstelle einer klaren Botschaft, die wir aus den Träumen ansonsten ziehen könnten, erscheinen die Wünsche verschlüsselt in Symbolen. Träume sind demnach eine Mischung aus unerfüllten, uns im Wachzustand selbst unbekannten Wünschen und einem auch im Schlaf aktiven Selbstschutz. Freud wies außerdem jedem Objekt in unseren Träumen eine tiefere, oft sexuelle Bedeutung zu. Er ging davon aus, dass alle unsere verdrängten Wünsche und Ängste grundsätzlich in der Libido begründet seien. Diese, zusammen mit Erinnerungen aus der Kindheit, der Spannung zwischen Vater und Sohn (Ödipuskomplex, später wurde dies auch auf Frauen mit dem Begriff des Elektrakomplexes übertragen[1]) und der aktuellen Lebenssituation, führten zu dem, was wir im Schlaf in unseren Träumen erleben (Abb. 4.13). Nach Freuds Modell übernehmen wir auch Sinneswahrnehmungen,

---

1 Griechische Mythologie:

Ödipus tötet Laios von Theben, von dem er nicht weiß, dass er sein Vater ist. Er heiratet ebenfalls unwissentlich seine eigene Mutter Iokaste. Als er schließlich die Wahrheit erfährt, sticht er sich die Augen aus und begibt sich ins Exil.

Elektra stiftet ihren Bruder Orestes zum Mord an ihrer Mutter Klytaimnestra und ihrem Stiefvater Aigisthos an, um den Mord ihres Vaters Agamemnon zu rächen.

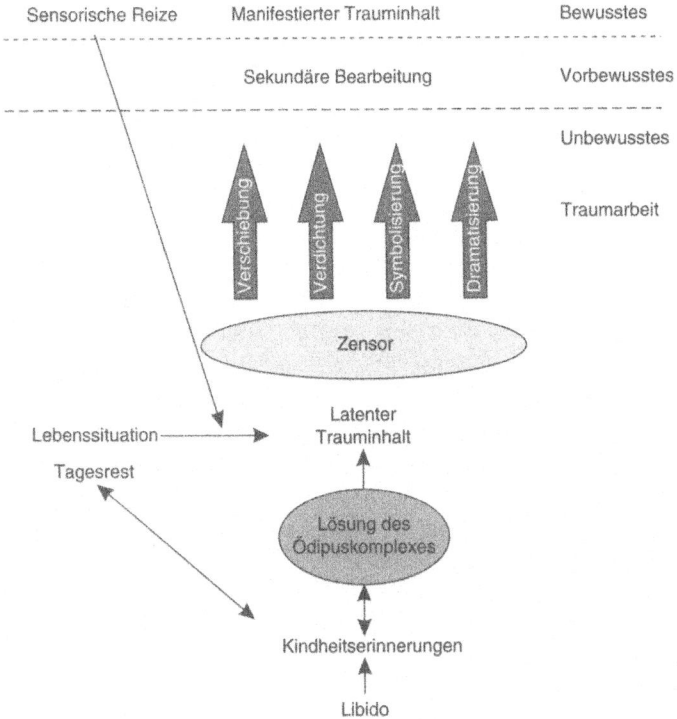

Abb. 4.13 Die Entstehung unserer Träume nach Sigmund Freud (angelehnt an Freud, Neuauflage 1991).

die wir im Schlaf erleben, und bauen diese in unsere Träume mit ein. Dies führt beispielsweise dazu, dass wir in einer regnerischen Nacht auch im Traum Regen erleben können.

Es wird in Abbildung 4.13 ebenfalls deutlich, dass nach Freuds Ansicht die Libido wirklich auf jede Traumbildung einwirkt. Der latente Traum, der unsere unterbewussten Wünsche und Triebe enthält, wird im Prozess der Traumarbeit verändert und umgeformt. Somit bilden die dem Traum zugrunde liegenden Triebe, Wünsche oder Ängste den uns unbekannten latenten Traumgedanken. Dieser Traumgedanke muss aber nicht im erlebten Trauminhalt widergespiegelt werden. Die Zensur führt zu dem bereits erwähnten Selbstschutz, der uns vor potentiell gefährlichen Inhalten bewahrt und den Traumgedanken verändert vermittelt.

Freuds Traumdeutung beherrschte lange die Wissenschaft, wurde aber im Laufe der Jahre auch weiterentwickelt. Besonders die stark auf der Libido aufbauende Traumdeutung wurde immer stärker abgelehnt. Auch schien die spätere Entdeckung der physiologischen Grundlagen der Traumbildung Freuds Erklärung zu widersprechen. Dennoch ist auch heute noch die Interpretation von Träumen, ihres Inhalts, eine Methode der Psychotherapie. Träume behandeln oft Themen oder Personen, die uns auch im Alltag beschäftigen. Wie weit jeder von uns mit der Deutung dieser Inhalte gehen sollte, ist schwer zu sagen. Es wird sogar noch schwieriger sein, wenn im folgenden Abschnitt die anatomische Grundlage der Traumbildung erläutert wird. Es kann aber festgehalten werden, dass Träume zumindest für jeden Einzelnen meist eine Bedeutung haben. Manchmal erzählen wir sogar noch Jahre später von einem Traum, der besonders eindrucksvoll war. Die wichtige Frage hierbei ist, wie gut es uns wirklich gelingt, die Trauminformationen von tatsächlich Erlebtem zu trennen.

Neurowissenschaftliche Traumdeutung

Bisher wurde vor allem die Einteilung von Träumen, ihre mögliche Interpretation und Aussagekraft vorgestellt. Eine weitere Sichtweise entstand parallel zur technischen Weiterentwicklung und den damit einhergehenden neuen Möglichkeiten. Neben der bereits erwähnten Methode des EEGs waren es auch hier insbesondere die bildgebenden Methoden, die zu neuen Erkenntnissen der Traumbildung führten. Träume entstehen aus uns selbst heraus. Sie entstehen ohne unser Bewusstsein oder, besser gesagt, ohne dass wir in unserem Gehirn unsere Aufmerksamkeit direkt zu einem bestimmten Thema lenken könnten. Daher ist es auch spannend und wichtig, herauszufinden, welche Regionen des Gehirns stärker beim Träumen aktiviert sind als andere.

Dieser Blickwinkel wirft dabei auch ganz neue Fragen auf. Da jetzt nicht nur die Berichte der Träumenden betrachtet werden, sondern direkt die Prozesse im Gehirn, erhält die Frage nach der Bedeutung der Träume ein neues Gewicht. Haben Träume tatsächlich eine tiefergehende Bedeutung oder sind sie vielleicht nur eine Erregung von Nervenzellen in unserem Kopf? Gibt es eine bestimmte Region in unserem Gehirn, die für das Träumen zuständig ist?

Die Erkenntnisse darüber, wie sich unser Gehirn im Schlaf und beim Träumen verhält, führten zu einer neurowissenschaftlichen Erklärung der Traumbildung. Den Anfang machte hierbei Eugene Aserinsky (1921–1998), der bereits während seines Studiums als Erster das REM-Stadium beschrieb und dieses gemeinsam mit seinem Betreuer Nathaniel Kleitman (1898–1999) mit unseren erinnerbaren Träumen in Beziehung setzte. Auf diesem Wissen aufbauend, wurden weitere Untersuchungen durchgeführt und zeigten schließlich die Hirnregionen auf, die für die Bildung von Träumen verantwortlich zu sein scheinen. Ausgehend davon formulierten Allan Hobson und Robert McCarley die auch heute noch bedeutende Aktivations-Synthese-Theorie (1977). Im REM-Schlaf wird unser Gehirn ausgehend vom Hirnstamm diffus aktiviert (siehe Box 4.2). Das bedeutet, dass zufällig verschiedene Hirnregionen Signale erhalten und dementsprechend unseren Traum beeinflussen. Wird der Bereich aktiviert, der für die Verarbeitung von gehörten Informationen zuständig ist, hören wir im Traum Stimmen oder Geräusche (siehe Tab. 4.2 auf Seite 203).

Box 4.2: Träume in unserem Gehirn ▬▬▬▬▬▬▬

Es ist nicht so einfach, Träume zu untersuchen. Was aber möglich ist und auch gemacht wurde und wird, ist, zu untersuchen, welche Gebiete unseres Gehirns für Schlaf und spezieller für den REM-Schlaf verantwortlich sind. Hierfür muss wieder etwas tiefer in unser Gehirn hineingeschaut werden.

Der Wach-Schlaf-Rhythmus wird durch verschiedene Regionen des Gehirns gesteuert. Eine wichtige Variable sind hierbei die

Lichtverhältnisse im Laufe des Tages. Es gibt eine Region in unserem Gehirn, die sogenannte **Zirbeldrüse** oder auch **Epiphyse**, die sich bei Licht in einem Ruhezustand befindet und bei Dunkelheit ein schlafförderndes Hormon ausschüttet, das **Melatonin**. Das Melatonin wiederum wirkt auf einen weiteren Bereich in unserem Stammhirn, der **Formatio reticularis** (siehe auch Abb. 4.14). Die Formatio reticularis wird weiter unterteilt in die **Raphé-Kerne**, den **Locus coeruleus** und die **pontinen Kerne**.

Die **Raphé-Kerne** liegen jeweils links und rechts genau an der Naht (= lateinisch *raphe*) der beiden Stammhirnhälften und produzieren den Neurotransmitter **Serotonin**. Serotonin wirkt diffus auf die verschiedensten Hirnregionen und reduziert die Leitfähigkeit der Nervenzellen. Es ist damit ebenfalls schlaffördernd und beeinflusst auch die Tiefe unseres Schlafes. Ein hoher Serotoninspiegel im Gehirn führt zu Tiefschlaf und verhindert den Eintritt ins REM-Stadium. Der **Locus coeruleus** liegt etwas weiter unten innerhalb der Formatio reticularis im Stammhirn und zeichnet sich vor allem durch einen hohen Gehalt an Noradrenalin aus. Solange wir wach sind, werden aus diesem Gebiet der Formatio reticularis durch die Freisetzung von Noradrenalin Signale zu spezifischen Thalamuskernen geschickt. Diese Signale verhindern, dass es im Wachzustand zu einer Rückkopplung von Signalen aus der Großhirnrinde zurück zum Thalamus kommt. Schlafen wir, wird die Ausschüttung des Noradrenalins immer weiter gesenkt und ist während des REM-Schlafes sehr niedrig. Dadurch können in dieser Phase Signale von der Großhirnrinde zurück zum Thalamus gesendet werden. Die **pontinen Kerne** der Formatio reticularis führen vor allem in der REM-Phase zu einer Aktivierung der über den Neurotransmitter Acetylcholin erregbaren Nervenzellen im Gehirn. Diese Erregung führt aus dem Stammhirn hinaus in die Großhirnrinde und aktiviert dort Nervenzellen in den verschiedensten Regionen. Es ist vermutlich diese globale Erregung, die dazu führt, dass wir lebhaft in der REM-Phase träumen. So können beispielsweise Aktivierungen im Hinterhauptslappen, der für die Verarbeitung gesehener und bildlich vorgestellter Informationen zuständig ist, im Traum dazu führen, dass wir Dinge wirklich sehen. Hören wir im Traum Geräusche oder Stimmen, lässt sich dies wahrscheinlich durch eine Aktivierung derjenigen Hirnbereiche, die gehörte Informationen verarbeiten, erklären.

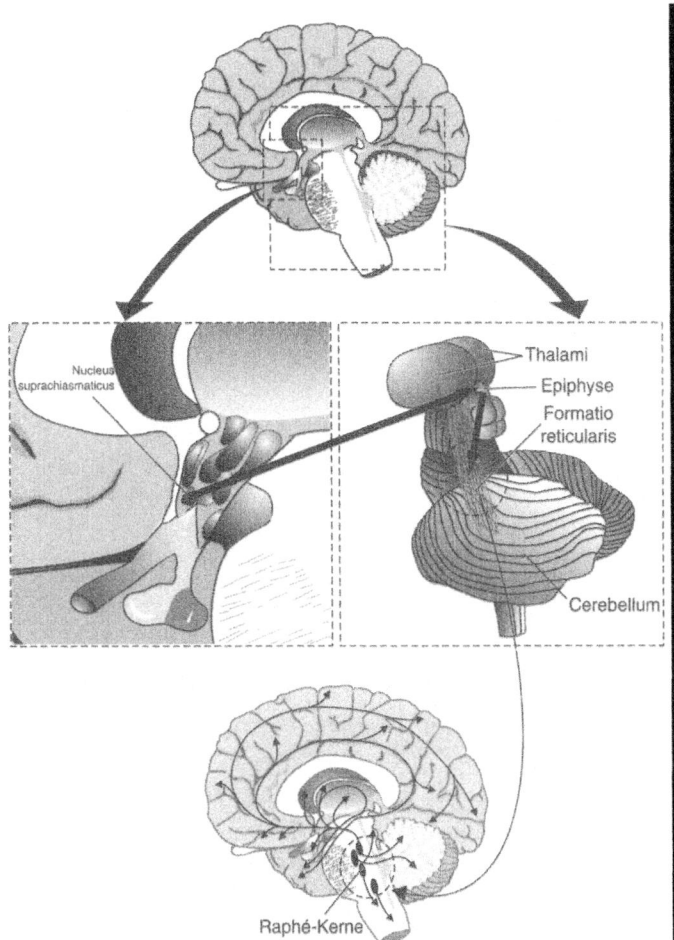

Abb. 4.14   Die Epiphyse erhält über einen Kern im Hypothalamus – dem Nucleus suprachiasmaticus – Informationen über die Lichtverhältnisse und bildet davon abhängig in den Dunkelphasen Melatonin, das zur Freisetzung von Serotonin in den Raphé-Kernen der Formatio reticularis führt.

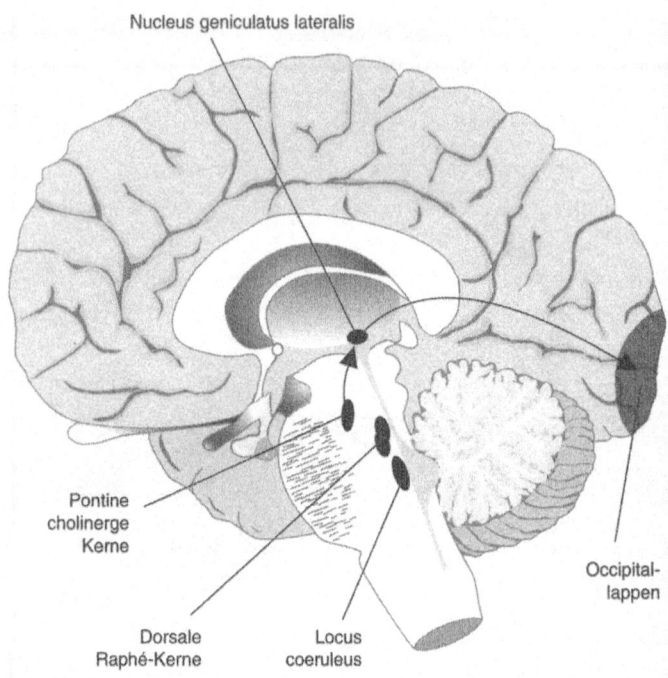

Abb. 4.15 Die drei Hirnbereiche, die für die Ausbildung der spontanen PGO-Wellen verantwortlich sind.

Des Weiteren kommt es im REM-Stadium zur Bildung von spontanen, kurzfristigen Erregungen – den sogenannten **PGO-Wellen**. Die Abkürzung PGO bezieht sich auf die drei dabei maßgeblich beteiligten Hirnregionen: **P**ons (= Brücke), Nucleus **g**eniculatus lateralis (= seitlicher Kniehöcker, Teil des Thalamus, in dem 90 Prozent der Sehnerven enden) und **O**ccipitallappen (= Hinterhauptslappen) (siehe auch Abb. 4.15).

Es wird davon ausgegangen, dass es die PGO-Wellen sind, die für plötzlich aus dem inhaltlichen Zusammenhang des Traumes herausfallende bildliche Inhalte verantwortlich sind.

Tab. 4.2: Zusammenfassende Darstellung der Ergebnisse verschiedener Studien hinsichtlich der Sinneswahrnehmungen in Träumen (nach Schredl, 2008). Laborträume beziehen sich auf Untersuchungen, in denen die Probanden in einem Schlaflabor schliefen und 5 bis 15 Minuten nach Beginn der REM-Phase geweckt und nach ihrem letzten Traum gefragt wurden. Tagebuchträume sind Träume, die von Probanden selbständig nach dem normalen Aufwachen niedergeschrieben wurden.

Sinneswahr-nehmung	Laborträume* (635 Probanden)	Laborträume** (107 Probanden)	Tagebuchträume*** (3 372 Probanden)
Sehen	100 %	100 %	100 %
Hören	76 %	65 %	53 %
Fühlen	1 %	1 %	-
Schmecken	1 %	1 %	> 1 %
Riechen	< 1 %	1 %	1 %
Bewegungs-empfinden	-	8 %	-
Schmerz	-	-	1 %

* Snyder (1970); ** McCarley & Hoffman (1981); *** Zadra & Donderi (1997).

Abgesehen von Menschen, die blind geboren werden, sehen wir unsere Träume wirklich immer. Wir verlassen uns auch im Wachzustand vor allem auf unseren Sehsinn, und dies spiegelt sich auch in den Träumen wider. Es scheint allerdings so zu sein, dass wir auch Informationen anderer Sinne im Traum verarbeiten. Jedoch ist unsere spontane Gewichtung, wenn wir einen Traum berichten, zuerst auf die gesehenen Informationen beschränkt. Wird der Bericht aber hinterfragt, tauchen jedoch oft auch weitere detaillierte Schilderungen anderer Sinneserfahrungen auf.

Nach der Aktivations-Synthese-Theorie wird angenommen, dass die allgemeine, ungesteuerte Aktivierung unseres Gehirns zu verschiedensten Informationen führt, die wir dann im Traum erleben. Die Geschichte des Traums wird gebildet, um dem Ganzen einen für uns halbwegs verständlichen Sinn zu geben. Diese Erklärung wird vor allem durch die wilden thematischen Sprünge, die wir in unseren Träumen erleben können, bestätigt.

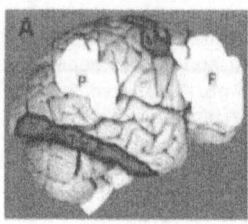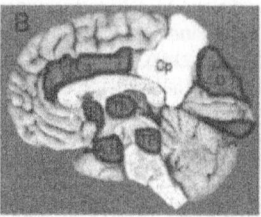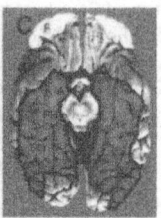

Abb. 4.16 Schematische Darstellung der Hirnregionen, die während des REM-Schlafes stärker aktiviert sind (dunkelgrau und schwarz umrandet), und derjenigen, die zeitgleich eine geringere Aktivität aufzeigen (weiß). Gezeigt wird in A) das Gehirn von der Seite, in B) einer mittigen Aufsicht und in C) einer Draufsicht von unten (Bilder verändert nach Schwartz & Maquet, 2002). (A = Amygdala; H = Hippocampus; B = Basales Vorderhirn (Teil des Vorderlappens); Ca = anteriorer cingulärer Gyrus; Cp = posteriorer cingulärer Gyrus und Präcuneus; F = Präfrontaler Cortex (Teil des Vorderlappens); M = Motorischer Cortex; P = Teil des Scheitellappens; PH = Parahippocampaler Gyrus; O = Teil des Hinterhauptslappens; Th = Thalamus; T-O = Grenzbereich zwischen Schläfen- und Hinterhauptslappen; TP = Pontine Kerne)

So kann ein Traum beispielsweise in einem Raum anfangen, und plötzlich taucht jemand auf, und wir gehen eine Straße entlang. Allerdings gibt es auch Träume oder zumindest Teile von ihnen, die einer gewissen Logik zu folgen scheinen.

Die Betrachtung des Gehirns im Ganzen lässt erkennen, dass es neben den Regionen, die eine höhere Aktivität während der REM-Phase aufweisen, auch Gebiete mit einer verringerten Stoffwechselaktivität gibt (siehe Abb. 4.16).

Die Aktivierungen der hinteren Bereiche im Gehirn (besonders im Hinterhauptslappen) erklären das Phänomen, dass unsere Träume von uns grundsätzlich gesehen werden. Diese Gebiete sind zum einen für die Verarbeitung von gesehenen Informationen zuständig, allerdings sind sie auch aktiv, wenn wir uns etwas bildlich vorstellen. Hierbei finden sich Übereinstimmungen, dass die Gebiete, die bei dem Erkennen von Gesichtern aktiv sind, auch erregt werden, wenn wir uns Gesichter vorstellen oder sie eben träumen. Das bedeutet, es kommt zu einer deutlichen Überlappung der Aktivität von Hirnregionen für drei hinsichtlich der Sinneswahrnehmung sehr unterschiedlichen Funktionen. Es wird damit auch schwerer für uns zu unterscheiden, welche Informationen tatsächlich wahrgenommen wurden und welche wir uns vorgestellt oder im Traum gebildet haben. Besonders interessant ist auch noch die verringerte Aktivität im Vorderlappen, der unter anderem eine Überwachungs- und Kontrollfunktion innehat. Dadurch lässt sich vielleicht erklären, dass wir beispielsweise im Traum des Öfteren Gesichter von Fremden als uns bekannt empfinden oder diese ineinander übergehen. Die meisten von uns kennen dieses Gefühl auch im Wachzustand. So kann es passieren, dass wir in einer fremden Stadt spazieren gehen und plötzlich glauben, jemanden zu sehen, den wir kennen. Allerdings dauert dieser Moment in der Regel nur maximal ein paar Sekunden, bis wir unseren Fehler erkennen (Frégoli-Syndrom). Kurz sei hier auch noch festgehalten, dass die Aktivierung der Amygdala im REM-Schlaf vermutlich dafür verantwortlich ist, dass wir überproportional häufig in Träumen negative Gefühle wie Furcht und Angst erleben, da diese für die Verarbeitung solcher Gefühle im Wachzustand ebenfalls zuständig ist.

Insgesamt zeigen alle diese Daten, dass es zwar möglich ist einzugrenzen, welche Hirnregionen am REM-Schlaf beteiligt sind, damit aber leider nicht erklärt werden kann, wie wir die Geschichten in unseren Träumen bilden.

Falsche Interpretation von Träumen

Träume unterliegen nicht unserem direkten Einfluss. In der Regel können wir weder beeinflussen, wovon wir träumen, noch wie sich der Traum entwickelt. Auch geht jeder von uns mit seinen Träumen anders um. Es gibt Träume, die sich aus den Erlebnissen des Tages ergeben. Einige Menschen haben zum Beispiel Alpträume, wenn sie am Abend zuvor einen Horrorfilm gesehen haben. Sie transportieren dann einige Details und Informationen aus dem Film mit hinüber in ihren Traum, in den auch noch weitere Erfahrungen und Vorstellungen einfließen. Andere sehen

Horrorfilme und haben einen völlig ruhigen und entspannten Schlaf.

Daraus lässt sich schließen, dass die Traumbildung stark von unserer Persönlichkeit und Vorerfahrung abhängig ist. Es ist allerdings dennoch schwer zu sagen, ob Träume zu falschen Erinnerungen führen oder diese sogar fördern können. Problematisch ist hierbei vor allem, dass ja nur der Träumende wirklich weiß, was er geträumt hat. Es ist schon schwierig, falsche Erinnerungen, die im Alltag gebildet werden, auch wirklich als solche zu erkennen. Da wir normalerweise keine Kamera mit uns führen, sind unsere Erinnerungen die einzigen Wissensspeicher der erlebten Ereignisse. Wenn wir aber schlafen und im Traum etwas erleben, können wir noch nicht einmal eine zweite Sichtweise einholen, da in diesem Fall wirklich nur wir ganz allein das Erlebnis in unserem Kopf erfahren.

Es gibt Studien, die zeigen konnten, dass es möglich ist, Testpersonen von falschen Inhalten in ihren Traumberichten zu überzeugen (Mazzoni et al., 1999). Diese Ergebnisse verdeutlichen die Gefahren, die hinter der Methode der Trauminterpretation beispielsweise innerhalb einer Psychotherapie stehen. Wie bereits mehrfach in Kapitel 3 herausgestellt wurde, können Erwachsene wie auch Kinder durch Suggestionen von falschen Informationen überzeugt werden und diese in ihre eigenen Erinnerungen übernehmen. Bei der Beschreibung eines Traumes und seiner Interpretation könnte eine solche Vorgehensweise sogar noch leichter zu falschen Vorstellungen und Überzeugungen führen. Wir gehen im Grunde alle davon aus, dass unsere Träume eine tiefere Bedeutung haben. Ob dies tatsächlich der Fall ist oder ob sich hier nur der tief verwurzelte Wunsch zeigt, Sinn in allem zu sehen, ist nicht eindeutig zu klären. Dadurch, dass wir aber von einer Sinnhaftigkeit unserer Träume ausgehen, kann es bei einer Anleitung durch eben zum Beispiel einen Therapeuten schneller zu Überinterpretationen und falschen Erinnerungen kommen als das bei Berichten von tatsächlich erlebten Ereignissen geschieht.

Es ist auf jeden Fall sehr wahrscheinlich, dass Träume zu falschen Erinnerungen führen können. Insbesondere deuten die beschriebenen Aktivierungen in unserem Gehirn, die in Bereichen gefunden wurden, die auch im Wachzustand Sinneswahrnehmungen verarbeiten, stark in diese Richtung. Es wäre eine große Herausforderung, dies in einer Studie tatsächlich nachzuweisen.

5 | Entwicklung und Bedeutung falscher Erinnerungen

In den letzten Kapiteln wurde vor allem auf die Entstehung von falschen Erinnerungen und ihre möglichen Auswirkungen eingegangen. Die große Frage hinter diesem Phänomen ist aber, warum es sich im Laufe der Evolution überhaupt entwickelt hat. Warum bilden wir falsche Erinnerungen? In Kapitel 3 wurde erklärt, warum es sinnvoll ist, dass wir nicht alle Informationen, die wir wahrnehmen und lernen, für immer behalten. Um Wichtiges von Unwichtigem unterscheiden zu können, ist es notwendig, dass wir aus der Fülle der Daten diejenigen herausfiltern, die für uns von Bedeutung sind. Anderenfalls wäre es für uns problematisch, zügig und passend auf neue Situationen zu reagieren. Nun sind aber falsche Erinnerungen nicht gleichzusetzen mit dem Vergessen von einzelnen Informationen oder Episoden. Haben wir etwas vergessen, ärgert es uns vielleicht, vor allem wenn wir noch wissen, dass wir diese spezielle Information früher einmal wussten. Bilden wir aber unbewusst falsche Informationen aus, kann dies, wie bereits gezeigt wurde, durchaus schwerwiegende Folgen nach sich ziehen. Es scheint also eigentlich keinen wirklichen Sinn zu machen, dass sich diese Fehler unseres Gedächtnisses entwickelt haben.

Das Verständnis, wieso falsche Erinnerungen überhaupt gebildet werden, kann nur dann entstehen, wenn unsere Evolution genauer betrachtet wird. Die Entwicklung unseres Gehirns und unserer Gedächtnisleistungen – sowie seiner Schwächen – lassen sich nur erklären, wenn wir begreifen, wie und warum sie sich überhaupt entwickelt haben. Es kann davon ausgegangen werden, dass die menschliche Entwicklung nicht darauf abzielte, dass wir heute die meiste Zeit in Büros an Computern sitzen. Unser Körper zeigt uns oft genug auf recht schmerzliche Weise, dass das viele Sitzen unseres modernen Alltags ungesund für uns ist. Unser Alltag entspricht demnach nicht dem, wofür unser Körper sich stammesgeschichtlich entwickelt hat. Bei der menschlichen Evolution spielen vor allem auch die sozialen Strukturen der menschlichen Gesellschaft eine Rolle. Daher wird zuerst ein kleiner Ausflug in unsere Vergangenheit gemacht. Dabei wird versucht zu ergründen, wie sich unser Gehirn zu seinen heutigen, im Großen und Ganzen wirklich herausragenden Leistungen entwickeln konnte. Interessanterweise unterscheiden wir uns in Körper und Geist nicht wirklich von unseren Vorfahren vor 200, 2000 oder sogar 20000 Jahren. Würden wir in der Zeit zurückgehen können und einen frühen Menschen in sehr jungen Jahren in unsere heutige Zeit mitbringen, würde er sich vermutlich hier genauso entwickeln und zurechtfinden, wie wir es tun.

Außerdem wird noch ein weiteres Mal auf das tief sitzende Bedürfnis in uns allen eingegangen, unsere Umwelt unbedingt verstehen zu wollen. Um diesen Punkt zu verdeutlichen, brauchen wir uns nur ein Kind in seiner „Warum-Phase" vor Augen zu führen. „Warum ist der Himmel blau, warum regnet es, warum fahren wir mit dem Auto und warum bin ich hier?" Alles wird neugierig hinterfragt und überfordert dabei nicht selten die anwesenden Erwachsenen, die irgendwann angefangen haben, gewisse Dinge einfach hinzunehmen. Allerdings kann dieses Verlangen, alles verstehen zu wollen, auch dazu führen, dass wir Erlebnisse und Informationen unseren Vorstellungen, Erfahrungen und Wünschen anpassen. In früheren Abschnitten wurde bereits auf die Veränderungen von Erinnerungen eingegangen, die aus uns selber entstehen. Hier werden sie noch einmal zusammengefasst und dabei lässt sich auch feststellen, dass dies an sich nicht unbedingt etwas Schlechtes sein muss.

Zum Schluss dieses Kapitels wird ein Fazit zu den falschen Erinnerungen gezogen. Diese letzte Erkenntnis aus alldem mag für viele unangenehm sein: Falsche Erinnerungen sind ein fester Bestandteil unseres Gedächtnisses.

Gedächtnis im Laufe der Evolution

Der Beginn der heutigen Evolutionstheorie liegt in einem Buch von Charles Darwin mit dem Titel „Die Abstammung der Arten" (*The Origin of Species*) (1859). Darwin (1809–1882) sah den Antrieb der Evolution in der natürlichen Selektion. Mit dem Begriff der natürlichen Selektion umschreibt er die Begünstigung der Individuen, die am besten an die Umweltbedingungen angepasst sind und dadurch auch die höchsten Fortpflanzungschancen besitzen. Nur dadurch, dass die Gene, die für eine spezielle (und bessere) Anpassung verantwortlich sind, in die nächste Generation weitergegeben werden, entwickeln sich Arten weiter. Ungeeignete Anpassungen verschwinden dadurch auch wieder, da diese Individuen in der Regel beispielsweise durch eine auffällige Fellzeichnung anfälliger für Raubtiere sind und eher gefressen werden, bevor sie ihre Gene an die nächste Generation weitergeben konnten. Eines der aktuelleren Beispiele hierfür ist der Birkenspanner (siehe Abb. 5.1).

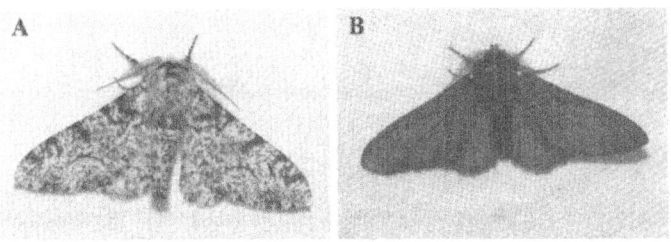

Abb. 5.1 Zwei Färbungen des Birkenspanners. A) Die normale Färbung der Motte und B) eine früher nur selten vorkommende Variante.

Der Birkenspanner gehört zu den Motten, und die ursprüngliche Färbung dieser Tiere ist weiß mit schwarzen Punkten. Diese Farben tarnen die Motte am besten auf den Birken, auf denen sie meistens zu finden sind und die ihnen ihren Namen gaben. Mit dem Beginn der industriellen Revolution veränderten sich allerdings die Borken der Bäume, sie wurden vor allem in der Nähe von größeren Städten durch Abgase geschwärzt. Daher setzte sich in diesen Gegenden vermehrt eine (auch sonst vereinzelt natürlich vorkommende) dunklere Farbvariante des Birkenspanners durch. Dieser war auf den geschwärzten Baumrinden besser getarnt, wurde dadurch seltener von Feinden gefressen und gab seine Veränderung der Gene (Mutation) an die Nachkommen weiter.

Darwin sah die natürliche Selektion auch als die Ursache für die Evolution des Menschen an (Darwin, 1871). Vor ungefähr 150 Jahren veröffentlichte Thomas Henry Huxley (1825–1895), ein energischer Befürworter von Darwins Evolutionstheorie, einen Artikel, der den Menschen in eine enge Verwandtschaft

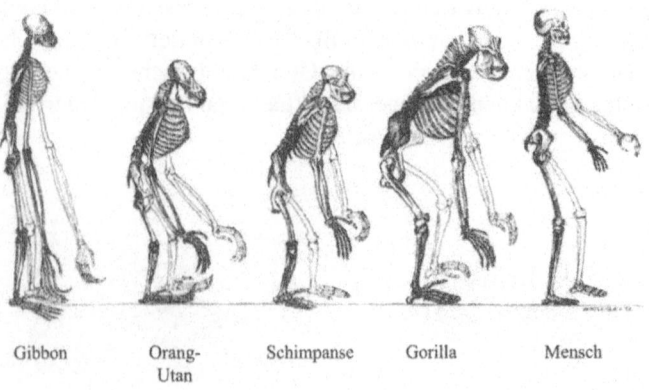

| Gibbon | Orang-Utan | Schimpanse | Gorilla | Mensch |

Abb. 5.2 Titelbild von Huxleys Buch „Hinweise auf den Platz des Menschen in der Natur" (*Evidence as to Man's Place in Nature*, 1863). Es vergleicht den Aufbau der Skelette verschiedener Affen, beginnend mit der Schwestergruppe der Menschenaffen, dem Gibbon, über die Menschenaffen bis hin zum Menschen.

insbesondere zu den afrikanischen Menschenaffen stellte (Huxley, 1863) (siehe auch Abb. 5.2).

Unsere Art *Homo sapiens* (lateinisch *homo* = Mensch; *sapiens* = weise, klug) hat sich vermutlich vor ungefähr 50 000 Jahren aus der Art *Homo ergaster* (griechisch *ergaster* = Handwerker) oder *Homo erectus* (lateinisch *erectus* = aufgerichtet) entwickelt (siehe auch Box 5.1). Der Mensch hat im Vergleich zu allen anderen – heute noch lebenden, aber auch bereits ausgestorbenen – Tierarten ein derart komplexes Gehirn ausgebildet, das ihn unter anderem zur Entwicklung und zum Verständnis verschiedener sozialer Strukturen, Kulturen und auch Sprachen befähigt (siehe für eine ausführlichere Auflistung Tab. 5.1 in Box 5.1).

Box 5.1: Evolution des Menschen ▬▬▬▬▬▬▬▬

Wer sich mit der Evolution des Menschen beschäftigt, wird schnell von der Fülle an Informationen, Hypothesen und Theorien erschlagen. Bis heute sind noch viele Fragen der Entwicklung offen, der Stammbaum wird fast mit jedem neuen Fund angepasst. Heute wird allerdings mit ziemlicher Sicherheit davon ausgegangen, dass sich neben der Art *Homo sapiens*, zu der alle lebenden Menschen zählen, im Laufe der Geschichte weitere Menschenarten entwickelt hatten. Am bekanntesten dürfte hierbei der Neandertaler (*Homo neanderthalensis*) sein, da von ihm verschiedene Knochen und andere Artefakte (beispielsweise Speerspitzen) in Deutschland gefunden wurden. Interessanterweise sind sowohl er wie alle weiteren Menschenarten, von denen bisher Skelettteile gefunden wurden, heute ausgestorben (siehe Abb. 5.3).

Genetische Analysen zeigen, dass der Mensch am engsten mit den Menschenaffen, insbesondere den Schimpansen und Zwergschimpansen (Bonobos), verwandt ist. Die Abspaltung der frühesten Menschenartigen (Hominiden) fand, was neueste Funde zeigen, vermutlich bereits vor sechs bis sieben Millionen Jahren statt (Wood, 2002). Ein großes Problem bei der Lösung des Rätsels zur Evolution des Menschen ist, dass die gefundenen Fossilien häufig unvollständig sind. So kann beispielsweise anhand eines Schädels, wie bei dem Fund des so weit zurückdatierten *Sahelanthropus tschadensis* aus der Chad-Region (Wood, 2002),

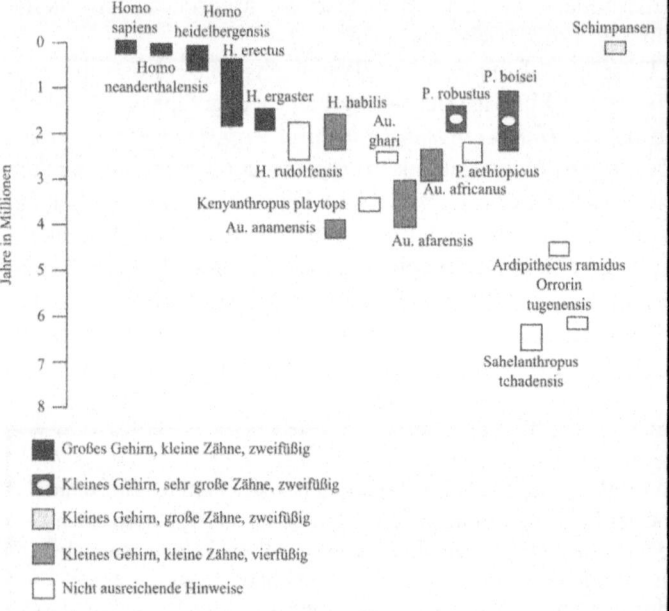

Abb. 5.3 Immer wieder werden neue Teile von Skeletten gefunden, die entweder zu bereits entdeckten Menschenarten gerechnet oder aufgrund spezifischer Strukturen als eine neue Art definiert werden. Rechts oben sind als weitere Gruppe der heute noch lebendenen Menschenartigen die Schimpansen aufgeführt (angelehnt an Wood, 2002) (H. = *Homo*; Au. = *Australopithecus*; P. = *Paranthropus*).

zwar ein Menschenartiger aus dieser frühen Zeit bestimmt werden. Es ist aber nicht möglich, etwas über seine Gangart (zwei- oder vierfüßig) oder seine soziale Struktur zu sagen. Die heute lebenden Menschenartigen, zu denen neben dem Menschen und den Schimpansen noch die Gorillas und die Orang-Utans und – obwohl häufig vergessen – die Braunkopfklammeraffen oder Ateles (*spider monkeys*) zählen, sind vermutlich die Überlebenden einer sehr viel größeren Gruppe. Das Besondere an den Menschen innerhalb dieser Gruppe sind verschiedenste Anpassungen, die sie klar von allen anderen Menschenartigen abgrenzen (siehe Tab. 5.1).

Tab. 5.1: Spezifische Besonderheiten und Anpassungen des Menschen, die unsere Evolution erklären könnten (angelehnt an Flinn, Geary & Ward, 2005).

Besonderheiten	Beschreibung
I. Artbildung und Aussterben	keine heute noch lebenden nah verwandten Menschenarten; keine spezifische körperlich-geistige Anpassung an unterschiedliche Lebensräume
II. Rückbildung der Unterschiede zwischen den Geschlechtern	bereits bei Australopithecus Verkleinerung der Eckzähne und ab Homo erectus auch der Körpergröße der Männchen
III. Verkleinerung des Gebisses	Verkleinerung unter anderem von Eck- und Schneidezähnen
IV. Ernährung	Allesfresser; Jäger; Sammler; Verwendung von Werkzeugen
V. Gewohnheitsmäßige zweifüßige Fortbewegung	Veränderung der Beinstruktur und der Füße (unter Einbuße der Greif- und Kletterfähigkeiten)
VI. Ungewöhnliche obere Gliedmaßen (Arme)	Verkürzung und Veränderung → gezieltes und kraftvolles Werfen von Projektilen; Feinmanipulation der Hände; Fingerspitzengefühl
VII. Außerordentliche geistige Fähigkeiten	große Gehirne mit einem hohen Energiebedarf; Selbsterkennen und Bewusstsein als ein soziales Wesen; Voraussicht; geistige Zeitreisen; Humor; Täuschung sowie deren Erkennen; logisches Denken; Kreativität; Vorstellungsgabe; Fantasie; aber auch spezifische geistige Erkrankungen wie beispielsweise Autismus oder Asperger-Syndrom
VIII. Sprache, spezielle sprachliche Fähigkeiten	angeborene Veranlagung zum Sprechen; Sprachenbildung
IX. Kultur	Traditionen; Anhäufung von Informationen; soziales Lernen; Lehren; komplexe Imitation; Technologie
X. Komplexe soziale Gruppen	Freundschaft; Gesetze; Ethik; Moral; komplexes soziales Spiel; aber auch: durchdringende innere und äußere Gruppenkonflikte; Krieg

Tab. 5.1: Fortsetzung

Besonderheiten	Beschreibung
XI. Ungewöhnliche Verwandtschafts-strukturen, Groß- und Elternschaft	große verwandtschaftliche Netzwerke; aufwendige elterliche Versorgung; komplexe Bindungen; Trauer
XII. Ungewöhnliche Entwicklung	hilflose Jugend; frühes rapides Hirnwachstum; Pubertät; Menopause; angeborene Kommuni-kationsfähigkeiten; verlängerte Kindheit
XIII. Ungewöhnliche ge-schlechtliche Merkmale	beispielsweise: verborgener Eisprung
XIV. Weitere un-gewöhnliche körperli-che Merkmale	Variation in Haut-, Haar- und Gesichtsmerk-malen; ungewöhnlich hohe Bedeutsamkeit der Gesichtsmerkmale bei der Partnerwahl; generell geringer Haarwuchs, aber starke Kopfbehaarung
XV. Ungewöhnliche demographische und Bevölkerungsmerkmale	große geographische Verbreitung; große Bevölkerung; schnelles Bevölkerungswachstum möglich

Die meisten der in Tabelle 5.1 aufgeführten Merkmale werden erst dann richtig verständlich, wenn sie mit denen anderer Tierarten verglichen werden. So gibt es neben dem Menschen kein anderes Tier, das fast überall auf der Erde leben kann und es auch tut. Und dies vor allem auch ohne spezifische körperliche Anpassungen. So haben Menschen, die in kälteren Regionen wohnen, nicht unbe-dingt einen viel stärkeren Haarwuchs als die, die in wärmeren leben. Die Vergrößerung unseres Gehirns oder besser gesagt die stärkere Furchung und die weitgehende funktionelle Spezialisierung der beiden Großhirnhälften, die eine Vergrößerung der Hirnrinde und ihrer Arbeitskapazität ermöglichten, ist zwar die bemerkenswer-teste Entwicklung der menschlichen Evolution, aber sie hängt mit den anderen körperlichen Entwicklungen eng zusammen. Welche Veränderung zuerst da war, kann heute kaum mit Sicherheit ge-sagt werden. Es ist nur sicher, dass die spezifischen körperlichen Anpassungen mit denen unseres Gehirns zusammenhängen und sich gegenseitig bedingt haben.

Eine der spannendsten Fragen ist auch heute noch, warum sich die Menschen so anders entwickelt haben als alle anderen Menschenartigen (Primaten) oder auch andere Tierarten. Wie in Box 5.1 zu sehen ist, ist unsere „Menschen"-Art nicht die einzige gewesen, die sich im Laufe der Evolution entwickelt hat. Doch sind wir die Einzigen, die sich langfristig durchgesetzt haben. Lange wurde davon ausgegangen, dass die Menschwerdung von denselben Prinzipien bestimmt wurde, wie sie scheinbar bei jeder Artbildung zu finden sind. Anpassung an die vorhandenen Umweltbedingungen und der Druck, sich fortzupflanzen, führten zu so erstaunlichen körperlichen Besonderheiten wie dem prachtvollen Pfauenschwanz oder den Fellschattierungen von Großkatzen. Allerdings erklären diese Punkte nicht, warum die Menschen sich in so vielen Dingen anders entwickelten als andere Tiere, die den gleichen Bedingungen ausgesetzt waren (zum Beispiel mehrere Eiszeiten, Nahrungsknappheit, Zusammenleben in sozialen Gruppen).

Der Mensch hebt sich mit seinen geistigen Fähigkeiten klar von anderen Tieren ab. Wir sind die Einzigen, die das, was wir tun, auch detailliert im Voraus planen, im Geiste uns vorstellen und vor allem auch im Nachhinein hinterfragen können. Stundenlang können wir uns mit einem Problem beschäftigen, das weder dem individuellen Überleben, dem Nahrungserwerb noch dem Finden eines Partners hilft. Wir denken beispielsweise über den Aufbau des Universums nach, ob es außer uns dort draußen noch weiteres Leben gibt und was es bedeutet, wenn wir tatsächlich Spuren organischen Materials auf dem Mars finden würden. Dabei sind Antworten auf diese Fragen für uns als Individuum oder auch für unsere Spezies nicht wirklich essentiell.

Für alles, was wir tun, benutzen wir Sprache. Die Entwicklung von Sprache, mit deren Veranlagung alle Menschen geboren werden, ist eine der bedeutendsten geistigen Sprünge in unserer Evolution. Wir denken mit ihr, teilen uns über sie mit und benutzen sie, um uns über Dinge klar zu werden. Diese hohe Flexibilität des Denkens hat uns allem Anschein nach die entscheidenden Vorteile gebracht, die es uns ermöglichten, auf der

Erde die dominierende Spezies zu werden. Menschen haben sich an fast alle ökologischen Bedingungen angepasst, und dies meist durch Erfindungsreichtum und problemlösendes Nachdenken und weniger durch spezielle körperliche Anpassungen. Die Sprache ermöglicht es uns als Gruppe, Veränderungen in unserer Umwelt zu tätigen, die eine komplexe Organisation benötigen. Der Bau der alten ägyptischen Pyramiden, der Golden Gate Bridge in San Francisco oder des Kölner Doms wäre ohne Sprache kaum möglich gewesen. Der Mensch ist auch bis heute die einzige bekannte Art, die eine derart komplexe Sprache mit Grammatik und Syntax entwickelt hat. Das Spannende hierbei ist, dass Menschen allem Anschein nach tatsächlich eine genetische Veranlagung zur Sprachentwicklung haben (Pinker, 1994). Das bedeutet, dass beispielsweise taube Menschen, wenn sie keinen Zugang zu den heute gängigen Gehörlosensprachen haben, eine neue Sprache samt Vokabular und Grammatik entwickeln.

Das ökologische Sozialdominanz-Wettkampf-Modell (*ecological dominance-social competition [EDSC] model*) (Flinn, Geary & Ward, 2005) ist eine Theorie, die versucht, genau diese Besonderheit der Menschwerdung zu erklären. Nach diesem Modell entwickelten sich unsere Vorfahren deswegen so anders, weil sie für sich selbst zur maßgeblichen feindlichen Naturgewalt wurden (Alexander, 1989). Die frühen Menschen hatten komplexe soziale Gruppen ausgebildet, die immer stärker auf Kooperation und Konkurrenzkampf basierten. Dadurch stieg der Konkurrenzdruck sowohl zwischen den Individuen innerhalb einer Gruppe als auch zwischen verschiedenen Gruppen. Die Ausbildung von Sprache und weiteren geistigen Fähigkeiten erhöhte die Möglichkeiten der sozialen Interaktionen. Sie befähigte die Menschen, Situationen vorherzusehen und sich darauf einzustellen. Demnach ist es vor allem unser komplexes soziales Zusammenleben, das zu unseren heutigen außerordentlichen geistigen Fähigkeiten führte. Die körperlichen Anpassungen, wie beispielsweise die Zweifüßigkeit und die Fähigkeit zur Feinmanipulation der Hand, liefen vermutlich parallel dazu ab. Es ist natürlich heute sehr schwer, definitive

Aussagen zur Evolution des Menschen zu machen. Allerdings ist unbestritten, dass die Entwicklung unseres Gehirns und unserer daraus entstandenen geistigen Fähigkeiten in unserer fernen Vergangenheit liegen muss.

Unser Gehirn befähigt uns zu tatsächlich unglaublichen Dingen. Ein Beispiel: Stellen wir uns vor, wir würden an einem karibischen Strand auf einem roten Handtuch liegen. Die Sonne wärmt unsere Haut, wir hören das Meer rauschen, und die Blätter der in der Nähe stehenden Palmen bewegen sich sacht im Wind. Je länger wir uns mit dieser Situation im Geiste auseinandersetzen, desto mehr Details werden uns einfallen. Keckernde Affen, die auf einer der Palmen sitzen, der Geruch nach gebratenem Fisch auf einem Lagerfeuer, Stimmen und Musik. Wir planen nicht im Voraus, wie die Situation aussehen wird. Sie entwickelt sich einfach in unserem Kopf. Es kommen immer mehr Informationen dazu, die wir aus Büchern, Zeitschriften, Filmen, Dokumentationen oder auch Gesprächen erworben haben. Wir müssen verstehen, dass diese Fähigkeit, Informationen fast schon beliebig kombinieren zu können, tatsächlich unglaublich ist. Es gibt kaum Schranken für das, was wir uns vorstellen können. Wir besitzen die Gabe, uns immer wieder neue Fantasiewelten lebendig auszumalen, die unter anderem in Büchern und Filmen einfließen. Dabei nutzen wir Bereiche in unserem Gehirn, die auch für die Verarbeitung von Wahrnehmungen aus der Umwelt zuständig sind. Die zeitlich jüngeren geistigen Fähigkeiten nutzen demnach bereits entwickelte Hirnstrukturen. Das einzige Problem hierbei ist, dass es für uns selbst damit schwieriger wird, Wahrgenommenes von Vorgestelltem zu trennen. Damit ist prinzipiell auch die Grundlage für die Ausbildung von falschen Erinnerungen geschaffen.

Erinnerungen müssen stimmen

Unser Gehirn und unser Gedächtnis haben sich also vermutlich durch den sozialen Druck, den unsere Vorfahren gegenseitig aufeinander ausübten, entwickelt. Es ist natürlich nicht zu klären, ob es bereits vor ungefähr 10000 Jahren Menschen gab, die sich über ein bestimmtes Detail einer gemeinsam erlebten Erfahrung stritten. Vielleicht galten damals aber auch andere Faktoren, wie das Beschaffen von ausreichend Nahrung oder eine gute Unterkunft, als wichtigere Probleme. Fest steht, dass der Mensch insbesondere in den letzten 4000 Jahren immer wieder Hochkulturen geschaffen hat. Es gab kulturelle Blütezeiten in Ägypten, in Südamerika oder auch in Vorderasien. Allerdings hat sich der Mensch in dieser Zeit in seinen geistigen Fähigkeiten nicht wesentlich verändert. Dagegen hat besonders die industrielle Revolution eine Veränderung in der menschlichen Gesellschaft ausgelöst, wie sie früher nicht möglich war. Wir wissen heute mehr über unsere Umwelt, unseren Körper und unser Gehirn als jemals zuvor. Es gibt allerdings einen sehr wichtigen Faktor, den wir bei allem Wissen oft vernachlässigen. Unser Gehirn hat sich nicht in erster Linie entwickelt, um detailliert Erlebnisse abzuspeichern und diese später wiederzugeben. Wie im vorangegangenen Abschnitt gezeigt wurde, ist es vermutlich unser soziales Zusammenleben, das der Motor hinter dieser Entwicklung gewesen ist. Das heißt allerdings auch, dass es von großer Bedeutung ist, dass wir Situationen generalisieren, Schlussfolgerungen ziehen und diese dann auf neue Situationen anwenden können.

Wir bemühen uns – meist unbewusst – den Dingen, die wir erleben, einen Sinn zu geben. Jeder von uns bildet sein eigenes Abbild der Welt und wie sie funktionieren sollte. Dies geschieht durch die eigenen Erfahrungen, durch Regeln und Moralvorstellungen, persönliche Ziele sowie den sozialen Rahmen. Erleben wir etwas, sehen wir dies durch die Brille dieser früheren Erfahrungen und Vorstellungen. So fällt es uns zum Beispiel leichter zu glauben, dass ein Mann eine Frau überfällt als umgekehrt. Wir gehen davon aus, dass Männer kräftiger gebaut sind und dadurch eher eine Frau überwältigen können als andersherum. Wenn wir aber alles, was wir erleben, dem anpassen, was wir glauben, verändern wir zwangsläufig auch das Erlebnis an sich. Es sind die Weltanschauungen, die wir im Laufe unseres Lebens bilden und auch immer wieder mal verändern, die einen erheblichen Einfluss auf unsere Erinnerungen haben können.

Es scheint ein sehr tief sitzendes menschliches Bedürfnis zu sein, in allem einen Sinn zu erkennen. Ganze Fachrichtungen, wie beispielsweise die Philosophie, beschäftigen sich mit diesem Thema. Wir wollen verstehen, warum wir hier auf der Erde sind, welchen Sinn das Leben hat und wie genau ein Unfall passieren konnte. Wir merken uns Informationen dann am besten, wenn sie in einem für uns sinnvollen oder logischen Zusammenhang stehen. Dies kann die Abfolge von Einzelereignissen oder auch die Verbindung zwischen einzelnen Informationen (beispielsweise semantischen Netzen) sein. Ein Ereignis hat einen Anfang und ein Ende, und wenn wir etwas nicht wahrnehmen, hilft unser Gehirn durch seine Vorstellungsgabe nach und füllt die Lücke aus. Stellen wir uns zum Beispiel die Situation vor, dass hinter uns auf der Straße ein Unfall geschieht. Wir sehen (erschrocken) nur das Ergebnis. Betrachten wir im Nachhinein die Autos, werden wir uns vermutlich vorstellen, wie es dazu kommen konnte und welcher Fahrer eher die Schuld an dem Unfall hatte.

Einer der Erklärungsansätze, der sich mit der aus uns selbst geborenen Veränderung von Wissen beschäftigt, ist die **kognitive Dissonanztheorie** (Festinger, 1957). Die kognitive Dissonanz umschreibt unter anderem das scheinbare Paradoxon, dass wir etwas tun, obwohl wir wissen, dass es negative Folgen für uns hat. Ein Paradebeispiel hierfür sind Raucher. Heute weiß jeder, dass Rauchen schlecht für die Gesundheit ist und die Wahrscheinlichkeit eines frühzeitigen Ablebens erhöhen kann. Dennoch umgehen Raucher dieses Problem, indem sie für sich Rechtfertigungen finden, dass die Zigaretten für sie eher positiv als negativ sind (zum Beispiel: Rauchen entspannt, hilft beim Nachdenken, reduziert den Appetit), und dadurch, dass man sich auf Vorbilder beruft, die trotz des Rauchens alt wurden (Winston Churchill (1874–1965): *„No sports, just Whiskey and cigars."*). Die negativen gesundheitlichen Folgen werden dabei als minimal und nicht besorgniserregend heruntergespielt und weitestgehend ausgeblendet. Es wäre gut möglich, dass die kognitive Dissonanz, die den inneren Konflikt zwischen Wissen, Glauben, Wahrnehmung und Erfahrung betrifft, auch dazu führt, dass wir Erlebnisse im Geiste sozusagen „überbügeln". Am Ende spiegeln die Erinnerungen unsere individuelle Sicht der Dinge wider und nicht die wahrgenommene Realität.

Es ist sehr wichtig, sich immer wieder vor Augen zu führen, dass wir selten einen „Originalabdruck" eines Erlebnisses lernen. Und selbst wenn wir dies tun, verändert sich diese Erinnerung auch im Nachhinein noch, bis sie unsere eigenen Einstellungen bestätigt. Zwar sind wir in der Lage, Dinge aus verschiedenen Blickwinkeln zu betrachten, aber es fällt uns sehr schwer, wenn wir dies auch bei persönlichen Erinnerungen tun sollen. Die meisten Menschen haben lieber Recht als Unrecht, wenn sie etwas erzählen, und es reichen manchmal schon kleine Unaufmerksamkeiten, die zu Streitigkeiten führen können. Wenn zum Beispiel in einem Gespräch eine Uhrzeit für ein Treffen vereinbart und im Nachhinein festgestellt wird, dass die Betroffenen sich zwei verschiedene Termine gemerkt haben, wer hat dann Recht und wer Unrecht? Schon dieses kleine Beispiel zeigt, dass wir unsere Erinnerungen für uns positiv anpassen. In den meisten Fällen dürften beide beteiligten Personen davon überzeugt sein, dass sie sich den abgesprochenen Termin richtig gemerkt hatten. Es könnten hier noch unendlich viele weitere Beispiele angeführt werden, die zeigen, wie leicht wir unsere Erinnerungen verändern und an unsere Vorstellungen anpassen. Erinnerungen müssen anscheinend einfach mit unserem Selbstbild übereinstimmen.

Nichts ist, wie es scheint

Ab dem Augenblick, ab dem wir uns eingestehen, dass unser Gedächtnis uns selbst „betrügen" kann, fangen wir auch an, die Sichtweise auf unsere Erinnerungen zu relativieren. Es handelt sich hierbei um eine Gratwanderung, bei der man sehr sorgsam mit seinen eigenen Erinnerungen und auch mit denen anderer umgehen sollte. Zu der wichtigen Erkenntnis, dass Erinnerungen auch fehlerbehaftet sein können, gehört auch das Wissen, dass es dennoch genau diese Erinnerungen sind, die eine große Wirkung auf unser Selbstbild haben. Erinnerungen beeinflussen unsere Art, mit Situationen umzugehen, verändern unser Auftreten gegenüber Mitmenschen und können in extremen Fällen zu radikalen Veränderungen unseres Lebens führen. Ob diese Erinnerungen ein wirkliches Abbild der früheren Ereignisse sind oder nicht, ist für ihren Einfluss auf unser Verhalten und unser Denken von geringer Bedeutung. Solange wir davon überzeugt sind, etwas erlebt zu haben, wirkt sich dieses Wissen auf unser Selbstverständnis und auf unseren Blick auf die Welt aus.

Das größte Problem des Phänomens falscher Erinnerungen ist, zweifelsfrei zu beweisen, dass es sich um solche handelt. Werden falsche Erinnerungen künstlich im Rahmen eines Versuchs hervorgerufen, ist es natürlich einfach, sie zu erkennen. Allerdings beweisen wir damit nur, dass es tatsächlich falsche Erinnerungen in verschiedenen Ausprägungen gibt. Beschäftigen wir uns aber mit autobiographischen Erinnerungen, ist es ungleich schwieriger, stichhaltige Beweise für Verfälschungen zu finden. Wie sollen wir herausfinden, ob jemand zum Beispiel alleine im Wald wirklich einen Wolf gesehen oder ob sich derjenige dieses Tier nur in seiner Angst eingebildet hat („Und in der Nacht, wenn uns ein Grau'n befällt, wie leicht, dass man den Busch für einen Bären hält!"; Shakespeare, Ein Sommernachtstraum, 5. Aufzug)? Es gibt objektiv betrachtet bisher keine Möglichkeit, falsche Erinnerungen zweifelsfrei als solche zu entlarven. Es ist sogar fragwürdig, ob wir jemals so weit kommen können, da, wie bereits öfters festgehalten wurde, richtige und falsche Erinnerungen sich in vielen Punkten wie beispielsweise Detailliertheit oder auch hinsichtlich der beteiligten Hirnregionen überschneiden können.

Es ist sehr wichtig und soll daher auch hier noch einmal deutlich hervorgehoben werden, dass es für die Person, die

die falsche Erinnerung ausgebildet hat, nicht relevant ist, ob diese echt oder falsch ist. Es gibt für uns selbst keine falschen Erinnerungen, da wir sie als richtig empfinden und genauso mit ihnen umgehen. Unabhängig davon, warum wir sie ausgebildet haben, oder welche Auswirkungen unser Glaube an diese Erinnerungen auf andere Menschen hat, für uns selber ist die Erinnerung ein wahrheitsgetreues Abbild dessen, was wir erlebt haben. Sie ist ein Teil unserer Identität und bestimmt unser Verhalten mit. Das Beste, das wir tun können und auch tun sollten, ist, unsere Erinnerungen und die unserer Mitmenschen pfleglich zu behandeln. Wir sollten nicht grundsätzlich davon ausgehen, dass unsere eigene Erinnerung richtig ist und die eines anderen dementsprechend falsch sein muss. Erstens wird der andere derselben Meinung sein und zweitens will vermutlich niemand von uns hören, dass er sich falsch erinnert.

Falsche Erinnerungen kommen vor, und sie sind ein ebenso fester Bestandteil unseres Gedächtnisses wie jede andere Information und Erfahrung, die wir dort gespeichert haben. Generell können wir davon ausgehen, dass wir uns im Großen und Ganzen auf unsere Erinnerungen verlassen können. Falsche Erinnerungen sind ein unbequemes Beiprodukt, das bei den bemerkenswerten Leistungen unseres Geistes anfällt. Wenn wir aufhören, unsere eigenen Erinnerungen auf ein Podest zu stellen, können wir beginnen, sie als das zu sehen, das sie sind: Erinnerungen sind eine Mischung aus Wahrnehmung, Erfahrung, Überzeugung, Emotion, Vorstellung, Wünschen und Gesprächen und auch geprägt durch den sozialen Hintergrund eines jeden Einzelnen (siehe auch Abb. 5.4).

Damit ermöglichen Erinnerungen uns, flexibel auf neue Situationen zu reagieren und Geistessprünge zu vollziehen. Nur dadurch, dass wir im Geiste bewusst und unbewusst Informationen immer wieder neu auseinandernehmen und wieder zusammensetzen können, sind wir Menschen auch in der Lage, beispielsweise Raumschiffe zu erfinden und zu bauen, die zum Mond fliegen können. Je flexibler unser Geist

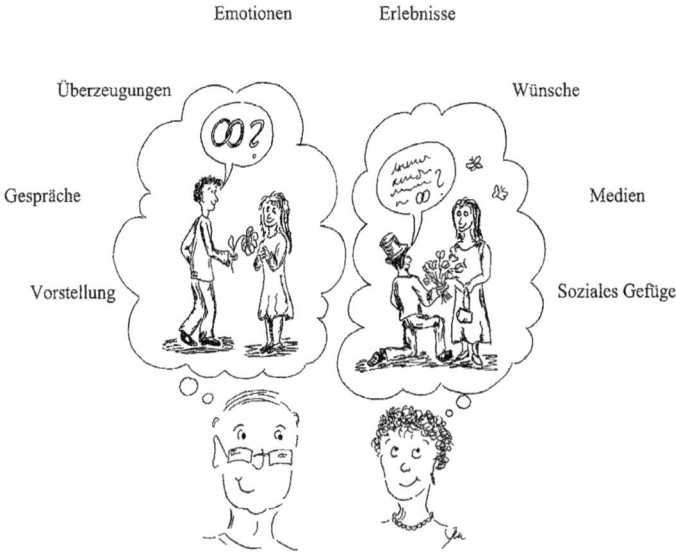

Abb. 5.4 Das Beispiel eines älteren Ehepaares, das schon zu Beginn des Buches vorgestellt wurde. Die beiden sind von den verschiedensten Faktoren umgeben, die auf ihre Erinnerungen einwirken.

mit Wissen umgeht, desto mehr können wir leisten, desto mehr neue Möglichkeiten können wir finden. Dabei kommt es zu Fehlern, die wir einfach akzeptieren müssen. Vielleicht gibt es ja sogar falsche Erinnerungen, die auch zu neuen Erkenntnissen geführt haben oder führen können.

6 | Gibt es Tipps zur Minderung von falschen Erinnerungen?

Zum Abschluss dieses Buches werden ein paar Tipps mit auf den Weg gegeben, die die Wahrscheinlichkeit der Ausbildung falscher Erinnerungen zwar auch nicht vollständig verhindern, aber diese zumindest verringern können. Die vorgestellten Hilfen orientieren sich an den Methoden, die auch oft für eine generelle Verbesserung des Gedächtnisses genannt werden. Falsche Erinnerungen können sich bereits bei der Einspeicherung bilden, oder sie entstehen später, ausgelöst durch Gespräche, Überlegungen und neue Informationen. Dagegen vorzugehen ist sehr schwierig, da die Bildung von Fehlern außerhalb unseres Bewusstseins abläuft. Eine generelle Steigerung der Aufmerksamkeit kann allerdings hierbei schon viel bewirken und die Gefahr falscher Erinnerungen eindämmen.

Unser Gehirn leistet jeden Tag geradezu Unglaubliches. Problemlos bewältigen wir die Fülle an Informationen, die permanent auf uns trifft. Allerdings verbringen viele Menschen ihre Tage in routinierten Abläufen, die die Aufmerksamkeit auf das Jetzt mindern. Dadurch werden Wahrnehmungen auch eher eigenen Vorstellungen angepasst. Wird beispielsweise ein Überfall beobachtet, kann es leicht geschehen, dass das Aussehen des Täters (klein und schmächtig) einer Person angeglichen wird, der eine derartige Tat eher zugemutet wird (groß und kräftig). Ist dieser Prozess erst einmal geschehen, ist es im Nachhinein so gut wie unmöglich, diesen rückgängig zu machen. Sind wir uns aber der Möglichkeit dieses Problems überhaupt bewusst, verringert sich auch dessen Wahrscheinlichkeit. Kurz gesagt lässt sich festhalten, dass eine genauere, konzentriertere Einspeicherung, die sich aus dem Wissen um falsche Erinnerungen entwickeln kann, sich auf jeden Fall positiv auf das Gedächtnis auswirkt.

Vermutlich sind viele der Tipps, die in diesem Kapitel vorgestellt werden, den meisten mehr oder weniger bekannt. Sie erscheinen auf den ersten Blick banal. Doch sind es auch hier – wie so oft – die einfachen Lösungen, die große Wirkungen haben können.

Es ist wichtig, zu bedenken, dass es in diesem Buch vor allem um die falschen Erinnerungen geht, die unsere eigene Biographie, unsere Persönlichkeit und unser Verhalten beeinflussen. Daher ist es auch von Bedeutung, sich ihrer bewusst zu sein und zu überlegen, wie sie vielleicht vermindert werden können. Falsche Erinnerungen, die im Zusammenhang mit dem Lernen von Prüfungsstoff entstehen, sind kein Schwerpunkt, so dass auf diese nur am Rande eingegangen wird.

Eine inzwischen sehr bekannte Methode zur Verbesserung der Merkfähigkeit wird auch von vielen Gedächtniskünstlern angewendet. Einige sind in der Lage, sehr lange Zahlenreihen in kürzester Zeit zu lernen, indem sie im Vorfeld jeder einzelnen Zahl einen bestimmten Ort zuordnen. Dadurch kann beispielsweise die Zahlenreihe 7 2 6 4 8 9 7 zu einer kleinen Geschichte werden. Ich gehe durch meine Wohnung und setze mich auf den braunen Ledersessel (7), trinke dabei eine Tasse Tee. Dann bringe ich die Tasse in die Küche und stelle sie dort auf den weißen Tisch (2) und betrachte dort das aktuelle Bild auf dem Wandkalender (6), auf dem ich ein Nilpferd sehe. Und so geht die Geschichte immer weiter. Es gibt dabei unendlich viele Details, die den einzelnen Objekten zugeordnet werden können, wodurch eine unendlich lange Zahlenreihe gelernt werden kann. Ähnlich geht das mit Wörtern – soll eine Wortliste auswendig gelernt werden, so können die einzelnen Worte in eine Geschichte verwoben werden, die die Wörter in der Reihenfolge enthält.

Allerdings führt ein derartiges Gedächtnistraining nicht unbedingt dazu, dass die Person im Alltag ebenfalls ein besonders gutes Gedächtnis ausbildet oder dass sie weniger anfällig für falsche Erinnerungen wird. Eine derartige Methode eignet sich sehr gut für Informationen, die nicht im eigentlichen Sinne emotional erlebt werden. Zahlen- oder auch Wortlisten lassen sich mit logischen Vorüberlegungen leichter lernen. Alltägliche Erlebnisse sind aber ungeordneter, enthalten oft unerwartete Aspekte und verlangen daher unserem Gedächtnis auch größere Leistungen ab.

Falsche Erinnerungen haben also nicht unbedingt etwas mit einem trainierten Gedächtnis, wie wir es beispielsweise aus Fernsehsendungen kennen, zu tun. Falsche Erinnerungen entstehen unbewusst und können demnach auch nicht wirklich vermieden werden. Unser Gehirn ist nicht dafür ausgelegt, konsequent zwischen richtigen und falschen Erinnerungen zu unterscheiden. Daher sollten die vorgestellten Methoden auch eher als eine Art Wegweiser verstanden werden. Sie sollen zu einem aufmerksameren Umgang mit unserer Wahrnehmung führen und zur Vorsicht mahnen. Nicht alles, was erinnert wird, ist tatsächlich genauso geschehen. Im Alltag ist dies selten ein Problem. Es ist nicht wirklich wichtig, ob ein Auto, das wir gestern gesehen haben, rot oder blau war. Dieses Detail ist nur eine unwichtige Nebeninformation, wenn wir begeistert von dem schicken Oldtimer, der an uns vorbeigebraust ist, berichten wollen.

Gesunde Skepsis

Vermutlich ist der beste Schutz gegen falsche Erinnerungen das Wissen und die Akzeptanz, dass diese überhaupt vorkommen können. Auf dieser Grundlage verändert sich dann auch unser Umgang mit den eigenen Erinnerungen. Die Aufmerksamkeit wird in neuen Situationen geschärft, und wir achten mehr auf das, was um uns herum geschieht. Des Weiteren werden Erinnerungen vor allem an bedeutsame Ereignisse vorsichtiger behandelt. Räumen wir für alle Erinnerungen die Möglichkeit der falschen Erinnerungen mit ein, vermindert sich automatisch auch der für sie in uns verankerte Richtigkeitsanspruch. Natürlich kann generell davon ausgegangen werden, dass der weitaus größere Teil unserer Erinnerungen mehr oder weniger der tatsächlich erlebten Realität entsprechen dürfte. Aber alleine das Bewusstsein, dass unbewusste Fehler passieren können, kann genau vor diesen – bis zu einem gewissen Grad – schützen.

In einer Studie konnte genau dieser hilfreiche Einfluss von gesunder Skepsis hinsichtlich des eigenen Gedächtnisses gezeigt werden (Watson, McDermott & Balota, 2004). Die Testpersonen wurden vor der Lernphase davor gewarnt, dass das in der Untersuchung verwendete Material falsche Erinnerungen auslösen kann. Außerdem hatten die Probanden zu diesem Zeitpunkt den Test bereits einmal absolviert und konnten auf eine gewisse Erfahrung zurückgreifen. Diese Kopplung von Vorerfahrung und Warnung vor falschen Erinnerungen führte zu einer deutlichen Verringerung bis hin zu dem fast vollständigen Ausbleiben falscher Erinnerungen. Dieses Ergebnis ist nicht nur spannend, es weckt vor allem auch Hoffnung. Auch wenn falsche Erinnerungen leicht unbewusst gebildet werden können, zeigt diese Studie, dass wir durchaus in der Lage sind, diesen Vorgang wenigstens teilweise zu verhindern. Allein dadurch, dass uns die Tatsache der falschen Erinnerungen bewusst ist, wird deren Ausbildung entgegengewirkt.

Das Wissen und das Verständnis um falsche Erinnerungen können ebenfalls für unser soziales Miteinander durchaus bedeutsam sein. Wenn sich beispielsweise zwei Freunde über ein gemeinsam verbrachtes Zeltwochenende unterhalten und sich einer daran erinnert, wie die Grillkohle mit viel Spiritus getränkt wurde, damit sie schneller anfing zu brennen, der andere aber daran, dass nur ein wenig Spiritus verwendet wurde, da ansonsten das Fleisch ja einen unangenehmen Beigeschmack bekommen hätte, sind beide davon überzeugt, im Recht zu sein. Und schon kann es passieren, dass es, je nach Temperament der beteiligten Personen, zu einer Streiterei kommt. Wissen nun aber beide, dass ihre Erinnerung sich möglicherweise verfälscht haben könnte, ist die Wahrscheinlichkeit, dass diese Diskussion eskaliert, stark minimiert.

Viele zwischenmenschliche Probleme basieren auf solchen kleinen, objektiv betrachtet meist unbedeutenden Missverständnissen. Dennoch können diese dazu führen, dass sich einer oder beide verletzt fühlen. Das Problem liegt darin, dass wenn die eigene Erinnerung in Frage gestellt wird, schnell das Gefühl aufkommt, dass man selber der Lüge bezichtigt werden könnte. Behalten wir jedoch immer im Hinterkopf, dass unsere Erinnerungen keine Eins-zu-eins-Kopie der erlebten Geschehnisse darstellen, werden wir auch weniger emotional reagieren, wenn unsere Erinnerungen von denen eines anderen abweichen.

Das Wissen um falsche Erinnerungen darf aber nicht dazu führen, dass wir unseren Mitmenschen leichtfertig die Bildung derselben unterstellen. Dies könnte ebenso zu Konflikten führen wie die feste Überzeugung, dass man selbst immer im Recht und der andere somit automatisch im Unrecht ist. Eine gewisse Vorsicht gegenüber der eigenen und ebenso der Erinnerungen anderer ist gesund, zu viel kann aber leider auch schnell zu Misstrauen führen. Da wir aber unseren Erinnerungen im Allgemeinen vertrauen müssen und dies auch tun sollten, sollten wir uns eben bemühen, das richtige Maß an Skepsis hinsichtlich Erinnerungen im Allgemeinen zu finden.

Bewusst durchs Leben gehen

Ein großes Problem insbesondere in unserer heutigen reizüberfluteten Zeit ist, dass wir vieles nicht bewusst wahrnehmen. Wir gehen durch den Tag und sind fast ständig mit den Gedanken nicht bei dem, das wir gerade tun oder erleben. Stattdessen beschäftigen wir uns zum Beispiel bei der Arbeit im Geiste mit den Vorbereitungen für den nächsten Urlaub. Oft überkommt einen das Gefühl, etwas zu verpassen. Diese geistige Abwesenheit führt schnell dazu, dass die aktuelle Umgebung nicht wirklich oder nur bruchstückhaft wahrgenommen wird.

Versuchen wir doch stattdessen, wieder mehr im Hier und Jetzt zu leben. Bewusst durch das Leben zu gehen, fördert die Wahrnehmung und stärkt das Gedächtnis auch schon bei kleineren Dingen. Bereits der eintönig gewordene Weg zur Arbeit enthält oft vieles, das es wert ist, bewusst wahrgenommen zu werden. Und auch wenn ein Arbeitstag dem vorangegangenen und dem folgenden zu ähneln scheint, sie werden nie hundertprozentig identisch sein. Natürlich ist es nicht möglich und würde uns auch überfordern, wenn wir versuchten, jeden Augenblick eines Tages bewusst zu erleben. Gerade bei der Arbeit ist es oft wichtig, die Umgebung bis zu einem gewissen Grad auszublenden, damit die anliegenden Aufgaben konzentriert erledigt werden können. Dabei ist es im Nachhinein meist nicht von Bedeutung, was der genaue Inhalt der Aufgabe war oder in welcher Reihenfolge die einzelnen Schritte ausgeführt wurden. Doch wenn versucht wird, jeden Tag einige Momente wirklich bewusst zu erleben, schulen wir unser Gedächtnis. Besser gesagt, wir trainieren uns selbst darin, wahrgenommene Informationen genauer zu verarbeiten. Eine Erinnerung, die reich an Details ist, ist in der Regel auch weniger anfällig dafür, dass aus ihr eine falsche Erinnerung wird.

Abwechslung gegen Monotonie

Die Bildung falscher Erinnerungen wird unter anderem auch stark dadurch gefördert, dass unser Alltag häufig sehr eintönig abläuft. Morgens wird aufgestanden, gefrühstückt, zur Arbeit gefahren, nachmittags nach Hause zurückgekehrt, dann etwas gegessen, abends geht man vielleicht noch aus, und am nächsten Tag läuft alles wieder von vorne ab. Gleichförmigkeit vermindert die Aufmerksamkeit, mit der ein Tag erfahren wird. Eine gewisse Struktur im Alltag ist sinnvoll und vernünftig, aber es ist genauso wichtig, sich regelmäßig mit neuen Dingen auseinanderzusetzen.

Kleine Veränderungen im täglichen Trott, wie einmal eine andere Strecke zur Arbeit zu nehmen, weckt uns selbst beziehungsweise unsere Aufmerksamkeit auch wieder ein wenig auf. Dadurch wird auch automatisch unser Gedächtnis wieder stärker gefordert, und als ein kleiner Nebeneffekt macht der Weg zur Arbeit vielleicht auch ein wenig mehr Spaß als sonst.

Diese Monotonie kennt jeder aus eigener Erfahrung. Die ersten Tage im Urlaub oder auch nach einem Umzug in eine neue Stadt kommen einem sehr lang und ausgefüllt mit vielen Informationen vor. In kurzer Zeit werden viele neue Dinge erlebt, und meist sind es auch Erfahrungen aus dieser Anfangszeit, die später besonders lebhaft berichtet werden können. Eine neue Umgebung führt dazu, dass wir mit offenen Augen aufmerksam durch den Tag gehen und vieles noch intensiv wahrnehmen. Natürlich bleibt ein solcher Zustand nicht allzu lange erhalten. Schon nach einigen Tagen oder einer Woche wird auch die neue Stadt oder der Urlaubsort zur Gewohnheit. Die Wege sind einem bekannt, vorher fremde Pflanzen und Düfte werden zum wiederholten Male gesehen und gerochen. Diese Routine mindert unsere Aufmerksamkeit und gibt uns dadurch auch ein Gefühl der Sicherheit. Es wäre auch undenkbar, wenn wir jeden Tag eine Umgebung wie neu erleben würden.

Auch hier ist wieder der berühmte goldene Mittelweg gefragt. Es reichen häufig bereits kleine Veränderungen, die uns etwas Bekanntes in einem neuen, interessanten Licht erscheinen lassen. Die Wahrnehmung wird wieder ein wenig geschärft und dadurch ein bisschen besser verarbeitet.

Ein ähnlicher Trick kann einem auch beim bewussten Lernen von neuen Informationen, beispielsweise von Prüfungsstoff, helfen. Am Anfang wird das Material noch konzentriert bearbeitet, doch nach einiger Zeit lässt die Aufmerksamkeit dann doch meistens nach. Eine kleine Abwechslung kann hier schon Wunder bewirken. Sei es ein kleiner Spaziergang oder das Lösen eines Rätsels. Schon das Zusammensetzen eines kleinen Puzzles hilft, dass unser Gehirn der Eintönigkeit des Lernens entkommt und neu aktiviert wird. Wir fühlen uns auch frischer und schöpfen dabei neue Kraft. Am besten funktioniert dies, wenn eine geistige (zum Beispiel Vokabellernen) mit einer kreativen oder körperlichen Arbeit (zum Beispiel Gitarre spielen oder Joggen gehen) unterbrochen wird.

Nicht wirklich hilfreich wäre es allerdings, wenn in der Pause der Fernseher angeschaltet oder ein emotional erregendes Computerspiel gespielt wird. Zwar werden in beiden Fällen ebenfalls die Gedanken aus der Monotonie des Lernens herausgerissen, doch ist die Wirkung eine andere. Die häufig mit stärkeren Emotionen besetzten Ablenkungen können zwar die Aufnahme der darüber wahrgenommenen Informationen fördern, aber sie können dafür auch negativ auf die Einspeicherung vorher bewusst gelernter – trockener – Information des Lernstoffs wirken.

Tagebuch

Es gibt nur eine relativ sichere, allerdings auch sehr aufwendige Methode, die die Bildung von falschen Erinnerungen wirklich verringern könnte. Das Führen eines Tagebuches, in das täglich niedergeschrieben wird, was erlebt wurde, kann auch Jahre später noch bei auftauchenden Fragen zu vergangenen Erlebnissen helfen. Auch werden gemachte Erfahrungen durch ihre Aufzeichnung vertieft. Diese sehr effektive Methode verstärkt den Effekt des Bewusst-durchs-Leben-Gehens erheblich. Beim Schreiben gehen wir bereits kurze Zeit, nachdem etwas erlebt wurde, im Geiste die Situation noch einmal durch. Demzufolge werden viele Details, die ansonsten vermutlich allmählich vergessen worden wären, schriftlich festgehalten. Der Ablauf des Tages und der einzelnen Episoden wird noch einmal durchgespielt und somit auch in unserem Gedächtnis gefestigt. Ein weiterer positiver Nebeneffekt eines Tagebuches ist, dass der schriftliche Nachweis auch später unsere Erinnerungen vor Abwandlungen durch neue Informationen, Gespräche oder sogar Suggestionen schützen kann. Werden wir beispielsweise in einem Gespräch unsicher, können wir einfach nachschauen, wie wir eine Situation wirklich erlebt haben. Außerdem führt ein regelmäßiges Niederschreiben unserer Erlebnisse über einen längeren Zeitraum auch dazu, dass das Gedächtnis immer mehr trainiert wird. Wir schulen dadurch praktisch nebenbei unsere Aufmerksamkeit und verarbeiten Wahrnehmungen genauer.

Insbesondere wenn wir als Augenzeuge einen Tathergang beschreiben müssen, ist es wichtig, möglichst alle Details originalgetreu wiederzugeben. Der beste Tipp für diese besondere Situation ist ebenfalls, sofort nach dem Vorfall alles aufzuschreiben, woran man sich erinnert. Wir sollten dies sogar noch tun, bevor wir uns mit jemand anderem – Zeuge oder Polizist – darüber unterhalten. Schon ein Gespräch kurz nach einem derartigen Vorfall kann zu Unsicherheiten und Verfälschungen der eigenen Erinnerung führen. Hat man jedoch alles niedergeschrieben, kann ein darauf folgendes Gespräch sehr positiv sein. Leitende Fragen zu bestimmten Details, an die wir bisher nicht gedacht hatten, können dadurch wieder ins Bewusstsein zurückgerufen werden. In diesem Fall wäre ein Gespräch mit spezifischen Fragen äußerst nützlich.

Letztendlich ist es eigentlich auch für den Alltag sehr schön, wenn wir ab und an ein Tagebuch in die Hand nehmen und lesen können, was wir vor einigen Wochen, Monaten oder sogar Jahren erlebt und gemacht haben. Wir neigen leider oft dazu, uns mehr mit den negativen Erlebnissen zu beschäftigen und diese auch häufiger zu erzählen. Dadurch geraten die positiven Erfahrungen immer wieder in den Hintergrund. Ein Tagebuch fördert demnach nicht nur unser Gedächtnis und vermindert die Bildung falscher Erinnerungen, sondern es kann einem auch immer wieder die schönen Geschehnisse vor Auge führen.

Leider nehmen sich nur wenige Menschen die Zeit und die Muße, ein Tagebuch zu führen. Auch erscheint es einem schnell sinnlos, wenn wir in den Mühlen des Alltages hängen. Es kann aber auch bereits von Vorteil sein, wenn Stichpunkte über einzelne kleine und große Erlebnisse des Tages festgehalten werden. Eine heute immer gängigere Möglichkeit ist auch, dass wir in E-Mails Freunden oder Bekannten von unserem Tag berichten oder im Internet einen Weblog/Blog einrichten. Oft reichen schon wenige Worte und Informationen, die es ermöglichen, ganze Ereignisse abzurufen und Fehlern entgegenzuwirken.

Unser Gedächtnis: richtige und falsche Erinnerungen

Abschließend sei festgehalten: Egal was wir tun, egal welche Methode wir anwenden, es kann dadurch immer nur die Anzahl beziehungsweise die Wahrscheinlichkeit der falschen Erinnerungen verringert werden. Vollständig verhindern können wir sie leider nicht. Wir können nur lernen, mit ihnen zu leben und unsere Erinnerungen mit etwas mehr Vorsicht und Sorgfalt zu behandeln. Unser Gedächtnis verbindet beide Formen von Erinnerungen, die richtigen und die falschen, miteinander. Welche Bedeutung wir dieser Unterscheidung in unserem Alltag zumessen, muss jeder für sich entscheiden. Für das soziale Miteinander ist eine harte Trennung meistens nicht wirklich notwendig. Erzählen wir eine witzige Gegebenheit, sind die Details das schmückende Beiwerk und der tatsächliche objektive Wahrheitsgehalt eher Nebensache.

Die Augen vor dem Phänomen der falschen Erinnerungen zu verschließen wäre allerdings auch falsch. Es wurden in diesem Buch viele Beispiele angeführt, die deutlich aufzeigten, dass es Situationen gibt, in denen der Wahrheitsgehalt und die Richtigkeit von Erinnerungen eine sehr große Relevanz haben. Das Beste, was wir vermutlich tun können, ist, unsere Erinnerungen nicht über alles andere zu stellen und öfters die Zeit und Ruhe zu suchen, ein paar Punkte zu den letzten Erlebnissen aufzuschreiben. Es gibt keinen hundertprozentigen Schutz vor Fehlern oder Veränderungen, sowohl bei allgemeinem Wissen als auch bei persönlichen Erfahrungen. Lernen wir damit zu leben.

Der Schluss dieses Kapitels und dieses Buchs wird gebildet mit einem Zitat des Ende des 19. Jahrhunderts einflussreichsten Psychologen William James (übersetzt nach James, 1890, Band 1, Seite 652):

> In anderen Worten, da ist nichts Einzigartiges an dem Konstrukt der Erinnerung, und keine spezielle Fähigkeit wird benötigt, um es zu bilden. Es ist eine Synthese aus von vermutlich miteinander in Beziehung stehenden Teilen von Wahrnehmung, Imagination, Vergleichen und logischem Schlussfolgern. Das Konstrukt jeder dieser Fähigkeiten mag Überzeugung wecken oder genau hierbei fehlschlagen; das Konstrukt der Erinnerung ist nur ein Konstrukt, das in der Vergangenheit (normalerweise sehr ausführlich) vorgestellt wird, verbunden mit dem Gefühl der Überzeugung.[1]

---

1 „In other words, there is nothing unique in the object of memory, and no special fa-culty is needed to account for its formation. It is a synthesis of parts thought of as re-lated together, perception, imagination, comparison and reasoning being analogous syntheses of parts into complex objects. The objects of any of these faculties may awaken belief or fail to awaken it; the object of memory is only an object imagined in the past (usually very completely imagined there) to which the emotion of belief adheres."

Literatur

Abe, N., Okuda, J., Suzuki, M., Sasaki, H., Matsuda, T., Mori, E., et al. (2008). Neural correlates of true memory, false memory, and deception. *Cerebral Cortex, Epub ahead of print.*

Abrams, R. L. & Greenwald, A. G. (2002). Parts outweigh the whole (word) in unconscious analysis of meaning. Psychological Science, *11,* 118–124.

Alexander, R. D. (1989). Evolution of the human psyche. In P. Mellars & C. Stringer (Hrsg.), *The human revolution: Behavioural and biological perspectives on the origins of modern humans* (S. 455–513). Princeton: Princeton University Press.

American Psychiatric Association. (2000). *Diagnostic and statistical manual of mental disorders (DSM–IV).* Washington, D. C.: APA.

Baddeley, A. D. (1999). *Essentials of human memory.* Hove: Psychology Press.

Baddeley, A. D. (2000). The episodic buffer: A new component of working memory? *Trends in Cognitive Sciences, 4,* 417–423.

Baddeley, A. D. & Hitch, G. J. (1974). Working memory. In G. A. Bower (Hrsg.), *Recent Advances in Learning and Motivation,* Vol. 8 (S. 47–89). New York: Academic Press.

Baddeley, A. D. & Hitch, G. J. (1977). Recency re-examined. In S. Dornic (Ed.), *Attention and Performance* (S. 647–667). Hillsdale, NJ: Lawrence Erlbaum.

Bahrick, H. P., Bahrick, P. O. & Wittlinger, R. P. (1975). Fifty years of memory for names and faces: A cross-sectional approach. *Journal of Experimental Psychology: General, 104,* 54–75.

Bartlett, F. C. (1932). *Remembering: A Study in Experimental and Social Psychology.* London: Cambridge University Press.

Bauer, P. J. & Saeger Wewerka, S. (1995). One- to Two-Year-Olds' Recall of Events: The More Expressed, the More Impressed. *Journal of Experimental Child Psychology, 59*, 475–496.

Bekerian, D. D. & Bowers, J. M. (1983). Eyewitness testimony: Were we misled? *Journal of Experimental Psychology: Learning, Memory, & Cognition, 9*, 139–145.

Berlyne, N. (1972). Confabulation. *The British Journal of Psychiatry, 120*, 31–39.

Bernstein, D. M., Laney, C., Morris, E. K. & Loftus, E. F. (2005). False memories about food can lead to food avoidance. *Social Cognition, 23*, 11–34.

Bjorklund, D. F. & Muir, J. E. (1988). Children's development of free recall memory: Remembering on their own. In R. Vasta (Hrsg.), *Annals of Child Development*, Vol. 5 (S. 79–123). Greenwich, CT: JAI Press.

Botvinick, M. M., Cohen, J. D. & Carter, C. S. (2004). Conflict monitoring and anterior cingulate cortex: An update. *Trends in Cognitive Sciences, 8*, 539–546.

Brainerd, C. J. & Reyna, V. F. (2001). Fuzzy-trace theory: Dual-processes in reasoning, memory, and cognitive neuroscience. *Advances in Children Development and Behavior, 28*, 49–100.

Brainerd, C. J. & Reyna, V. F. (2005). *The science of false memories*. Oxford: University Press.

Brand, M. & Markowitsch, H. J. (2003). The principle of bottleneck structures. In R. H. Kluwe, G. Lüer & F. Rösler (Hrsg.), *Principles of learning and memory* (S. 171–184). Basel: Birkhäuser.

Bransford, J. D., Barclay, J. R. & Franks, J. J. (1972). Sentence memory: A constructive versus interpretative approach. *Cognitive Psychology, 3*, 193–209.

Bransford, J. D. & Franks, J. J. (1971). The abstraction of linguistic ideas. *Cognitive Psychology, 2*, 331–350.

Brédart, S., Lampinen, J. M. & Defeldre, A. C. (2003). Phenomenal characteristics of cryptomnesia. *Memory, 11*, 1–11.

Brennen, T., Vikan, A. & Dybdahl, R. (2007). Are tip-of-the-tongue states universal? Evidence from the speakers of an unwritten language. *Memory, 15*, 167–176.

Breuer, J. & Freud, S. (1895). *Studien über Hysterie*. Wien: Deuticke.

Brewer, W. F. & Treyens, J. C. (1981). Role of schemata in memory for places. *Cognitive Psychology, 13*, 207–230.

Brodmann, K. (1909). *Vergleichende Lokalisationslehre der Gross-hirnrinde in ihren Prinzipien dargestellt aufgrund des Zellenauf-baus.* Leipzig: Barth.

Buchanan, T. W. (2007). Retrieval of emotional memories. *Psychological Bulletin, 133,* 761–779.

Cabeza, R., Rao, S. M., Wagner, A. D., Mayer, A. R. & Schacter, D. L. (2001). Can medial temporal lobe regions distinguish true from false? An event-related functional MRI study of veridical and illusory recognition memory. *PNAS, 98,* 4805–4810.

Cahill, L. & McGaugh, J. L. (1995). A novel demonstration of enhances memory associated with emotional arousal. *Consciousness and Cognition, 4,* 410–421.

Cannon, W. B. (1915). *Bodily changes in pain, hunger, fear, and rage: An account of recent researches into the function of emotional excitement.* New York: Appleton.

Cannon, W. B. (1932). *The Wisdom of the Body.* New York: W. W. Norton Publishers.

Ceci, S. J., Ross, D. F. & Toglia, M. P. (1987). Suggestibility of children's memory: Psycholegal implications. *Journal of Experimental Psychology: General, 116,* 38–49.

Ceci, S. J. & Bruck, M. (1993). Suggestibility of the child witness: A historical review and synthesis. *Psychological Bulletin, 113,* 403–439.

Ceci, S. J., Kulkofsky, S., Klemfuss, J. Z., Sweeney, C. D. & Bruck, M. (2007). Unwarranted assumptions about children's testimony accuracy. *Annual Review of Clinical Psychology, 3,* 311–328

Charman, S. D. & Wells, G. L. (2006). Eyewitness lineups: Is the appearance-change instruction a good idea? *Law and Human Behavior, 31,* 3–22.

Cherry, E. C. (1953). Some experiments on the recognition of speech, with one and with two ears. *Journal of the Acoustical Society of America, 25,* 975–979.

Clancy, S. A., McNally, R. J., Schacter, D. L., Lenzenweger, M. F. & Pitman, R. K. (2002). Memory distortion in people reporting abduction by aliens. *Journal of Abnormal Psychology, 111,* 455–461.

Cohen, B. H. (1963). An investigation of recording in free recall. *Journal of Experimental Psychology, 65,* 368–376.

Cowan, N. (2001). The magical number 4 in short-term memory: A reconsideration of mental storage capacity. *The Behavioral and Brain Sciences, 24,* 87–114.

Craik, F. I. M. & Lockhart, R. S. (1972). Levels of processing: A framework for memory research. *Journal of Verbal Learning and Verbal Behavior, 11*, 671–684.

Darwin, C. (1859). *The origin of species*. London: John Murray.

Darwin, C. (1871). *The descent of man, and selection in relation to sex*. London: John Murray.

Deese, J. (1959). On the prediction of occurrence of particular verbal intrusions in immediate recall. *Journal of Experimental Psychology, 58*, 17–22.

de Kloet, E. R., Oitzel, M. S. & Joels, M. (1999). Stress and cognition: Are corticosteroids good or bad guys? *Trends in Neuroscience, 10*, 422–426.

Dewhurst, S. A., Barry, C., Swannell, E. R., Holmes, S. J. & Bathurst, G. L. (2007). The effect of divided attention on false memory depends on how memory is tested. *Memory & Cognition, 35*, 660–667.

Everson, C. A., Bergmann, B. M. & Rechtschaffen, A. (1989). Sleep deprivation in the rat: III. Total sleep deprivation. *Sleep, 12*, 13–21.

Festinger, L. (1957). *A theory of cognitive dissonance*. Stanford, CA: Stanford University Press.

Finnilä, K., Mahlberg, N., Santtila, P., Sandnabba, K. & Niemi, P. (2003). Validity of a test of children's suggestibility for predicting responses to two interview situations differing in their degree of suggestiveness. *Journal of Experimental Child Psychology, 85*, 32–49.

Fisher, A. V. & Sloutsky, V. M. (2005). When induction meets memory: Evidence for gradual transition from similarity-based to category-based induction. *Child Development, 76*, 583–597.

Fivush, R., Hudson, J. & Nelson, K. (1984). Children's long-term memory for a novel event: An exploratory study. *Merrill-Palmer Quarterly, 30*, 303–317.

Flinn, M. V., Geary, D. C. & Ward, C. V. (2005). Ecological dominance, social competition, and coalitionary arms races: Why humans evolved extraordinary intelligence. *Evolution and Human Behavior, 26*, 10–46.

Fodor, J. A. (1983). *The modularity of mind*. Cambridge, MA: MIT Press.

Forgas, J. P., Laham, S. M. & Vargas, P. T. (2005). Mood effects on eyewitness memory: Affective influences on susceptibility to misinformation. *Journal of Experimental Social Psychology, 41*, 574–588.

Fosse, M. J., Fosse, R., Hobson, J. A. & Stickgold, R. J. (2003). Dreaming and Episodic Memory: A Functional Dissociation? *Journal of Cognitive Neuroscience, 15*, 1–9.

Fox, J. C. (1984). The brain's dynamic way of keeping in touch. *Science, 225*, 820–821.

Freud, S. (1901). Zum psychischen Mechanismus der Vergesslichkeit. *Monatsschrift für Psychiatrie und Neurologie, 4/5*, 436–443.

Freud, S. (1991). *Vorlesungen zur Einführung in die Psychoanalyse* (14. Ausg.). Frankfurt: Fischer.

Freundt, T. C. (2006). *Emotionalisierung von Marken (Innovatives Markenmanagement).* Wiesbaden: Deutscher Universitätsverlag.

Fries, A. B. W, Ziegler, T. E., Kurian, J. R., Jacoris, S., Pollak, S. D. (2005). Early experience in humans is associated with changes in neuropeptides critical for regulating social behavior. *Proceedings of the National Academy of Science of the USA, 102*, 17237–17240.

Gagné, R. M. (1965). *The conditions of learning.* New York, NY: Holt, Rinehart & Winston.

Grabowski, T. J., Damasio, H., Tranel, D., Ponto, L. L., Hichwa, R. D. & Damasio, A. R. (2001). A role for left temporal pole in the retrieval of words for unique entities. *Human Brain Mapping, 13*, 199–212.

Hebb, D. O. (1949). *The organization of behavior.* New York: Wiley.

Henry, J. P. & Stephens, P. M. (1977). *Stress, health, and the social environment. A sociobiologic approach to medicine.* Berlin: Springer.

Hering, E. (1870). *Über das Gedächtnis als eine allgemeine Funktion der organisierten Materie.* Vortrag gehalten in der feierlichen Sitzung der Kaiserlichen Akademie der Wissenschaften in Wien am 30. Mai 1870. Leipzig: Akademische Verlagsgesellschaft.

Hobson, J. A. & McCarley, R. W. (1977). The brain as a dream generator: An activation-synthesis hypothesis of the dream process. *American Journal of Psychology, 134*, 1335–1348.

Holden, K. J. & French, C. C. (2002). Alien abduction experiences: Some clues from neuropsychology and neuropsychiatry. *Cognitive Neuropsychiatry, 7*, 163–178.

Holmes, E. A., Brewin, C. R. & Hennessy, R. G. (2004). Trauma films, information processing, and intrusive memory development. *Journal of Experimental Psychology: General, 133*, 3–22.

Holmes, E. A., Brown, R. J., Mansell, W., Fearon, R. P., Hunter, E. C., Frasquilho, F., et al. (2005). Are there two qualitatively distinct forms of dissociation? A review and some clinical implications. *Clinical Psychology Review, 25*, 1–23.

Holst, D. V. (1986). Psychosocial stress and its pathophysiological effects in tree shrews (Tupaia belangeri). In T. H. Schmidt, T. Dembrowski & G. Blümchen (Hrsg.), *Biological and psychosocial factors in cardiovascular disease*. Berlin: Springer.

Hufford, D. J. (1982). *The terror that comes in the night: An experience-centered study of supernatural assault traditions*. Philadelphia: University of Pennsylvania Press.

Huxley, T. H. (1863). *Evidence as to Man's Place in Nature*. London & Edingburgh: Williams & Norgate.

Ihlebæk, C., Løve, T., Eilertsen, D. E. & Magnussen, S. (2003). Memory for a staged criminal event witnessed live on video. *Memory, 11*, 319–327.

Jacoby, L. L., Kelley, C. M., Brown, J. & Jasechko, J. (1989). Becoming famous overnight: Limits on the ability to avoid unconscious influences of the past. *Journal of Personality and Social Psychology, 56*, 326–338.

James, W. (1890). *The Principles of Psychology*. Mineola: Dover Publications.

Johnson, M. K. & Raye, C. L. (1981). Reality monitoring. *Psychological Review, 88*, 67–85.

Johnson, M. K., Hashtroudi, S. & Lindsay, D. S. (1993). Source monitoring. Psychological Bulletin, 114, 3–28.

Kavanau, L. (2002). REM and NREM sleep as natural accompaniments of the evolution of warm-bloodedness. *Neuroscience and Biobehavioral Reviews, 26*, 889–906.

Kelso, J. A. S. (1995). *Dynamic Patterns: The self-organization of brain and behavior*. Cambridge, MA: MIT Press.

Kleist, K. (1934). *Gehirnpathologie. Vornehmlich auf Grund der Kriegserfahrungen*. Leipzig: Barth.

Knutson, B., Momenan, R., Rawlings, R. R., Fong, G. W. & Hommer, D. (2001). Negative association of neuroticism with brain volume ratio in healthy humans. *Biological Psychiatry, 50*, 685–690.

Kühnel, S. (2006). False memories – A study of false recognitions caused by a stimulus film using functional magnetic resonance imaging (fMRI). Veröffentlichte Dissertation, Universität Bielefeld, Bielefeld.

Kuehnel, S., Mertens, M., Woermann, F. G., & Markowitsch, H. J. Brain activations during correct and false recognitions of visual stimuli: Implications for eyewitness decisions on an fMRI study using a film paradigm. *Brain Imaging and Behavior, 2,* 163–176.

Lashley, K. S. (1950). In search of the engram. *Society of Experimental Biology, Symposium No. 4,* 454–482.

Lazarus, R. & Folkman, S. (1984). *Stress, Appraisal, and Coping.* New York: Springer.

LeDoux, J. E. (1994). Emotion, memory and the brain. *Scientific American, 270,* 32–39.

Lindsay, D. S. & Read, J. D. (1994). Psychotherapy and memories of childhood sexual abuse: A cognitive perspective. *Applied cognitive psychology, 8,* 281–338.

Loftus, E. F. (1979). *Eyewitness testimony.* Cambridge, MA: Harvard University Press.

Loftus, E. F. & Hoffman, H. G. (1989). Misinformation and memory: The creation of new memories. *Journal of Experimental Psychology, 118,* 100–104.

Loftus, E. F. & Pickrell, J. E. (1995). The formation of false memories. *Psychiatric Annals, 25,* 720–725.

Loftus, E. F., Coan, J. A. & Pickrell, J. E. (1996). Manufacturing false memories using bits of reality. In L. M. Reder (Hrsg.), *Implicit memory and metacognition* (S. 195–220). Mahwah, NJ: Lawrence Erlbaum Associates.

Loftus, G. R., Duncan, J. & Gehrig, P. (1992). On the time course of perceptual information that results from a brief visual presentation. *Journal of Experimental Psychology: Human Perception and Performance, 18,* 530–549.

Luria, A. R. (1968). *The mind of a mnemonist.* New York: Basic Books.

Markowitsch, H. J. (1999). Functional neuroimaging correlates of functional amnesia. *Memory, 7,* 561–583.

Markowitsch, H. J. (2000). Strukturelle und funktionelle Neuroanatomie. In W. Sturm, M. Herrmann & C. Wallesch (Hrsg.), *Lehrbuch der Klinischen Neuropsychologie* (S. 25–50). Amsterdam: Swets & Zeitlinger.

Markowitsch, H. J. (2003a). Autonoetic consciousness. In A. S. David & T. Kircher (Eds.), *The self in neuroscience and psychiatry* (S. 180–196). Cambridge: Cambridge University Press.

Markowitsch, H. J. (2003b). Psychogenic amnesia. *NeuroImage, 20,* 132–138.

Markowitsch, H. J. (2005). Time, memory, and consciousness. A view from the brain. In R. Buccherie, A. C. Elitzur & M. Saniga (Hrsg.), *Endophysics, time, quantum, and the subjective* (S. 131–147). Singapur: World Scientific Publishing.

Markowitsch, H. J. (2007). Gedächtnis und Biographie – Möglichkeiten einer inneren Zeitreise. In T. Brandt, O. Busse, G. Deutschl, C. Diener, K. Einhäupl, S. Brandt, M. Grond, W. Hacke, J. Noth & H. Reichmann (Hrsg.), *100 Jahre Deutsche Gesellschaft für Neurologie – eine Festschrift* (S. 180–183). Berlin: Deutsche Gesellschaft für Neurologie.

Markowitsch, H. J., Fink, G. R., Thöne, A., Kessler, J. & Heiss, W. D. (1997). A PET study of persistent psychogenic amnesia covering the whole life span. *Cognitive Neuropsychiatry, 2,* 135–158.

Markowitsch, H. J., Kessler, J., Van der Ven, C., Weber-Luxenburger, G., Albers, M. & Heiss, W.-D. (1998). Psychic trauma causing grossly reduced brain metabolism and cognitive deterioration. *Neuropsychologia, 36,* 77–82.

Markowitsch, H. J., Kessler, J., Weber-Luxenburger, G., Van der Ven, C., Albers, M. & Heiss, W. D. (2000). Neuroimaging and behavioral correlates of recovery from 'mnestic block syndrome' and other cognitive deteriorations. *Neuropsychiatry, Neuropsychology & Behavioral Neurology, 13,* 60–66.

Markowitsch, H. J., Vandekerckhove, M. M. P., Laufermann, H. & Russ, M. O. (2003). Engagement of lateral and medial prefrontal areas in the ecphory of sad and happy autobiographical memories. *Cortex, 39,* 643–665.

Markowitsch, H. J. & Welzer, H. (2005). *Das autobiographische Gedächtnis. Hirnorganische Grundlagen und biosoziale Entwicklung.* Stuttgart: Klett-Cotta.

Mazzoni, G. A. L., Lombardo, P., Malvagia, S. & Loftus, E. F. (1999). Dream interpretation and false beliefs. *Professional Psychology: Research and Practice, 30,* 45–50.

Mazzoni, G. A. L. & Memon, A. (2003). Imagination can create false autobiographical memories. *Psychological Science, 14,* 186–188.

McCarley, R. W. & Hoffman, E. (1981). REM sleep dreams and the activation-synthesis hypothesis. *American Journal of Psychiatry, 138,* 904–912.

McDermott, K. B. & Watson, J. M. (2001). The rise and fall of false recall: The impact of presentation duration. *Journal of Memory and Language, 45*, 160–176.

Merckelbach, H., Dekkers, T., Wessel, I. & Roefs, A. (2003). Dissociative symptoms and amnesia in Dutch concentration camp survivors. *Comprehensive Psychiatry, 44*, 65–69.

Miller, G. A. (1956). The magical number seven plus minus two: Some limits on our capacity for processing information. *Psychological Review, 63*, 244–257.

Miller, M. B. & Gazzaniga, M. S. (1998). Creating false memories for visual scenes. *Neuropsychologica, 36*, 513–520.

Morris, R. G. M. (1981). Spatial localization does not require the presence of local cues. *Learning & Memory, 12*, 239–260.

Motluk, A. (2001). Tom dreams of Jerry. *New Scientist, 03 February*, S. 19.

Moucha, R. & Kilgard, M. P. (2006). Cortical plasticity and rehabilitation. *Progress in Brain Research, 157*, 111–122.

Münte, T. F., Altenmüller, E. & Jäncke, L. (2002). The musician's brain as a model of neuroplasticity. *Nature Reviews Neuroscience, 3*, 473–478.

Murphy, G. L. & Shapiro, A. M. (1994). Forgetting of verbatim information in discourse. *Memory & Cognition, 22*, 85–94.

Nieuwenhuys, R., Voogd, J. & van Huijzen, C. (1991). *Das Zentralnervensystem des Menschen.* (2. Aufl.) (Übers. W. Lange). Berlin: Springer.

Nijenhuis, E. R. S., Vanderlinden, J. & Spinhoven, P. (1998). Animal defensive reactions as a model for trauma-induced dissociative reactions. *Journal of Traumatic Stress, 11*, 243–260.

Okada, T., Tanaka, S., Nakai, T., Nishizawa, S., Inui, T., Yonekura, Y., et al. (2003). Facial recognition reactivates the primary visual cortex: An functional magnetic resonance imaging study in humans. *Neuroscience Letters, 350*, 21–24.

Okado, Y. & Stark, C. (2003). Neural processing associated with true and false memory retrieval. *Cognitive, Affective & Behavioral Neuroscience, 3*, 323–334.

Okado, Y. & Stark, C. E. (2005). Neural processing during encoding predicts false memories created by misinformation. *Learning & Memory, 12*, 3–11.

Osterman, J. E., Hopper, J., Heran, W. J., Keane, T. M. & van der Kolk, B. A. (2001). Awareness under anesthesia and the development of posttraumatic stress disorder. *General Hospital Psychiatry, 23*, 198–204.

Paddock, J. R., Joseph, A. L., Chan, F. M., Terranova, S., Manning, C. & Loftus, E. F. (1998). When guided visualization procedures may backfire: Imagination inflation and predicting individual differences in suggestibility. *Applied Cognitive Psychology, 12*, S63–S75.

Pagel, J. F. (2003). Non-dreamers. *Sleep Medicine, 4*, 235–241.

Parker, E. S., Cahill, L. & McGaugh, J. L. (2006). A case of unusual autobiographical remembering. *Neurocase, 12*, 35–49.

Payne, J. D., Jackson, E. D., Hoscheidt, S., Ryan, L., Jacobs, W. J. & Nadel, L. (2007). Stress administered prior to encoding impairs neutral but enhances emotional long-term episodic memories. *Learning & Memory, 14*, 861–868.

Pinker, S. (1994). *The Language Instinct: How the mind creates language*. New York: Harper Collins.

Price, J. (2008). *The woman who can't forget: The extraordinary story of living with the most remarkable memory known to science*. New York: Free Press.

Pritzel, M., Brand, M. & Markowitsch, H. J. (2003). *Gehirn und Verhalten. Ein Grundkurs der physiologischen Psychologie*. Heidelberg: Spektrum Akademischer Verlag.

Rasch, B., Büchel, C., Gais, S. & Born, J. (2007). Odor cues during slow-wave sleep prompt declarative memory consolidation. *Science, 315*, 1426–1429.

Reason, J. T. & Mycielska, K. (1982). *Absent-minded?: The psychology of mental lapses and everyday errors*. Englewood Cliffs, NJ: Prentice–Hall.

Rechtschaffen, A. & Bergmann, B. M. (2002). Sleep deprivation in the rat: An update of the 1989 paper. *Sleep, 25*, 18–24.

Reinhold, N., Kuehnel, S., Brand, M. & Markowitsch, H. J. (2006). Functional neuroimaging in memory and memory disturbances. *Current Medical Imaging Reviews, 2*, 35–57.

Reyna, V. F. (1998). Fuzzy-trace and false memory. In M. Intons-Peterson & D. Best (Hrsg.), *Memory distortions and their prevention* (S. 15–27). Mahwah, NJ: Lawrence Erlbaum.

Reyna, V. F. & Brainerd, C. J. (1992). A fuzzy-trace theory of reasoning and remembering: Paradoxes, patterns, and parallelism. In A. F. Healy, S. M. Kosslyn, R. M. Shiffrin & W. K. Estes (Hrsg.), *From learning processes to cognitive processes: Essays in honor of William K. Estes* (S. 235–259). Hillsdale, NJ: Erlbaum.

Reyna, V. F., Holliday, R. & Marche, T. (2002). Explaining the development of false memories. *Developmental Review, 22*, 436–489.

Reyna, V. F., Mills, B., Estrada, S. & Brainerd, C. J. (2006). False memory in children: Theory, data, and legal implications. In M. P. Toglia, J. D. Read, D. F. Ross & R. C. L. Lindsay (Eds.), *Handbook of eyewitness psychology. Memory of events*, Vol. 1 (S. 479–507). Mahwah, NJ: Lawrence Erlbaum.

Ribot, T. (1881). *Les maladies de la mémoire*. Paris: Baillière.

Richelle, M. (1996). The expanding scope of the psychology of time. In H. Helfrich (Hrsg.), *Time & Mind* (S. 3–20). Seattle: Hogrefe & Huber.

Roberts, P. (2002). Vulnerability to false memory: The effects of stress, imagery, trait anxiety, and depression. *Current Psychology: Development, Learning, Personality, 21*, 240–252.

Roediger III, H. L. & McDermott, K. B. (1995). Creating false memories: Remembering words not presented in lists. *Journal of Experimental Psychology: Learning, Memory, and Cognition, 21*, 803–814.

Rubin, D. C., Rahhal, T. A. & Poon, L. W. (1998). Things learned in early adulthood are remembered best. *Memory & Cognition, 26*, 3–19.

Sandi, C. (1997). Experience-dependent facilitating effect of corticosterone on spatial memory formation in the water maze. *European Journal of Neuroscience, 9*, 637–642.

Schnatz, H. (2000). *Tiefflieger über Dresden?* Köln, Weimar: Böhlau.

Schnider, A. (2001). Spontaneous confabulation, reality monitoring, and the limbic system – A review. *Brain Research Reviews, 36*, 150–160.

Schooler, J. W. & Loftus, E. F. (1993). Multiple mechanisms mediate individual differences in eyewitness accuracy and suggestibility. In J. M. Pucket & H. W. Reese (Hrsg.), *Mechanisms of everyday cognition* (S. 177–203). New York: Wiley.

Schredl, M. (1999). *Die nächtliche Traumwelt: Einführung in die psychologische Traumforschung*. Stuttgart: Kohlhammer.

Schredl, M. (2008). *Traum*. München: Ernst Reinhardt.

Schwartz, B. L. (1999). Sparkling at the end of the tongue: The etiology of tip-of-the-tongue phenomenology. *Psychonomic Bulletin & Review, 6*, 379–393.

Schwartz, S. & Maquet, P. (2002). Sleep imaging and the neuro-psychological assessment of dreams. *Trends in Cognitive Sciences, 6*, 23–30.

Seamon, J. G., Luo, C. R. & Gallo, D. A. (1998). Creating false memories of word with or without recognition of list items: Evidence for nonconscious processes. *Psychological Science, 9*, 20–27.

Selye, H. (1936). A syndrome produced by diverse nocuous agents. *Nature 138*, S. 32.

Selye, H. (1981). Geschichte und Grundzüge des Streßkonzepts. In J. N. Nitsch (Hrsg.), *Stress – Theorien, Untersuchungen, Maßnahmen* (S. 161–187). Bern: Hans Huber.

Semon, R. (1904). Die Mneme als erhaltendes Prinzip im Wechsel des organischen Geschehens. Leipzig: Wilhelm Engelmann.

Shatan, C. F. (1972, 06. May). Post-Vietnam Syndrome. *The New York Times*, S. 35.

Shimamura, A. P. (1995). Memory and frontal lobe function. In M. S. Gazzaniga (Hrsg.), *The Cognitive Neurosciences* (S. 803–813). Cambridge, MA: MIT Press.

Slotnick, S. D. & Schacter, D. L. (2004). A sensory signature that distinguishes true from false memories. *Nature Neuroscience, 7*, 664–672.

Smeets, T., Giesbrecht, T., Jelicic, M. & Merckelbach, H. (2007). Context-dependent enhancement of declarative memory performance following acute psychosocial stress. *Biological Psychology, 76*, 116–123.

Smeets, T., Sijstermans, K., Gijsen, C., Peters, M., Jelicic, M. & Merckelbach, H. (2008). Acute consolidation stress enhances reality monitoring in healthy young adults. *Stress, 11*, 235–245.

Snyder, F. (1970). The phenomenlogy of dreaming. In L. Madow & L. Snow (Hrsg.), *The psychodynamic implications of the physiological studies on dreams* (S. 124–151). Springfield: Charles C. Thomas.

Squire, L. R. (1995). Memory, hippocampus, and brain systems. In M. S. Gazzaniga (Hrsg.), *The Cognitive Neurosciences* (S. 825–837). Cambridge, MA: MIT Press.

Stickgold, R. (2005). Sleep-dependent memory consolidation. *Nature, 437*, 1272–1278.

Tulving, E. (1982). Synergistic ecphory in recall and recognition. *Canadian Journal of Psychology, 36*, 130–147.

Tulving, E. (1983). Ecphoric processes in episodic memory. *Philosophical Transactions of the Royal Society of London – Series B: Biological Sciences, 302*, 361–370.

Tulving, E. (1995). Organization of memory: Quo vadis? In M. S. Gazzaniga (Hrsg.), *The Cognitive Neuroscience* (S. 839–847). Cambridge, MA: MIT Press.

Tulving, E. (2002). Chronesthesia: Awareness of subjective time. In D. T. Stuss & R. Knight (Hrsg.), *Principles of frontal lobe functions* (S. 311–325). New York: Oxford University Press.

Tulving, E. (2005). Episodic memory and autonoesis: Uniquely human? In H. Terrace & J. Metcalfe (Hrsg.), *The missing link in cognition: Evolution of self-knowing consciousness*. New York: Oxford University Press.

Underwood, B. J. (1957). Interference and forgetting. *Psychological Review, 64*, 49–60.

Wagner, A. D., Desmond, J. E., Glover, G. H. & Gabrieli, J. D. E. (1998). Prefrontal cortex and recognition memory: fMRI evidence for context-dependent retrieval processes. *Brain, 121*, 1985–2002.

Watson, J. M., McDermott, K. B. & Balota, D. A. (2004). Attempting to avoid false memories in the Deese/Roediger-McDermott paradigm: Assessing the combined influence of practice and warnings in young and old adults. *Memory and Cognition, 32*, 135–141.

Wheeler, M. A., Stuss, D. T. & Tulving, E. (1997). Toward a theory of episodic memory: The frontal lobes and autonoetic consciousness. *Psychological Bulletin, 121*, 331–354.

Wheeler, M. E., Petersen, S. E. & Buckner, R. L. (2000). Memory's echo: Vivid remembering reactivates sensory-specific cortex. *Proceedings of the National Academy of Sciences of the United States of America, 97*, 11125–11129.

Wood, B. (2002). Hominid revelations from Chad. *Nature, 418*, 133–135.

Zadra, A. L., Donderi, D. C. (2000). Nightmares and bad dreams: Their prevalence and relationship to well-being. *Journal of Abnormal Psychology, 109*, 273–281.

Zaragoza, M. S., Payment, K. E., Ackil, J. K., Drivdahl, S. B. & Beck, M. (2001). Interviewing witnesses: Forced confabulation and confirmatory feedback increase false memories. *Psychological Science, 12*, 473–477.

Bildnachweise

Folgende Abbildungen wurden dem Werk *Gehirn und Verhalten* von Monika Pritzel, Matthias Brand und Hans J. Markowitsch (Spektrum Akademischer Verlag, 2003) unverändert oder leicht modifiziert entnommen: 2.2, 2.5, 2.6, 2.7, 2.8, 2.9, 2.10, 2.11, 2.14, 2.15, 2.18, 2.21, 2.22, 2.23, 2.25, 3.14, 4.3, 4.5A, 4.9, 4.10, 4.14, 4.15.

1.1: Copyright: Ina Meyering.
2.3: angelehnt/verändert nach 3.3 in Gehirn und Verhalten
2.16: angelehnt/verändert nach 13.13 in Gehirn und Verhalten
2.17: angelehnt/verändert nach 13.12 in Gehirn und Verhalten
2.19: B) Copyright Grimm & Fish.
2.24: Copyright: Hans J. Markowitsch.
3.1: Nach Ebbinghaus, 1885.
3.3: GNU Free Documentation license.
3.4: A) und B) Copyright: Ina Meyering.
3.5: Wikimedia Commons/User LeCire
3.7: Johann Heinrich Füssli (Henry Fuseli), Der Nachtmahr (*The Nightmare*), 1781 Detroit Institute of Fine Arts.
3.8: A) NASA.
     B) Copyright David Rydevik.
3.10: Foto: Sina Kühnel.
3.13: Foto: Stefanie Kühnel.
4.2: Wikipedia.
4.6: A) angelehnt/verändert nach 12.18 aus Gehirn und Verhalten
     B) angelehnt/verändert nach 12.18 aus Gehirn und Verhalten
4.7: A) GNU Free Documentation license/W. Djatmiko.
     B) Wikimedia Commons/Joseph Smit (1836–1929).

4.12:   Copyright: Ina Meyering.

4.16:   Verändert nach Schwartz, S. & Maquet, P. (2002). Sleep imaging and the neuro-psychological assessment of dreams. *Trends in Cognitive Sciences, 6*, 23–30, with permission from Elsevier.

5.1: A) und B):
       Wikimedia Commons/Olaf Leillinger.

5.2:   Frontispiece für Huxley's *Evidence as to Man's Place in Nature* (1863).

5.3:   Verändert mit Genehmigung von Macmillan Publishers Ltd: Wood, B. (2002). Hominid revelations from Chad. *Nature, 418*, 133–135.

5.4:   verändert nach 1.1, Copyright: Ina Meyering.

Die übrigen Abbildungen wurden von den Autoren selbst erstellt.

Index

Printed by Printforce, the Netherlands